改善民生的中国植物科学

中国植物学会　组编

科学出版社

北京

内 容 简 介

本书围绕中国植物科学在粮食、衣物、医药、环境等方面，尤其是近30年来解决国家重大科技问题和需求方面，积极响应国家关于粮食安全、乡村振兴、大食物观等号召，选取了10个典型案例，从时代背景出发，讲述了中国植物科学发展中的理论突破和创新实践，重点反映了中国植物科学对于改善人民生活和社会经济发展作出的重要贡献。

本书可让广大植物科技工作者、社会公众及相关管理部门人员了解植物科学的研究和重大发现在发展国民经济、提高国防建设及改善民生方面的突出成就，同时也为植物领域青年科技工作者提供科研思路启发，引导植物科技工作者继续以国家需求为导向，勇于创新，攻坚克难，不断推动植物科学进一步发展。

图书在版编目（CIP）数据

改善民生的中国植物科学 / 中国植物学会组编 . —北京：科学出版社，2023.9

ISBN 978-7-03-076486-7

Ⅰ.①改… Ⅱ.①中… Ⅲ.①植物学–普及读物 Ⅳ.①Q94-49

中国国家版本馆CIP数据核字(2023)第182687号

责任编辑：王 静 王 好 / 责任校对：郑金红
责任印制：肖 兴 / 封面设计：刘新新

科 学 出 版 社 出版

北京东黄城根北街16号
邮政编码：100717
http://www.sciencep.com

北京中科印刷有限公司 印刷

科学出版社发行 各地新华书店经销

*

2023年9月第 一 版 开本：720×1000 1/16
2024年1月第二次印刷 印张：16
字数：321 000

定价：198.00元

（如有印装质量问题，我社负责调换）

《改善民生的中国植物科学》编委会

《改善民生的中国植物科学》编写组

前　言

　　提起植物，大家都不陌生。山间的树，路旁的草，阳台的盆景，餐桌上的果蔬……我们目光所及之处，都有植物的身影。我国研究利用植物的历史由来已久，农书、典籍十分丰富，早在春秋时期成书的《诗经》中就有很多关于采集和利用植物的记载，《齐民要术》中也系统介绍了我国黄河流域各种农作物、果蔬的栽培和加工。此外，东汉时期的《神农百草经》记录了200余种药用植物，明代的《本草纲目》更是成为具有世界影响力的本草学巨著。可以说，植物是人类的食物、衣物、药物，甚至还是工业原料的重要来源，植物与人类生活息息相关。

　　随着科技的不断发展，人民对于生活水平有了更高的要求。习近平总书记在党的二十大报告中指出，必须坚持在发展中保障和改善民生，鼓励共同奋斗创造美好生活，不断实现人民对美好生活的向往。植物学作为一门基础科学，与农业产业发展、人类生命健康、能源结构调整、生态环境建设等的关系十分密切，其在揭示生命奥秘、探讨重要理论问题的同时，也紧紧围绕国家需求，解决涉及国计民生的重大科学问题，成为改善人民生活的重要力量。

　　那么，植物科学到底是如何改善我们的生活的？本书选取食、药、能源、环境等方面的10个典型案例，梳理了中国植物科学的发展历史，讲述了摸清植物家底、《中国植物志》编研背后的故事，展示了水稻、小麦、马铃薯等作物的育种改良过程，回顾了青蒿素探索与发现历程，说明了植物多样性理论助推猕猴桃产业格局的形成，阐释了组织培养、转基因现代技术推动产业发展的经过，介绍了植物科学如何利用生物技术突破"卡脖子"问题，解读了植被科学对于建设美丽中国的重要意义。通过上述案例，我们试图将植物科学发展和人民生活水平提高串联起来，通过讲述大家日常生活中关注的食品、医药、产业、环境的发展变革，进一步突出植物科学与人类生活的密切相关性，以及其对国家和经济社会发展的重要性，同时传达这样一个观点：植物与人类密不可分，人与自然的和谐共生是实现社会永续发展的前提。

2017 年，由中国植物学会和深圳市人民政府共同主办的第 19 届国际植物学大会成功召开。国家主席习近平致信祝贺，充分肯定了我国在植物科学领域取得的成就，尤其是在水稻育种、植物基因组学、植物系统进化和植物生物技术等领域取得的突出成绩，中国植物学会认真贯彻新发展理念，在科学普及、人才培养等方面取得了显著成效。学会联合 30 个省级植物学会，成功打造"万人进校园"科普活动品牌，累计开展近 400 场宣讲活动，受众超过 100 万，持续促进社会公众，尤其是青少年群体对前沿科学的了解，提升其科学素养。此外，学会大力开展人才举荐工作，设立中国首个植物学专业奖项——吴征镒植物学奖，奖励为发展植物科学事业作出重要贡献的科学家；设立"新苗人才成长计划"，激励优秀青年人才不断成长。

2023 年适逢中国植物学会成立 90 周年。本书的出版既是庆祝学会成立的献礼，同时让社会公众进一步了解植物科学，了解中国植物科学工作者在国家发展中作出的贡献，也从民生的角度为青年科技工作者提供研究思路。本书每一章都配以照片和示意图，科学性和故事性兼具，方便公众对相关内容更好地理解。

我国植物科学研究历史悠久，尤其是近几十年来中国植物科学工作者在国家植物资源调查、生物多样性和生态保护、医药和经济作物种质资源研发方面作出了重要贡献，许多重大科技成果在国际学术界产生了重要影响力。由于本书篇幅有限，不能一一列出，只能选取部分具有代表性的案例，敬请各位同行谅解。本书的编写得到广大植物科学界同行的支持和帮助，在此一并致谢。

《改善民生的中国植物科学》编委会

2023 年 7 月于北京

目 录

第一章

植物学在中国早期
的建立和发展

导 读

　　现代科学从西方引入中国，始于晚清国门被迫打开以后。其时或有欧美博物学家和传教士来华活动，或政府为应对西方扩张而选派学生出国留学，及至后来建立现代的学术研究机构，都对推动现代科学在中国的起步和发展起了很大的作用。当时中国知识界的有识之士已普遍认识到，要推动我国的学术自主，急需建立独立的学术研究机构，能让学者安心从事学术研究和人才培养，并与国际同行开展学术交流。与植物学有关的研究机构，先有 20 世纪 20 年代建立的中国科学社生物研究所，后有静生生物调查所、北平研究院植物学研究所等以及部分大学的生物学系。这些研究机构设立之后，迅速开展野外植物标本的采集和分类研究，在院（所、系）内设立植物标本室，与国外学术机构进行书刊和标本的互换，参与国际学术界的对话。1937 年，抗日战争全面爆发前夕，有些学术机构已取得了突出的成绩，赢得了国际声誉。抗战期间，这些研究机构的工作受到了极大的破坏，有些被迫长途辗转，迁徙至云南、贵州等偏远地区，但仍在极其艰难的条件下，瞄准国际学术前沿，坚持工作并取得了不少出色的成果。本章将对从 1858 年我国出版第一本介绍西方植物学的著作至 1949 年新中国成立前，我国植物学早期的起步和发展历史做一简要的回顾。

第一节　中国典籍中有关植物及相关研究的记载

　　我国幅员辽阔，物产丰富，蕴藏着十分丰富的植物资源。三四千年前的甲骨文中，就有关于植物的记载，出现了桑、柳、柏、杏等带木的字，甚至还有关于气候、水分条件等影响农作物生长的记录。我国历史上的第一部诗歌总集《诗经》中，所描述的植物就多达130余种，其中包括多种禾谷类作物、蔬菜、果树及药用植物。在《诗经》中还有些反映植物与环境关系的句子，如不同的植物适合不同的环境生长等描述。春秋战国时期的百家争鸣中，其中有一家即为"农家"，是专门讨论农业生产之经验的学派。我国现存最早的农书《齐民要术》中，就有许多对粮食作物及植物变异性的描述。《齐民要术》还记载了农作物在移栽和剪枝过程中如何保持水分平衡的问题。到唐代，出现了大量关于园艺植物的书籍，其中有专门记载洛阳牡丹、芍药的；往后还有像《梅谱》《竹谱》《橘谱》《荔枝谱》等专门对某种植物的形态、颜色、产地、特性等进行详细描述的著作。

　　随着中国传统医学的发展，出现了许多记载药用植物的典籍，其中集大成者当为《本草纲目》。《本草纲目》由明朝的李时珍从1552年开始，历时27年编撰完成。全书共52卷，190多万字，分为16部60类，记载药用植物1892种，含插图1000余幅。《本草纲目》将本草药物按照它们的形态特征、生态环境、生长习性等进行分类，较前人的分类方法有了很大进步。该著作集本草典籍之精华，从藻、菌、地衣到苔藓、蕨类，以及裸子植物和被子植物均有收入；其所收植物的地理分布范围也很广，除本土植物外，还收录了不少异国传入的植物，如曼陀罗、大风子等；其不仅对植物的形态特征进行了描写，还记载了各种药用植物的栽培技术要点、繁殖方法、播种器具等。《本草纲目》问世后不久便流传到海外；1607年传入日本，对日本的汉医学产生了深远的影响；17世纪传入欧洲，对欧洲植物学的研究和发展也有所贡献。著名生物学家达尔文在《人类的由来及性选择》一书中也引用了《本草纲目》中关于对植物进行人工选择的资料。迄今为止，《本草纲目》已被翻译成多种语言，在欧洲、美国、东亚等地的许多图书馆都珍藏有该书的各种版本。

刊行于 1848 年的《植物名实图考》，是我国近代植物学的又一巨著。作者吴其濬是河南固始人，28 岁时考中状元，先后任翰林院修撰、内阁大学士和多省的巡抚、总督。他虽然一生为官，却对植物学有浓厚兴趣，并充分利用其任职的机会，走遍大江南北，每到一处，便去采集当地的植物标本，绘制成图。《植物名实图考》共 38 卷，分谷、蔬、山草、隰草、石草、水草、蔓草、芳草、毒草、群芳、果、木 12 大类，记载植物 1738 种，分布于 19 个省。书中附图 1800 多幅，绝大多数系写生而成，精美程度为历代本草绘图之最。其中，大部分植物都绘有花的精细结构的解剖图，说明作者已认识到花在植物分类上的重要性。每种植物皆标出了历代文献出处、产地、形态、颜色或性味、用途等，堪称近代的"中国高等植物图鉴"，代表了中国近代植物学高水平代表性著作之一。1870 年，该书经俄驻中国使馆医生、东方学家 E. V. 布雷特施耐德（E. V. Bretschneider）通过其文章《中国植物学文献评论》介绍后，在世界植物学界声誉鹊起，1883 年即在日本被翻刻刊行。1935 年，商务印书馆铅印该书时，西欧学者竞相求购，成为欧美植物学家研究中国植物的必读之书。

第二节　植物学在中国的起始

一、早期西方植物学著作的译介与传播

虽然我国古代有不少关于植物的研究，但真正科学意义上的植物学却是在近代由西方传入的。17 世纪，由于显微镜的发明和实验科学兴起，西方植物学的研究开始突飞猛进。1665 年，荷兰人列文虎克用显微镜观察到了软木塞上面的小室，后来证实这就是死亡的植物细胞。1753 年，瑞典分类学家林奈撰写的经典著作《植物种志》出版。他将采自欧洲、美洲、亚洲和非洲的约 7700 种植物划分为 24 个纲，奠定了植物分类学的基础。1859 年，达尔文的《物种起源》出版，这对于生物学是一项划时代的贡献，对以后的植物学家开展植物分类工作产生了深远的影响。1862～1883 年，英国植物学家 G. 边沁（G. Bentham）和 J. D. 胡克（J. D. Hooker）的巨著《植物属志》出版，其中收录了种子植物 200 个科 7569 个属。同时，植物形态学、植物生理学、古植物学等植物学的分支学科也初步建立起来。

19 世纪中叶，西方国家有不少博物学家、探险家和传教士深入我国内地，采集了大量植物标本和苗木，包括很多中国特有的植物种类和经济植物。这些人根据这些材料发现了不少新属和新种并发表了大量的论文，还将采集的许多种植物在自己国家培植繁育起来。

1858 年，上海墨海书馆出版了由英国人 A. 韦廉臣（A. Williamson）辑译，中国人李善兰笔述的《植物学》（图 1-1）。该书根据英国植物学家 J. 林德利（J. Lindley）所著的《植物学纲要》中的重要章节编译而成，是介绍西方近代植物学的第一部书籍。《植物学》一书主要介绍了新的植物学基础理论知识，包括植物的地理分布、分类方法、植物体内部结构、植物各器官的形状等。今天我们使用的许多植物学名词均由李善兰首创，如细胞、萼、瓣、心皮、子房、胚、胚乳，以及分类学上的"科"及许多科名，如伞形科、石榴科、菊科、豆科、唇形科、蔷薇科等。他还是将 botany 翻译成"植物学"的第一人，这一译法后来也为日本所采用，在近代大量日制词语传入中国之时，成为极少数反向传入日本的科学术语。

图 1-1 李善兰和《植物学》一书

最早刊载近代植物学文章的期刊是格致书院 1876 年创刊的《格致汇编》。洋务运动开始后，翻译西书之风兴起，一些翻译出版机构也随之成立。1897 年，上海农学会创办《农学报》，这是我国第一本专业性的期刊，其中登载了一些植物学方面的文章，但大多数是译文。1915 年，中国科学社创办的《科学》杂志也发表了很多植物学文章，而且质量比以前有所提高。1918 年，上海商务印书馆出版了马君武编译的《实用主义植物学教科书》。同年,《植物学大辞典》出版,这是一部非常重要的著作,曾多次重印。《植物学大辞典》包括各种名词8980条,每种植物下有中文名、日文名和拉丁名,以及植物的形态描述、产地、用途等,并附有插图千余幅。这些书籍的出版,对推动我国植物学的发展起到了积极的作用。

1923年,中国植物病理学研究的先驱、国立东南大学(简称东南大学)农科主任邹秉文邀请在该校任教的胡先骕和钱崇澍,以美国的 W. F. 加农(W. F. Ganong)于1916年所写的 *A Textbook of Botany for Colleges* 为蓝本,编著了我国第一部植物学教科书《高等植物学》(图1-2)。该书内容比较新颖,修改了旧植物学书籍中不科学的名称,如把隐花植物和显花植物分别改称为孢子植物和种子植物,将藓苔植物和羊齿植物分别改称为苔藓植物和蕨类植物。这些名称至今仍为各植物学教科书所沿用。当时,我国还没有中文版的植物学教科书。该书出版后,为青年学生学习植物学提供了很大的帮助。

图1-2　邹秉文、胡先骕、钱崇澍和他们编著的《高等植物学》(从左至右)

二、我国野外植物采集和分类的先驱——钟观光

钟观光是中国近代植物学的开拓者,是国内第一个用现代科学方法进行植物采集和调查的人。钟观光1868年出生于浙江镇海,从小聪明好学,在1887年中了秀才。但他并不满足于熟读四书五经,渴望学习现代的科学知识,于是就先将当时由江南制造局所译的物理和化学书籍学完,然后购买了各种实验材料和化学药品,自己动手做各种实验。1904年,他应邀去浙江的宁波师范学校担任教职,

后来因为教学任务繁重，积劳成疾，赴杭州疗养。在疗养期间，他散步在湖畔山旁，所到之处，树木葱茏，景色宜人。钟观光本就喜爱植物，于是对研究植物产生了浓厚的兴趣，并自学了李善兰的《植物学》。以后，他便经常外出采集标本，研究植物种类和进行实验，很快掌握了近代植物学的基础知识和研究方法。1916 年，蔡元培聘请其任国立北京大学（简称北京大学）副教授，这也给了他考察、采集和研究植物的一个难得的机会。1918 年 2 月，已 50 岁的钟观光带领几个随行人员出发采集标本，长途跋涉，历时 4 年之久，足迹遍布 11 个省份，共采集植物标本 15 万多号。回来后，他在北京大学建立了我国第一个植物标本室。1927 年，钟观光应聘到求是书院（1928 年改为国立浙江大学，简称浙江大学）工作，又在浙江天目山、天台山、雁荡山等地采集标本 7000 多号（图 1-3）。他对药物学也很有研究。1933 年，国立北平研究院植物学研究所聘请其任研究员，进行草药的药性研究。1936 年，年近 70 的钟观光还专程赴祁州进行生药考察，后又去湖南各地考察林木。他还长期从事古代史籍中有关植物的考证工作，撰写出一批史籍考订的植物学著作和手稿，约 150 万字，其中包括对《本草纲目》中的 199 种植物做了严格的考证和修订工作，并分别注上拉丁名。令人惋惜的是，他的大部分手稿由于战乱未能发表，还有些在逃难中遗失。1932 年，为了纪念钟观光在植物学研究上的贡献，美国的植物分类学权威、曾任菲律宾科学局局长的 E. D. 梅尔（E. D. Merrill）教授用钟观光的名字来命名他 1918 年发现的马鞭草科（现属唇形科）新属假紫珠属（钟君木属）（*Tsoongia*

图 1-3　钟观光和他在普陀采集的普陀鹅耳枥标本（林祁供图）
及与梅尔教授的通信手迹

7

Merr.）和这个属的新种假紫珠（钟君木）（*Tsoongia axillariflora* Merr.）。1963
年，植物学家陈焕镛又用钟观光的名字来命名其发现的一个木兰科新属观光木属
（*Tsoongiodendron* Chun）。该属仅有一种，为特有的孑遗树种，被定名为观光木
（*Tsoongiodendron odorum* Chun）。

如果说李善兰的《植物学》与钟观光的野外采集调查和研究，是植物学在近
代中国起始的萌芽，那么植物学在中国的真正兴起和发展，则始于当时一批归国
的欧美留学生，其中的胡先骕、钱崇澍、陈焕镛、刘慎谔等可谓是中国植物学的
奠基人。

第三节　静生生物调查所及其他早期的植物学研究机构

一、静生生物调查所的建立

1914 年，留美中国学生任鸿隽、赵元任、秉志、胡适、胡先骕等人在康奈
尔大学组织成立中国科学社。1921 年，动物学家秉志回国，与先期回国的胡先
骕在东南大学创办了我国大学中的第一个生物学系。1922 年，两人又在南京发
起成立中国科学社生物研究所，秉志任所长，内设动物、植物两部，分别由秉
志和胡先骕任主任。1924 年，美国国会通过法案，批准了第二次庚子赔款的退
还，将其充作进一步发展中国教育及其他文化事业的资金。为此中美两国的有识
之士决定成立中华教育文化基金会（简称中基会），由当时北洋政府的教育总长
范源廉（字静生）担任会长（图 1-4A）。中国科学社生物研究所的成立标志着植
物学的研究开始有专门的学术机构来开展，然而，由于研究力量的限制，该所的
研究范围无力延伸至北方。于是，秉志、胡先骕等人于 1927 年向范源廉提议在
北平（今北京）设立生物调查所，得到中基会的赞同（图 1-4B）。不幸的是，范
源廉在生物调查所筹办过程中，因病去世。1928 年 10 月 1 日，静生生物调查所
在北平成立，为纪念范源廉先生，将该所命名为静生生物调查所（简称静生所）
（图 1-4C），首任所长为秉志，内设动、植物两部，由秉志和胡先骕各掌其事。
1932 年胡先骕接任所长。

图1-4 A.范源廉;B.静生所成立时,所内部分人员合影。
前排左二起:秉志、胡先骕、寿振黄(动物学家);C.当时位于北京文津街3号的静生所旧址

胡先骕1894年出生于江西新建,从小饱读诗书,国学修养深厚,尤其擅长作旧体诗;1912年考取公费留学,在加州大学伯克利分校学习农学和森林植物学;1923年再度赴美,在哈佛大学获得植物分类学博士学位。静生所刚成立时只有11人。在胡先骕的领导和中基会的协助下,静生所事业发展很快。到1937年,静生所已经发展到有工作人员50余人,为当时中国最大的研究机构,在国内外赢得了良好声誉。当静生所的发展正处于鼎盛时期时,日本帝国主义侵华开始,静生所大批物资惨遭日军的掠夺。抗战胜利以后,胡先骕积极组织静生所复员,然因中基会的资助力度大减,只能勉强维持。新中国成立后,静生所由中国科学院接收,与北平研究院植物学研究所合并后,重新组建成中国科学院植物分类研究所(1953年更名为中国科学院植物研究所)。

二、 静生生物调查所的主要贡献

静生所成立后以调查我国动植物资源为职志,并联合其他研究机构编撰中国动物志、植物志。开始,静生所主要开展对华北、东北及渤海等地区的生物资源的调查、采集及分类研究,后又把工作目标投向生物资源非常丰富的四川、云南。经过艰苦卓绝的努力,静生所发现的植物新种众多,仅胡先骕一人就鉴定了1个新科、6个新属和上百个新种。植物部先后在华北、东北、四川、云南等地采得种子植物与蕨类植物的腊叶标本15万号,淡水藻类和菌类标本3.5万号。其中,1929年静生所与北平农学院合作,到山西采集,行程经过山西3/5的地区。1931年夏季,陈封怀赴吉林敦化、宁古塔及镜泊湖等处采集,开国人采集研究东北植物之先河。1930年和1931年静生所两次派唐进、汪发缵远赴四川采集。在这些采

集和调查活动中，以蔡希陶、王启无、俞德浚、冯国楣、秦仁昌等在云南累计
10 年的采集数量最多，还发现了许多新属、新种（具体见后面介绍），学术价值
极高。除了植物采集外，静生所的工作还包括藻类（李庆良）、蕨类植物（秦仁昌）、
单子叶植物（唐进和汪发缵）、木材（唐燿）、真菌（周宗璜）等领域的研究。

　　静生所除了独自做研究以外，还和一些地方当局创办了合作研究机构。1925 年，
胡先骕第二次留美归来，便有创建世界一流植物园之宏愿。他先委托秦仁昌去创
建庐山森林植物园（简称庐山植物园）；后又派陈封怀赴爱丁堡大学专门进修两
年植物园造园学，回国后任庐山植物园技师。庐山植物园研究的范围主要为森林
植物和园艺植物两个部分，还涉及裸子植物和高山花卉。至 1938 年，园内栽培
成活的植物种类已达 3000 余种，并开辟了各类专类园区（图 1-5）。

图 1-5　A. 1934 年 8 月 20 日，庐山植物园成立时部分人员合影。前排左起：胡先骕、
秉志、秦仁昌；B. 庐山植物园内的"创园三老"之墓。左起：陈封怀、胡先骕、秦仁昌

　　静生所在云南进行的植物采集，在抗日战争初期已有 7 年之久，深感云南地
大物博，植物种类十分丰富，短时间内不可能做完，有必要在云南设立永久性的
研究机构，以便做长期研究。1937 年，胡先骕与云南省教育厅商量，决定在云
南建立云南农林植物研究所，并委派蔡希陶进行筹建。1938 年，研究所建立后，
进行了大量的植物采集和分类研究工作，贡献卓著。新中国成立后，研究所被接
收改建为中国科学院植物分类研究所昆明工作站，由蔡希陶任主任，后来发展成
现在的中国科学院昆明植物研究所。

三、　北平研究院植物学研究所

　　1927 年 5 月，蔡元培、吴稚晖、李石曾在国民党中央行政会议上，提议成

立国立北平研究院（简称北平研究院）。1929 年 9 月，北平研究院正式成立，下设生物、理化和人地三部。生物学部位于当时的国立北平天然博物院（今北京动物园）院内，含生理学、植物学和动物学 3 个研究所，其中植物学研究所由留法归来的刘慎谔担任所长（图 1-6）。林镕、钟观光、王云章、孔宪武等一批前辈学者先后加入了该所的队伍。植物学研究所的主要研究领域为中国北方植物调查与研究，后又延伸到西北地区。

图 1-6 刘慎谔和位于北京动物园内的北平研究院植物学研究所旧址

虽然植物学研究所的主要研究方向以植物分类为主，但在植物病理、药用植物、森林、牧草、观赏植物、本草学等方面也做了不少工作。主要的工作可以归纳成以下几个方面。①植物的采集和鉴定。抗战前在东北、华北、华中、西北等地做过长期采集工作。抗战时期，先后在陕西武功、云南昆明设立了分支机构，在云南、贵州、四川、福建等地也做过相当多的采集，并对采集到的植物进行了专科专属的系统分类研究。②地方植物志的编著，如编撰出版《中国北部植物图志》5 册，还有《小五台山植物志》以及黄山、华山的植物目录等。③中国植物地理分区研究。④菌类、苔藓、地衣的研究。⑤中国古代文献中的植物考证研究。⑥经济植物的调查研究。抗战胜利后，设在武功和昆明的分支机构迁回北平本部。

四、 其他研究机构

除了静生所和北平研究院植物学研究所以外，国内还有其他机构也在植物学研究方面做了大量工作，主要集中在抗日战争全面爆发前的 20 年中。1919 年，陈焕镛从美国留学归来，先在南京的金陵大学，后在东南大学讲授树木分类学与木本植物解剖学。1929 年，他在广州创建国立中山大学农林植物研究所（简称中山大学农林植物研究所，现中国科学院华南植物园），重点研究华南地区的种子植物（图 1-7）。陈焕镛早期和侯宽昭、曾怀德等在华南采集了大量标本，达 10 万多号，尤其对森林木本植物有精湛的研究，一生共发表了 9 个新属和大量新种。1930 年，他创办了《国立中山大学农林植物研究所季刊》（注：该刊创办时为季刊，后改为专刊），至 1940 年第 4 卷出版后停刊。1935 年，他又在广西梧州创建了广西大学植物研究所，该所后迁到桂林，更名为广西壮族自治区、中国科学院广西植物研究所。在当时的植物学界，陈焕镛与胡先骕有"南陈北胡"之称。

图 1-7　陈焕镛和当时位于广州法政路的中山大学农林植物研究所旧址

1930 年，由蔡元培、李四光、钱崇澍、秉志等发起筹建的国立中央研究院自然历史博物馆（简称自然历史博物馆）在南京成立，聘蚕桑学家钱天鹤为首任主任；同年，自然历史博物馆创办《国立中央研究院自然历史博物馆丛刊》，至 1949 年第 20 卷出版后停刊。1934 年，自然历史博物馆改为中央研究院动植物研究所（简称动植物研究所），由动物学家王家楫任所长。1937 年抗日战争全面爆发后，动植物研究所迁到广西阳朔，1940 年又迁到重庆北碚。1944 年，动植物研究所分为动物研究所和植物研究所，由植物生理学家罗宗洛任植物研究所所长，其中植物研究所研究重点为种子植物、蕨类及苔藓植物，地区范围侧重广西、云南、贵州等。

同一时期，我国一些大学生物系也开设了植物学课程。除了上述研究机构的多数研究员在学校兼职授课外，还有一批优秀的植物学教授在大学里从事植物学教学和研究，如金陵大学的陈嵘、北京大学的张景钺、国立清华大学（简称清华大学）的李继侗和吴韫珍等，其中又以分类学的研究为主。从 20 世纪初到 1949 年，我国的植物分类学家对大批标本进行了鉴定、整理和总结，共发表论文约 400 篇。在 1949 年以前发表的植物学论文中，分类学相关文章占了 72%。

五、　中国植物学会的创立

1933 年 8 月 20 日，由胡先骕、钱崇澍、陈焕镛、李继侗、秦仁昌、刘慎谔、张景钺、辛树帜、裴鉴、钱天鹤、李良庆、林镕、吴韫珍、陈嵘、张珽、严楚江、董爽秋、叶雅阁、钟心煊共 19 人发起，在重庆北碚召开中国植物学会成立大会。大会代表了当时的 105 位会员，通过了中国植物学会章程并决定创刊《中国植物学杂志》。成立学会的目的是"互通声气，联络感情，切磋学术，分工合作，以收集腋成裘之效，并普及植物学知识于社会，以收致知格物，利用厚生之效"。尽管植物学会不是一个实体性的研究机构，但它的成立标志着我国近代植物学的发展进入了新的阶段。第一届年会由于到会的人数不多，没有进行会长选举。1934 年 8 月在江西庐山举行第二届年会，会议推举了胡先骕为会长，并决定创刊英文版《中国植物学会汇报》（*Bulletin of the Chinese Botanical Society*），由李继侗任总编辑。今天，中国植物学会在 30 个省（自治区、直辖市）均设立了地方性的植物学会专业团体，拥有会员近 15 000 人，已是国际上有重要影响的专业团体。

第四节　野外植物采集和调查及重要发现

中国植物学早期的研究工作主要集中在植物的野外采集、调查和系统分类方面，其中尤以静生所、北平研究院植物学研究所、中国科学社生物研究所、中山大学农林植物研究所等机构为主要力量，另外也包括一些大学的生物学系的教师。希望通过这些工作，摸清中国植物种类和分布的基本情况，纠正过去西方人发表的论文中的谬误，以及为将来编撰《中国植物志》积累资料。以下选取几个代表性的事例说明当时工作的情况以及由此产生的几项重要发现。

一、 静生生物调查所在云南的植物采集和调查

云南为我国植物资源最为丰富的地区，是名副其实的植物王国。最早进入云南采集的中国植物学家是当时在北京大学任职的钟观光，始于 1919 年，而后静生所的蔡希陶等人在云南开始了大规模的采集。蔡希陶 1911 年生于浙江东阳，1929 年考入上海的光华大学物理系。在学期间，他经常参加学生运动，为了躲避抓捕，由其姐夫、我国早期的共产主义活动家陈望道向胡先骕推荐，入静生所担任技师。蔡希陶虽然没有受过生物学方面的训练，但勤勉好学，很快就掌握了英文、拉丁文和野外工作经验，深得胡先骕赏识，并经常被派到北平附近采集植物标本。

1932 年，胡先骕派蔡希陶去云南进行采集。然而，当时的云南，兵匪横行，又多病瘴之地，在一些人迹罕至的深山密林，还要担心毒蛇猛兽的袭击。为了进入凉山地区采集，蔡希陶还与彝族首领歃血为盟。这次采集活动历时三年，共采得腊叶标本 2 万余号、35 000 余份，木材标本 70 种，并发现了一个兰科新属长喙兰属（*Tsaiorchis*）和不少新种。根据采集到的材料，蔡希陶发表了多篇有关豆科和蔷薇科等植物的研究论文。1945 年，蔡希陶从美国引进优良烤烟品种'大金元'，经培育成为云南发展烟草生产的当家品种'云烟一号'，至今仍在云南的经济中发挥着重要作用（图 1-8）。

图 1-8　A. 在云南采集的蔡希陶（左）和向导；B. 所采集的植物标本；
C. 位于昆明北郊黑龙潭黑龙宫内的云南农林植物研究所旧址

1935 年 2 月，继蔡希陶之后，静生所派王启无前往云南采集，先在昆明附近，随后至大理、维西等高山地区，再渡澜沧江、怒江进入菖蒲桶、察瓦龙等地，均为以前西方植物采集家罕至的地区。1936 年春，王启无自大理向南，在澜沧江南段沿岸一路进行植物采集。这一区域以勐海、车里一带为中心，属于被视为禁区的热带季雨林，湿热多雨，环境条件极为艰苦。通过这两次采集，王启无共获腊叶标本 2 万余号，木材标本 300 余种，以及大量的苔藓、菌藻、球根和种子标本。在这些采到的标本中，发现了种子植物新属茶药藤属（*Huthamnus*）和拟单性木兰属（*Parakmeria*）。

1937 年，静生所派俞德浚等人赴云南西北部高山区域采集高山花卉种球，一年内采得各种植物标本 1 万余号，其中植物种子 2700 份。1938 年，英国皇家园艺学会再次与静生所合作采集，这时美国哈佛大学阿诺德树木园也出资加入了此项目。依靠这些资助，俞德浚等人便继续在云南采集，一年内又采得植物标本 1 万余号，各种种子千余号，所得标本多为珍异之品，包括一个新属俞莲属（*Yuolirion*），多种高山地区杜鹃，在科学和经济上均有极高的研究价值。

1939 年，庐山植物园在云南丽江设立工作站，派冯国楣在此负责植物采集工作。其中一次采集，获得腊叶标本 6391 号，活体植物 800 余号，珍奇木材标本 18 号。在云南的采集中，蔡希陶、王启无、俞德浚、冯国楣分别采得新种 247 个、504 个、322 个、359 个，合起来占在云南发现的新种总数的 78%，由此也被誉为我国四大植物采集家。这 4 人与同仁们不畏艰难所采集到的各种植物标本和开展的研究工作，揭开了云南植物王国的面纱，为云南植物学研究作出了奠基性的贡献。这些标本不仅为静生所等国内研究机构所收藏，部分还被收藏于哈佛大学阿诺德树木园和格雷植物标本馆、大英博物馆、英国皇家植物园邱园等国外重要的标本馆。

二、秦仁昌的蕨类植物分类系统

秦仁昌 1898 年生于江苏武进。1914 年至 1925 年，秦仁昌先后就读江苏第一甲种农业学校和金陵大学林学系，毕业后在东南大学担任了三年的植物学助教。在这 14 年中，他先后得到当时分别在三校任教的钱崇澍、陈焕镛和胡先骕的指导，并经常到野外采集植物，探索蕨类植物的特性与生境。在担任助教期间,秦仁昌通过在图书馆查阅有关文献的目录,与国外专家通信交换,包括用购买的方式,掌握了大量外国学者发表的有关中国和邻近国家的蕨类植物文献和原始材料。

1929 年,秦仁昌远涉重洋,先在丹麦和瑞典做了一年半的访问研究,然后转到英国皇家植物园邱园工作。当时的邱园标本馆收集了 18 世纪以来全世界植物标本 500 多万号。在中基会的资助下,秦仁昌白天做有关蕨类植物的研究,晚上则对采自中国的模式标本和其他有价值的植物标本进行翻拍,历时 11 个月,共完成了 18 300 多张照片的拍摄,并将其分批寄回中国(图 1-9A 和 B)。这对中国植物分类学是一项卓越的贡献。1932 年,秦仁昌回国,应胡先骕之邀,出任静生所植物标本室主任。他首先综合整理了国内外的研究成果,总结了 1753 ~ 1930 年西方植物学家有关中国蕨类植物的全部文献。这些文献记载了 11 个科、86 个属和 1200 多种中国蕨类植物。1934 年,秦仁昌受命到江西创建庐山植物园。经过 4 年多的苦心经营,到 1937 年,庐山植物园已初具规模,还从 30 多个国家引进了 2800 多种植物。不幸的是,由于日军入侵,1938 年秦仁昌被迫离开了亲手创建的植物园,辗转到了云南。

抗战期间,秦仁昌在云南丽江住了 7 年,继续蕨类植物的采集和研究,并发现新种 19 个。在这期间,秦仁昌在一间光线昏暗的小屋里,对沿袭了近百年之久的经典的蕨类植物分类系统开展了全面的梳理。他将工作重点放在蕨类植物中最大的一个科——水龙骨科的分类系统的研究之上。在这以前,世界蕨类植物学家都用英国 W. J. 胡克(W. J. Hooker)提出的系统来解释蕨类植物的演化和分类。按照这个系统,世界上有 1 万多种蕨类植物都被归入了水龙骨科,使得这个科成为植物界种类最多的一个科。这种数字上的不相称,引起了秦仁昌的注意。他根据植物的外部形态和内部结构的异同,发现过去沿用的蕨类植物分类系统是不自然的。秦仁昌对这个科的数千种蕨类植物逐一进行了多方面的研究之后,从蕨类植物的演化规律出发,大胆地提出了自己的设想,把水龙骨科分为 33 科 249 属,归纳为 4 条演化路线,以一个崭新的自然系统来代替传统的分类方法。这是世界蕨类植物分类史上的一个巨大突破,也是近代植物分类学上一项革命性的工作。1940 年,他在《国立中山大学农林植物研究所专刊》第 5 卷上发表了《水龙骨科的自然分类系统》一文(图 1-9C)。从此以后,各国植物学家基本上都采用了秦仁昌这个系统。1947 年,国际蕨类植物权威 E. B. 科普兰(E. B. Copeland)

图 1-9　A. 邱园标本室；B. 秦仁昌在邱园拍摄并寄回中国的植物标本照片；
C. 秦仁昌在《国立中山大学农林植物研究所专刊》上发表的论文

教授在他的著作《真蕨属志》一书中对此给予了很高的评价。他说："在极端的困难条件下，秦仁昌不知疲倦地为中国在科学上的进步中赢得了一个新的地位。"

三、水杉的发现

　　1941 年冬天，国立中央大学（简称中央大学）森林系教授干铎在途经四川万县磨刀溪（又作谋道溪，现属于湖北利川市）时，发现路旁有几株参天古树，似杉非杉，似松非松，当地村民一直称之为"水桫"。当时正值落叶季节，干铎只拾取了一些落在地上的枝叶带回去。遗憾的是，这几份标本还未来得及鉴定，就在战乱中丢失。

　　1943 年 7 月，农林部中央林业实验所的技师王战，在赴湖北神农架林区考察的路上闻听"神树"逸事，便来到了谋道溪，采集到比较完整的枝叶标本和若干球果，并将此树初步定名为"水松"。时隔两年，中央大学森林系技术员吴中伦到中央林业实验所鉴定标本。王战取出"水松"标本与吴中伦讨论，两人难以定夺。于是，王战请吴中伦将标本转交给郑万钧教授鉴定。郑万钧当即断定这绝非水松，应为新属。

　　1946 年 2 月至 5 月，郑万钧连续 2 次派其研究生薛纪如前往谋道溪采集果叶标本，并把标本资料寄给自己的导师胡先骕共同研讨。同年，胡先骕从文献中查到，该树种与日本植物学家三木茂于 1941 年从植物化石中定名的水杉同为一属，且为该属植物中唯一的幸存种（图 1-10）。根据文献记载，水杉化石始见于 6500 万年前，在 160 万年前形成的地层中仍有出土。随着气候的变化，水杉在全球的分布区逐渐缩小，最后遗留在我国。于是胡先骕、郑万钧两人共同将该标本植物定名为水杉（*Metasequoia glyptostroboides* Hu et W. C. Cheng），并于 1948 年 5 月在《静生生物调查所汇报》上正式联名发表《水杉新科及生存之水杉新种》一文。这一发现震动了当时国际植物学界，被誉为 20 世纪植物学的重大发现。在论文发表后，欧、美、亚、非等各地植物园纷纷来索要种子，或派专家来华考察。至 1949 年新中国成立前，已有 50 多个国家和地区、近 200 处植物园引种了水杉。

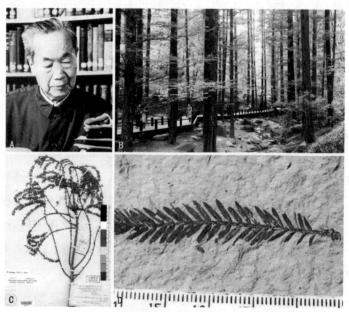

图 1-10　A. 郑万钧；B. 北京国家植物园内的水杉林；C. 薛纪如当年采集的水杉标本；
D. 日本植物学家三木茂收集的水杉化石

　　水杉的发现过程前后经历了 8 年时间。在那个战乱频发的动荡年代，一群学者安贫乐道，潜心研究，最终让水杉这一古老的孑遗植物在中华大地上奇迹般地"复活"。水杉树高大挺拔，枝干笔直，形态俊秀，恰似我国老一辈植物学家身上严谨执着、坚韧不拔的精神的生动写照。

四、植物调查工作小结

20 世纪初至 1949 年，植物标本的采集几乎涉及全国各地。据不完全统计，全国共采集了高等植物标本约 80 万号，其中苔藓约 2 万号、蕨类约 8 万号，代表了约 2 万种植物，是我国珍贵的科学研究材料。在 15 个省份的植物学研究机构及大学建立了 27 个标本室，为我国开展植物分类学、植物地理学以及其他分支学科的研究创造了基本条件，也为植物学教学提供了丰富的材料。这批标本是我国植物学老前辈艰苦创业的成果。据不完全统计，前后有近 70 位植物学工作者参加了采集活动。在那个年代，科研经费非常短缺，装备简陋，交通困难，治安混乱，有时连人身安全都得不到保障。邓世伟、陈谋、陈长年等几位颇有学术潜力的年轻植物学家，就是在云南、贵州野外调查采集中因染上疾病而献出了生命。其中邓世纬于 1935 年至 1936 年在贵州采得标本数千号，发现新属黔苣苔属（*Tengia*，现名世纬苣苔属）和喜鹊苣苔属（*Ornithoboea*）。刘慎谔于 1931 年至 1932 年先在新疆一带采集，后又和瑞典地质学家 E. 诺林（E. Norin）一起，带领随行人员入西藏进行采集，发现许多珍奇种类，包括后来由蔡希陶和俞德浚以刘慎谔命名的刘氏芨草（*Astragalus lioui* Tsai et Yu，现名了墩黄耆）和刘氏蔷薇（*Rosa lioui* Yu et Tsai）。刘慎谔完成在西藏的工作后，又穿越喜马拉雅山脉一路进行采集，直至印度后返国。两年时间里，他行走于荒无人烟的高山峡谷之间，实为我国植物采集史上所罕见。

从采集时间讲，这一时期的采集主要集中于 20 世纪 30 年代，这是我国近代植物分类学发展的第一个高峰。到抗日战争后期，大半个中国沦陷，研究机构纷纷内迁，经费无援，研究人员大多疲于应付生活，只有少数人，如刘慎谔、秦仁昌、俞德浚等还在后方坚持采集。为了保护中山大学农林植物研究所的 15 万号植物标本免遭日军掠夺，陈焕镛苦心筹划，在极困难的情况下将全部标本运往香港。到香港后，又苦于无合适的地方存放，遂动员其在香港办报的家族企业出资，买地建楼以保存这批标本。抗战胜利后，各单位虽然积极开展复员工作，但由于当时社会、政治、经济的不稳定，研究规模和水准都未能恢复到战前水平。

第五节　抗战期间我国植物生理学家的成就

20世纪30年代，中国植物学家除了开展大规模的植物采集和分类研究以外，也开始用实验的方法研究植物的生长发育规律和调控机制。我国第一个开展植物生理学研究的是当时在美国留学的钱崇澍。钱崇澍1883年生于浙江海宁，从小生长在一个比较富裕的家庭，但由于家教比较严格，自己又勤奋好学，于1904年中了秀才。1916年，钱崇澍在留美期间，发表了《宾夕法尼亚毛茛的两个亚洲近缘种》，是我国学者用英文和拉丁文发表的第一篇近代植物分类学的论文。1917年，钱崇澍又在美国的《植物学公报》（*Botanical Gazette*）上发表了《钡、锶、铈对水绵属的特殊作用》一文，这是中国人发表的第一篇植物生理学论文。此后的10年，未再见有中国学者发表植物生理学方面的相关论文。钱崇澍回国后，先后在多所大学任教，曾担任清华大学生物学系的第一任主任。在大学里，他自编讲义或翻译国外教材，讲授植物生理学课程。国内植物生理学的研究，应是20世纪20年代末至30年代初，在李继侗、罗宗洛、汤佩松等一批留学归国的学者推动下才开展起来，而其中又首推李继侗。

一、李继侗开国内植物生理学研究之先河

李继侗，1897年生于江苏兴化，1921年考取清华大学公费留美，入耶鲁大学攻读林学专业，1925年获得博士学位后回国，先在金陵大学任教一年，1926年受聘到南开大学。当时南开大学生物系只有教授一人，助教两人，学生也只有两人，除普通显微镜和切片机外，几乎没有其他仪器设备。李继侗思想敏锐，善于观察，其特长是利用极简单的设备，使用当地植物材料，针对当时国际植物生理学界正在探讨的重要问题，开展实验研究。1927年，他和学生殷宏章一起，通过记录小球藻释放气泡的速率，来研究不同的色光和光强对小球藻光合作用速率的影响，并撰写了《光照改变对光合作用速率的瞬间效应》，论文于1929年7月刊登在英国的《植物学年鉴》（*Annals of Botany*）上。这是植物生理学中关于

光色瞬变效应的首次报道，被公认为是证明植物中存在两个光系统的先驱性工作。这比后来美国学者 L. R. 布林克斯（L. R. Blinks）用先进的仪器设备，在 1957 年发现相似的光色瞬变效应要早近 30 年。在南开大学，他还研究了气候因素对植物吸水力的影响，强调了环境因子对植物生理过程的作用。

1929 年，李继侗受聘清华大学生物学系，将研究重点放在了生长素方面。他对燕麦胚芽鞘去顶后再生的生理条件进行了测定，揭示出植物组织之间的相互关系和补偿功能，论文发表在《荷兰皇家科学院院刊》上，在当时曾被广泛引用。随后，李继侗以中国特有的银杏为材料开展研究工作，并在 1934 年发表了 5 篇论文，内容包括光对银杏叶发育的影响、银杏胚的发生、银杏胚的体外培养等，这是国际上首次揭示胚乳中含有的营养物质可以促进离体胚的生长（图 1-11）。现在人们在做植物组织培养实验时，用椰子汁作为培养基的添加成分这一方法，即来自于李继侗当时的发现。他做的这些研究可以说是开了我国植物组织培养工作的先河。李继侗在植物生理学领域虽然发表的论文不多，但每篇都很有分量，由此被称为中国"植物生理学第一人"。抗日战争全面爆发后，李继侗的工作重点转移到植物生态学方面。

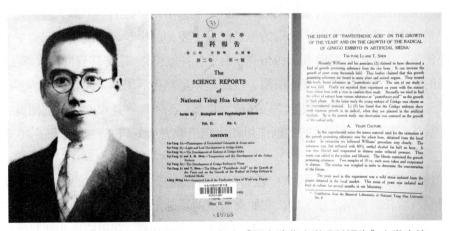

图 1-11　李继侗和其助教沈同于 1934 年在《国立清华大学理科报告》上发表的关于泛酸对酵母和银杏胚生长的影响的论文

二、 罗宗洛的植物生理学研究

罗宗洛，1898 年出生于浙江黄岩，年轻时东渡日本留学，先在日本东北仙台第二高等学校理科部学习，后又在北海道帝国大学农学部获得学士和博士学位。1930 年回国后，他先后执教于中山大学和国立暨南大学。但在这两所大学里，除了教学，无法开展研究工作，于是在 1933 年他又受聘于中央大学。在中央大学，他带领弟子罗士韦和其他几个助手，建起了植物生理学研究室。罗宗洛结合自己在日本所学溶液培养和无菌培养的经验，开始进行植物组织培养方面的工作。当时在国际上，植物组织培养研究尚处于萌芽阶段，国内也只有李继侗在做银杏离体培养。因为缺少高压灭菌锅，培养基要间歇 3 次连续蒸煮，这样就破坏了一部分营养成分，结果导致培养的根尖伸长了很多倍。这一结果引起了罗宗洛很大的兴趣。围绕这个问题，他开展了深入研究，在国际上连续发表了 3 篇论文。当时德国的《原生质》(*Protoplasma*) 杂志主编邀请他写一篇相关的综述，但终因日军入侵，未能动笔。在中央大学，罗宗洛每周举办植物生理学讨论会，吸引了校内其他学院和周边金陵大学的许多老师前来参加，扩大了植物生理学在国内的影响。

1937 年抗日战争全面爆发后，罗宗洛随中央大学西迁至重庆沙坪坝。在那里，他把研究课题改成微量元素和生长素对植物生长的影响。他发现硫酸锰对燕麦胚芽鞘的生长的影响和生长素相类似。随后，罗宗洛带领他的学生系统地研究了微量元素、生长素、秋水仙素对根的生长及种子发芽的影响，并试图证明微量元素是决定植物生长的主要因素。1940 年，由于各种原因，罗宗洛转到浙江大学工作。当时的浙江大学已西迁至贵州湄潭。在那里，虽然生活工作条件非常艰苦，但学校风气蒸蒸日上，弦歌不辍。罗宗洛带领崔澂、汤玉玮等几位助教来到湄潭，继续开展生长素、微量元素的生理作用和组织培养方面的研究，共发表了 20 多篇论文。

1944 年，罗宗洛应国民政府教育部邀请，出任在重庆北碚的中央研究院植物研究所所长。罗宗洛接手后，在原有人员的基础上，又招募了一些新的研究人员加入该所。该所在新中国成立前开展的工作主要包括：药用植物和油料植物的调查，以及伞形科和十字花科的分类研究；东南海产藻类与西南淡水藻的调查采集与分类研究；西南边地及甘肃森林调查的研究；裸子植物形态，尤其是关于胚胎发育的研究，以及国产木材的解剖研究；小米及粟属、小麦及小麦属、高粱米、甘蔗各属间的遗传杂交与育种；大豆等植物的病害及其防治；编撰《中国真菌志》；再加上罗宗洛本人研究室的关于微量元素和生长素对植物体内碳水化合物代谢的研究。该所在抗战复员后迁到上海，新中国成立后成为中国科学院实验生物研究所所属的植物生理研究室，是当时亚洲最大的植物生理学研究机构（图1-12）。1953年，该研究室独立成为中国科学院植物生理研究所，罗宗洛任第一任所长。后来，他还被选为中国植物生理学会第一届和第二届理事长。

图1-12　A. 1946年，罗宗洛在上海的中央研究院实验生物研究所；B. 罗宗洛抄录的清末著名词人谭献的词；C. 1955年，罗宗洛和殷宏章接待来植物生理研究所访问的钱学森

三、汤佩松和西南联大同事们的贡献

抗战期间，北京大学、清华大学及南开大学三校南撤至昆明组成国立西南联合大学（简称西南联大）。西南联大数以千计的师生们，历尽了千辛万苦，从各条路径，以各种方式完成了艰难困苦的人员及物资的转运。南撤中，最为感人的是由清华大学为主的几位老教授，包括李继侗和闻一多等，带领300多名学生从长沙步行1000多千米到达昆明。其中，生物系的助教吴征镒，在跋涉途中还采集了许多植物标本（图1-13）。

到达昆明后，由李继侗（植物生理和生态学）、张景钺（植物形态解剖）、吴韫珍（植物分类学）、吴素萱（植物细胞学）及刚从美国留学归来的殷宏章（植物生物化学）5位教授讲授植物学各门课程，并开展研究工作。1938年，汤佩松应清华大学校长梅贻琦之邀，在清华大学农业研究所建立植物生理研究室。

图 1-13　A. 1938 年，从长沙至昆明长途跋涉途中的闻一多和李继侗（左）；
B. 吴征镒（云南省植物学会供图）；C. 西南联大生物系师生在滇西考察时合影

汤佩松，1903 年生于湖北浠水，1925 年考取清华大学公费美国留学，先后在明尼苏达大学、约翰霍布金斯大学和哈佛大学求学和工作。1933 年，汤佩松回国后，先在国立武汉大学以菌类和藻类为材料开展细胞呼吸和光合作用的研究，发表了 7 篇论文。当抗日战争战火蔓延到武汉时，汤佩松接受紧急任务，去贵阳建立一所医学院。在医学院筹备工作结束以后，便来到清华大学工作。当时实验室非常简陋，由于日机轰炸，经 4 次搬迁和重建，最后搬到昆明北郊的小村庄大普集（图 1-14）。在大普集，汤佩松吸引了一大批青年才俊，如娄成后、罗士韦、王伏雄、张龙翔、薛应龙等，再加上原有的 5 位教授，先后有 40 多位研究人员在此工作。当时的大普集，可谓是群贤毕至，成了"中国植物生理学的圣地"。汤佩松带领这些年轻人在细胞生理、植物生长素、植物油的利用等方面做了很多工作，如研究利用云南一些丰富的植物资源，特别是油料植物为抗战服务。他和殷宏章一起研制新的生长素衍生物，以桐树枝条生根为实验系统进行生长素及其衍生物的生理功能和作用机制的研究，并建立了多种植物的扦插繁殖技术。前期参加研究的青年人员主要来自西南联大，后来有来自于更多学校的人员加入进来。例如，由罗宗洛推荐到西南联大的罗士韦，在汤佩松的指导下，开展了当时国际上刚兴起的用秋水仙素处理种子或者细胞来获得多倍体的研究。通过这一研究，他们获得了一个多倍体的大麦品种，随后发表了一系列关于这个大麦多倍体的形态学、细胞学和有关酶活性的论文。薛应龙和娄成后一起开展了植物电生理学方面的研究。王伏雄开始做多倍体的形态细胞学研究，后来开展了花粉培养的工作。在汤佩松的指导下，郑柏林、陈绍龄和郑伟光一起从荸荠中提取了一种新的抗菌物质，命名为 puchin，是世界上首次报道的在高等植物中发现的一种抗菌素。之所以将其命名为 puchin，一是因为这种植物的发音又可念 puchi，二是它正好是在大普集发现的，以此为纪念。在抗战期间及战争结束后不久，西南联大的师生们仅在 Science 上就发表了7篇论文，作者分别为汤佩松和罗士韦（1940），罗士韦和王伏雄（1943），陈绍龄、郑柏林、郑伟光和汤佩松（1945），娄成后（1945），薛应龙和娄成后（1947），殷宏章和孙兆年（1947），殷宏章和董愚得（1948）；在 Nature 上发表了 1 篇论文，作者为殷宏章（1948）。

图 1-14　A. 抗战时期在大普集的汤佩松；B. 清华大学农业研究所；C. 在大普集的殷宏章一家；
D. 1983 年，（左起）薛应龙、沈善炯、吴征镒、娄成后、殷宏章重访大普集

四、茶馆聚会催生超前 40 年的植物细胞吸水理论

在大普集，虽然生活和工作条件极为困难，但学术气氛却非常浓厚。一批有远大抱负的来自不同学科的科学家，每月定期在大普集附近一家茶馆会晤，谈天说地，轮流报告自己的研究工作或开展专题讨论。这个不同领域的科学家聚会，还催生了一项极为重要的科研成果。参加这一聚会的约 15 位科学家，新中国成立后全部当选为中国科学院学部委员（后改称为中国科学院院士）。

植物细胞如何与外界交换水分，是植物生理学的一个基本问题。植物生理学界对此问题的认识，虽经百年变迁，但各种思想和概念一直非常混乱。在大普集学术聚会的人员中，有一位刚从英国剑桥大学学成归来的汤佩松的同乡后辈王竹溪。王竹溪 1935 年至 1938 年在剑桥专门研究热力学与统计物理，而汤佩松也有很好的物理和化学功底，一直想从热力学的角度出发，来探讨这个理论性极强的问题。恰在这时两人在大普集相遇，于是双方一拍即合，提出了用水势的概念来解释细胞水分关系的热力学理论，并于 1941 年将论文发表在美国的《物理化学杂志》(*Journal of Physical Chemistry*) 上。令人遗憾的是，这篇论文在当时的学术界并未引起注意。显然，两人的论文远远超越了他们所在的时代，以至于当时的植物生理学家难以理解其重要性。20 世纪 60 年代，国际植物生理学界对这一问题经过了长达 6 年的探讨和争论，终于在 1966 年最终确立了关于植物细胞吸水排水的水势概念体系。这一时期，我国学术界和外界基本处于隔绝状态。直到 20 世纪 80 年代，我国改革开放以后，汤佩松才有机会亲自面向国际同行介绍这一研究成果。1984 年和 1985 年，国际上水势概念的提出者之一、美国杜克大学的 P. J. 克雷默（P. J. Kramer）教授分别在《美国植物生理学会通讯》(*Newsletter of American Society of Plant Physiology*) 和《植物、细胞与环境》(*Plant, Cell and Environment*) 杂志上撰文介绍这篇论文，并一再表示："……但愿这篇短文可以在某些程度上弥补我们长期忽略汤、王这一先驱性工作的遗憾。"

抗战胜利后复员，汤佩松回到北京成立清华大学农学院。平时除了教授课程外，他还开展有关光合作用的研究。他和学生阎隆飞首先在菠菜叶绿体中发现当时被认为只有在动物血液中才存在的碳酸酐酶，结束了当时对植物细胞中是否存在碳酸酐酶的争议。之后，汤佩松和学生吴相钰又发现环境中的硝酸盐可以诱导水稻中硝酸还原酶的活性，在国际上首次报道了在植物中存在诱导酶，这一工作于 1957 年发表在 *Nature* 上。

鉴于其在植物生理学领域所作的杰出贡献，汤佩松在 1975 年和 1979 年分别被美国植物生理学会和美国植物学会选为终身荣誉会员。1983 年，汤佩松又应邀在《植物生理学年评》(*Annual Review of Plant Physiology*) 上发表了卷头文章"Aspiration, Reality, and Circumstances"(《抱负、现实与境遇》) 一文，回顾了他在植物生理学研究上走过的曲折道路和心路历程。《植物生理学年评》是国际权威刊物，每年在世界范围内仅邀请一位德高望重的植物生理学家撰文介绍自己的学术人生，对于被邀请者来说，这是一项巨大的荣誉。

第六节　与国际学术界的合作和交流

一、与国外学术研究机构进行刊物和标本互换

20世纪上半叶的中国，虽然有战乱纷飞、物资匮乏、交通和通信闭塞等不利因素，但中国科学界一直积极与国际学术界保持联系和开展学术交流（图1-15）。中国科学社生物研究所成立后，在1925年创刊《中国科学社生物研究所丛刊》，以西文为正文，附中文摘要，至1942年12卷第3期出版后停刊。此种办刊风格也为以后成立的其他研究机构所沿用。静生所1929年创刊《静生生物调查所汇报》，出版11卷，至1941年因太平洋战争爆发停刊。1943年，该所在江西泰和出版新1卷第1期，1948年5月和12月在北平出版新1卷第2期和第3期。除了学术期刊，静生所还相继出版了《中国植物图谱》《中国蕨类植物图谱》等专著。其他还有北平研究院植物学研究所主办的《国立北平研究院植物学研究所丛刊》，陈焕镛创办的《国立中山大学农林植物研究所季刊》等。以上图书和刊物均被寄至国外学术机构进行交换，仅中国科学社生物研究所交换得来的刊物就有五六百种之多。静生所组织采集的种子和标本，也与国外植物园或农林机构进行交换。庐山植物园还与世界各国68个植物园或研究机构建立了标本和种子的互换关系。

图1-15　早期创办的学术刊物
左起：《静生生物调查所汇报》《国立北平研究院植物学研究所丛刊》《国立中山大学农林植物研究所季刊》
《国立中央研究院植物学汇报》

1936年，罗宗洛在中央大学任教时，与在上海的著名动物胚胎学家朱洗共同创办《中国实验生物学杂志》，刊登英、法、德3种外文写成的论文，并亲任主编。稿件由罗宗洛编辑整理后寄往上海，由朱洗负责印刷和出版工作。上海沦陷后，朱洗委托作家巴金，将收到的稿件从上海经香港带入内地，辗转广西桂林，再转到贵州湄潭的罗宗洛手中。罗宗洛在贵州继续集稿，每期稿件集齐以后，经过他的精心编辑，寄到福建排印出版后再寄回贵州，然后根据掌握的西欧、北美、日本等地的有关大学和研究单位名单进行寄送。当时，他还创办了专供对外交流的《国立中央研究院植物学汇报》。

二、 与国外学术研究机构开展合作研究

除了进行刊物交换和参加国际会议以外，还和一些国外机构开展合作研究。1923年，经陈焕镛、胡先骕的推荐，秦仁昌参加由美国国家地理学会组织的中国内蒙古、甘肃科学考察队，负责植物部分考察。1937年，美国国家地理学会与中山大学联合组团，赴广西进行植物考察。1936年和1938年，英国皇家园艺协会与静生所两次合作进行采集。静生所共出动员工数十人，在云南、西北的两次采集中各得植物标本1万余号，运到昆明后分寄给国内外各学术机构进行共同研究。

三、 参加国际学术会议

我国自国际植物学会第4届大会开始连续三届派人参加。第4届国际植物学大会于1926年在美国举行。中国科学社派遣当时在美留学的张景钺参加。第5届国际植物学大会于1930年在英国召开，我国派陈焕镛等5人参加（图1-16A）。会上，陈焕镛和未参加会议的胡先骕当选为国际植物命名法规委员会委员。第6届国际植物学大会1935年在荷兰举行，陈焕镛和李继侗出席。陈焕镛在会上被推举为植物分类及命名组副主席并连任国际植物命名法规委员会委员。后因战乱和新中国成立之初特殊的国际形势，我国便中断派人参加这一会议。直到1981年，才由汤佩松率领中国代表团恢复参加了在澳大利亚召开的第13届国际植物学大会。从1900年在法国举行第1届国际植物学大会起，经历了一百多年后，第19届国际植物学大会于2017年在我国深圳举行（图1-16B）。这也显示了国际学术界

对中国过去这么多年来，在植物学研究中所取得的进步的高度认可。

图 1-16 参加国际学术会议
A. 出席第 5 届国际植物学大会的 5 位中国代表合影，左起：秦仁昌、张景钺、陈焕镛、斯行健、林崇真；
B. 2017 年，第 19 届国际植物学大会在深圳召开

胡先骕和陈焕镛还参加过分别于 1926 年、1929 年、1930 年举行的太平洋科学会议。在这 3 次会议上，胡先骕向国际同行报告了关于中国东南部森林植物、中国松杉植物之分布、云南植物区系的组成等研究成果。

四、 派人出国进修和访学

1935 年，唐燿获得美国洛克菲勒基金会资助，赴耶鲁大学研究院林学系进修。在进修期间，唐燿利用暑假访问了美国和加拿大等地的一些林产研究所，用文献摄影仪复制了近 1000m 的资料，并在导师的允许下，选锯了 1000 多段木材标本。唐燿于归国前，访问了英、德、法、瑞士、意大利等国的有关大学、图书馆和研究机构，先后又摄得 4000 英尺[①]文献资料。1939 年，他归国前，将数年来收集的资料、木材标本共 19 箱（约 2 吨重）经香港运抵四川乐山，作为在中国筹建木材研究室的准备。唐燿此次美欧之行，和国际同行开展了广泛的交往。1947 年，唐燿被选为国际木材解剖学家协会理事。

和唐燿相似，秦仁昌在邱园工作期间，还经常去大英博物馆进行访问研究。为了查阅中国蕨类植物的标本，他还在柏林、巴黎、维也纳、布拉格等地，做了短期研究，结识了许多专家学者。1933 年，清华大学教授吴韫珍利用学术休假前往奥地利维也纳，在当时研究中国植物的权威韩马迪（Handel-Mazzetti）教授

①1 英尺 =0.3048m。

处工作了一年，抄写了他所掌握的中国种子植物名录和原始文献目录 2 万余条。1939 年起，其助教吴征镒根据这套资料和秦仁昌从英国拍摄寄回的照片，历时 10 年，制作了 3 万多张文献卡片，成为日后编写《中国植物志》的重要资料。

五、 李约瑟和中英科学合作馆

　　1943 年，英国化学胚胎学家李约瑟（Joseph Needham）和几位英国科学家来我国访问当时的后方地区，结识了西南联大的一批科学家，并因此成立了中英科学合作馆（图 1-17）。这对战时我国科学研究工作起到了极大的支持作用。早在 1930 年，汤佩松就在美国伍兹霍尔海洋研究所做过一段关于海胆和海星卵受精前后呼吸强度变化的工作。所以李约瑟在访问中国以前，就已通过学术刊物与汤佩松神交已久。以后，他多次为汤佩松等人带来了少量但极为需要的仪器及国内无法得到的试剂药品。中国科学家则通过中英科学合作馆，利用"使节书信交换"通道，航空运进急需的图书和寄出要及时发表的成果，其中包括汤佩松 1945 年在 *Nature* 上发表的论文。根据李约瑟的建议，英国皇家学会还邀请了我国优秀的中年科学家赴英讲学或深造，如殷宏章在 1944 年至 1945 年以交换教授的身份在剑桥大学工作，娄成后在 1946 年至 1948 年任伦敦大学学院客座教授。1947 年至 1948 年，吴素萱应邀以特约教授的身份前往牛津大学和爱丁堡大学讲学，并对有关科研机构进行了考察。为了表达对中英两国科学家在战争期间所展现出来的伟

图 1-17　1943 年 4 月 9 日，中国科学社生物研究所所长的钱崇澍（左三）陪同李约瑟（左四）访问位于重庆北碚的中央研究院动植物研究所（中国科学院水生生物研究所档案馆供图）

大精神的敬意，1974 年，李约瑟在完成了他的鸿篇巨制《中国科学和技术史》第 5 卷后，在其扉页上写道："献给在长期为了将科学知识用于和平和友爱而不是仇恨和战争的事业中的两位手挽手的同志——汤佩松和 J. D. 贝尔纳（J. D. Bernal）"。

结　　语

我国自 1858 年李善兰译介西方的《植物学》著作之后至 1949 年新中国成立，经历了艰苦卓绝的发展历史。在这 90 多年中，几代植物学家前赴后继，经过不懈的努力，不仅作出了许多出色的科研成果，同时创立了我国自己的科研和教学机构，并培养了一批我国自己的植物学家。

今天，当我们回眸一个多世纪前，前辈学者为开创我国自主的植物学研究事业，其中经历的各种曲折磨难及所体现出来的献身精神，可以说是惊天地，泣鬼神，不仅让人不胜感慨，更是令人肃然起敬。在这些学者身上，融汇了中国传统读书人的人格修养，风骨操守，以及现代知识分子的学术见识、科学精神。他们不仅为中国近代社会引入了现代科学的研究方法，更是以他们在中国传统文化滋养下所形成的价值观念及对现代科学的理解，树立起了为世人敬仰的学者风范。今日中国安定的社会环境和优越的科研条件，远非当年先辈们所能想象。远望这个群落逝去的背影和他们身后留下的那一道独特的文化风景，我等后辈唯有对学术心存敬畏，努力继承先辈们身上的敬业精神和他们所开创的事业，不计功利，踏实做事，方能使中国的植物学研究屹立于世界学术之林，而这也将是后人告慰前辈学者的最好方式。

在本章写作过程中，承蒙洪德元院士、白书农教授、胡宗刚研究员，以及多位审稿人提出宝贵意见，林祁研究员和中国科学院水生生物研究所提供图片，姜晔、韩芳桥女士协助查找资料，在此表示衷心的感谢！

参 考 文 献

包士英, 毛品一, 苑淑秀. 1995. 云南植物采集史略. 北京: 中国科学技术出版社.

胡宗刚. 2005. 静生生物调查所史稿. 济南: 山东教育出版社.

胡宗刚. 2011. 北平研究院植物学研究所史略: 1929-1949. 上海: 上海交通大学出版社.

黄宗甄. 2001. 科学巨匠: 罗宗洛. 石家庄: 河北教育出版社.

《李继侗文集》编辑委员会. 1986. 李继侗文集. 北京: 科学出版社.

刘寄星. 2003a. 中国理论物理学家与生物学家结合的典范: 回顾汤佩松和王竹溪先生对植物细胞水分关系研究的历史性贡献(上). 物理, 32(6): 403-409.

刘寄星. 2003b. 中国理论物理学家与生物学家结合的典范: 回顾汤佩松和王竹溪先生对植物细胞水分关系研究的历史性贡献(下). 物理, 32(7): 477-483.

马金双, 贺然, 魏钰. 2022. 中国: 二十一世纪的园林之母(第一卷, 第二卷). 北京: 中国林业出版社.

钱迎倩, 王亚辉, 祁国荣. 2004. 20世纪中国学术大典 生物学. 福州: 福建教育出版社.

谈家桢. 1985. 中国现代生物学家传 第一卷. 长沙: 湖南科学技术出版社.

汤佩松. 1988. 为接朝霞顾夕阳: 一个生理学科学家的回忆录. 北京: 科学出版社.

徐丁丁. 2021. 国立清华大学生物学系发展史. 北京: 中国科学技术出版社.

《殷宏章论文选集》编辑委员会. 1994. 殷宏章论文选集. 北京: 科学出版社.

《中国科学院植物研究所志》编纂委员会. 2008. 中国科学院植物研究所志. 北京: 高等教育出版社.

中国植物学会. 1983. 中国植物学文献目录. 北京: 科学出版社.

中国植物学会. 1994. 中国植物学史. 北京: 科学出版社.

Simon Winchester. 2009. 李约瑟: 揭开中国神秘面纱的人. 姜诚, 蔡庆慧, 等译. 上海: 上海科学技术文献出版社.

Hong D Y, Stephen B. 2015. Plants of China. Beijing: Science Press.

执笔人: 刘栋, 教授, 清华大学

第二章

以植物志为载体的
资源普查和研究
助力国家建设

导 读

　　植物、动物和微生物共同构成了多彩多姿的生命世界。植物作为地球生态系统最重要的物质基础和生物链的初级生产者，通过光合作用，把水、二氧化碳和无机营养元素合成为有机物。人类通过植物资源的开发利用发展了农业和工业，推动人类文明不断跃上新台阶。植物志是记载一个国家或地区的所有植物名称、形态特征、地理分布和经济价值等信息的科学载体，植物志可以提供一个国家的植物资源家底，从而为人类更好地利用和开发植物资源提供重要的科学信息。中国地处欧亚大陆东部，从北到南分布着寒温带、温带、暖温带、亚热带和热带5个温度带；其地貌复杂，自东向西，地形逐步升高，形成三大阶梯，这种阶梯地势对我国生态环境的大地域分异和植物的分化产生了深刻影响。中国辽阔的国土、多样的气候、类型丰富的地貌、众多的湖泊、东部和南部广阔的海域，为植物和生态系统类型的形成和演化提供了多样化的环境，也为我国的植物多样性形成提供了可能。我国广袤的大地上和海洋中分布着3万多种维管植物（包括蕨类植物、裸子植物和被子植物），是北半球植物多样性最丰富的国家之一。

　　中国植物学先驱早在20世纪30年代就主张由中国人自己编写《中国植物志》，并为实现这个目标进行了艰苦的努力，奋力开展包括野外考察、标本采集和文献收集等基础性工作，但限于当时条件，编研《中国植物志》这一难度极大的系统工程直到新中国成立后，才重新纳入国家科学规划并得以实现。让我们穿过时空长廊，一起了解在艰难困苦的条件下，我国几代植物工作者如何坚定信念，承前启后，通过植物分类学研究，开展大规模的植物资源普查和植物标本采集以及《中国植物志》编研，助力国家建设和改善民生；如何让《中国植物志》所蕴含的科学知识走进千家万户，并让中国植物学走向国际舞台。

第一节　人类利用植物资源历史久远

一、植物为人类生存和繁衍提供宝贵资源

人类生存、生活与国民经济建设等很多方面都离不开植物，植物为我们提供了大米、小麦和玉米等赖以生存的主要食物，为人类生存所需要的畜禽动物提供了饲料。植物还是空气的净化器，1hm^2 的森林每天放出约 700kg 的氧气，提供了人类、动物和微生物呼吸所需要的氧气，并可吸附和阻滞 30kg 粉尘。可见植物对气候和生态环境具有重要的平衡和协调作用。

植物资源是人类食物和工业、医药原料的巨大宝库。植物根据功能可以分为纤维植物、淀粉植物、油脂植物、香料植物、鞣质植物、橡胶植物、富含蛋白质或维生素的植物、含天然甜味剂植物以及含天然色素植物等。茜草科的咖啡、山茶科的茶以及锦葵科的可可，是我们日常生活不可缺少的重要饮料植物。植物次级代谢产物和植物药的利用更是丰富多样。例如，杨柳科柳属植物其树皮含水杨酸苷，本身既有退热作用，又曾作为合成阿司匹林（乙酰水杨酸）的原料；车前科的毛地黄含有强心苷，具有强心作用；从红豆杉科短叶红豆杉提取的紫杉醇可用于治疗癌症。其他比较著名的例子还有治疗疟疾的"青蒿素"，治疗白血病的三尖杉酯碱，治疗小儿麻痹症的"格兰他明"等。植物还可以作为生物燃料的来源，油菜、藻类和大豆产生的生物柴油正在替代从石油中分离出的柴油。可见，植物资源的利用已涉及人类生存的各个方面，尤其在经济可持续发展、植物资源深层次利用、物种多样性和基因资源等方面。植物资源在人类文明和经济建设中占有不可替代的重要地位。

二、我国先民对植物资源的认知和利用

我国古代先民认识和利用植物资源的历史悠久。殷墟出土的甲骨中，已有关于植物的文字。《尚书·禹贡》概括了我国各地植物和土壤的关系。汉代以来，

有关植物学和农学的著作日渐增多，本草学也发展起来。《尔雅》的"释草"和"释木"篇、《说文解字》中都有对植物的专门解释。《南方草木状》收录了我国岭南热带和亚热带的80余种植物，各条下详细描述了植物的形态、功用和产地等，是世界上最早的区域性植物志。《神农本草经》记载了365种药物，其中多数为植物药，体现的是汉以来我国劳动人民对植物知识的利用经验。南北朝杰出的农学家贾思勰在《齐民要术》一书中收录了中原以外的许多种植物，代表了黄河流域人民对"域外"植物的认知水平。至唐宋后，有关植物的文献更是层出不穷。明初，中国的植物学研究走在了世界前列。明太祖朱元璋之子朱橚的《救荒本草》记载了中原地区414种植物资源，书中所呈现的植物描述和绘图水平，远超出同时期欧洲的植物学读物。李时珍的《本草纲目》详细描述了1892种药物（包括少量动物和矿物药物）的来源和药性，涉及千余种植物，是我国古代植物学和本草学一本里程碑式的著作。王象晋的《二如亭群芳谱》记载了当时的经济作物和观赏植物400余种。后来，清康熙皇帝命人将其扩大为《广群芳谱》，记载1500余种植物。清代，我国人民对植物类群认知和地域分布范围逐步扩大。陈淏子的《秘传花镜》是一部园艺学专著，讲述了352种园艺植物的习性、形态、产地、用途和栽培技艺等。19世纪中叶，中国古代植物学研究水平达到巅峰。吴其濬的《植物名实图考》图文并茂，共记载了我国当时19个省份的植物1738条，附图1805幅，全书所收物种之多、涉及地域范围之广、物种性状把握之精准，达到中国历代植物学研究前所未有之高度，被称为清代的"中国植物志"。

世界四大文明古国中，我国是唯一用连续的文字，完整记录3500年植物利用历史的国家，充分展示了我国先民对植物学知识的认知水平。这些历史，更是为今人编研《中国植物志》和摸清我国丰富的植物资源积累了丰富的史料。

三、 植物学先驱开展植物资源调查，为植物志编研开山铺路

植物标本是编写植物志的重要资料，我国植物学先驱们不畏艰险开展的植物资源调查和标本采集为编研植物志作出了卓越贡献。1911年后，外来的新思想逐渐被我国科学家所接受。受五四运动掀起的新文化高潮的影响，我国的植

物学研究也逐渐展开。被毛主席称为"中国生物学界的老祖宗"的胡先骕先生早年留学美国,他满怀"乞得种树术,将以疗国贫"的科学救国理想,一直把摸清我国植物资源的家底作为重要的工作目标。1918 年,他任国立南京高等师范学校农林专修科植物学教授,开始组织植物采集工作;1919 年,他与邹秉文教授等人大规模采集四川与云南的植物;1920 年和 1921 年他们转赴浙江、江西和福建等地进行了大面积采集。蔡希陶研究员在 20 世纪 30 年代初期,只身到云南采集到不少植物标本;后来,他还创建了西双版纳热带植物园(现中国科学院西双版纳热带植物研究所)。陈焕镛院士是我国近代植物分类学的开拓者和奠基者之一;1919 年,他在哈佛大学获林学硕士学位后归国,用自己在美国所得奖学金,深入海南五指山采集标本 9 个月之久;1927 年,他创建了中山大学农林植物研究所(先后改名为中国科学院华南植物研究所、中国科学院华南植物园,分别简称华南植物所或华南植物园)并任主任,对我国华南地区进行了植物资源采集和研究,建立了我国南方第一个植物标本室;1935 年 3 月,他还创建了广西大学植物研究所(现广西壮族自治区、中国科学院广西植物研究所)。至新中国成立前夕,静生生物调查所植物标本馆馆藏量达 18.5 万份,北平研究院植物学研究所达 15 万份,中国科学院植物研究所昆明工作站(现中国科学院昆明植物研究所,简称昆明植物所)达 10 万余份,中山大学农林植物研究所达 21.6 万余份,国内收藏的植物标本已达 80 万号之多,为摸清我国植物资源和后来编写《中国植物志》奠定了基础。

与此同时,一些植物学学者也陆续回国。刘慎谔研究员 1928 年在法国克莱蒙大学获理学硕士学位后,于 1929 年回国。林镕院士 1920 ~ 1930 年在法国获博士学位后,于 1930 年回国。郝景盛教授 1938 年 6 月在德国爱北瓦林业专科大学获林学博士学位后,1939 年初从德国回国在云南省建设厅林务处工作。匡可任 1935 年在日本北海道帝国大学攻读林学,1937 年"七七事变"爆发后他断然回国,参加了战区教师贵州服务团。由这些留学归国学者主持或参与的,先后于 1928 年和 1929 年建立静生所和北平研究院植物学研究所,是我国最早的现代植物学研究机构(1950 年合并为中国科学院植物分类研究所,后于 1953 年更名为中国科学院植物研究所,简称植物所)。这些植物学先驱是为我国近现代植物学研究奠基的一代,开创了我国现代植物学的初期研究,也为新中国成立后摸清我国植物资源家底积累了不可或缺的实物基础。

第二节　迫在眉睫，建设新中国急需摸清植物资源家底

　　植物资源是国家可持续发展的重要基础。植物志是记载一个国家的植物名称、形态特征、地理分布和经济价值等的科学著作。世界上多数发达国家都有自己的植物志。欧洲是编写和出版植物志最早的地区，17 世纪出版的《西班牙植物志》被认为是最早的一部较完整的植物志。林奈的《植物种志》（1753 年）被看作是一部早期的以欧洲为主的世界植物志。英国于 19 世纪为印度编纂出版《印度植物志》（The Flora of British India）。法国在 20 世纪 30 年代也编纂出版 6 卷《印度支那植物志》。从 17 世纪初到 20 世纪的 200 多年时间里，我国的植物主要由外国人采集和研究。自 17 世纪初到 20 世纪 40 年代，16 个国家 200 余人不远万里来中国各处调查植物资源，他们把植物标本带到欧美和日本等地研究，发表了为数众多的论著，命名了 1 万余种中国植物。据不完全统计，在过去 200 多年中，外国人在中国采集了 100 余万号植物标本，发表新属 150 多个。中国是世界上植物资源最丰富的国家之一，由于过去中国没有自己的植物志，使中国科学家研究植物时遇到很多困难，科学家们无法了解我国植物的资料，有时不得已只能查阅国外出版的刊物，极大地影响了中国植物学的发展。

　　新中国成立后，科学界的首要任务就是迅速制定国家范围的植物学研究规划，摸清植物家底，编研植物志就成为国家的重要战略需求，是全面了解和掌握植物资源家底的重要途径之一。一个国家的植物志担负着记录这个国家植物家底的任务，如果植物家底不清楚，会从根本上影响一个国家对植物资源的管理和开发与利用，难以满足生态文明建设和绿色可持续性发展的需求。国家要利用植物资源发展经济，则必须弄清我国植物的具体种类、组成、形态、分布和用途。因此，编研覆盖全中国疆域的《中国植物志》是国家的重大战略需求，也是新中国成立后摆在广大植物分类学者面前的当务之急。

　　植物分类学是编研《中国植物志》的重要基础，也是服务于植物资源研究、有效保护和合理开发利用的基础性学科。作为范围更广的植物系统学的一部分，植物分类学主要对植物进行鉴定，把纷繁复杂的植物分门别类，按照系统排列，

便于人们认识和利用植物。植物分类学的主要工作包括类群修订、志书编研和专著性研究等。具体工作包括文献考证、植物命名、标本采集和鉴定及其数字化管理等多方面内容，通常涉及形态学、细胞学、分子系统学等多层次的综合研究。通过这些分类学研究，不仅可以了解植物物种的数量、分布和动态变化，查明植物资源家底，为植物建立档案，还可以为植物系统学的其他工作开展，如植物类群的生物学特性和亲缘关系等后续研究奠定基础，并为自然保护区规划和国家植物红色名录编纂等工作提供至关重要的基本资料。综上所述，植物分类学学科本身的建设和发展，不仅推动我国植物分类学人才队伍的建立和不断壮大，还极大地促进《中国植物志》的编研工作和水平提高；而我国在应对植物资源的国际竞争策略，以及国家经济建设和改善民生等重大战略问题都需要有植物分类学知识，这两者相辅相成。

第三节 艰苦创业，大规模野外考察 支撑《中国植物志》编研

一、建机构团队，定宏大愿景

作为现代科学意义上的植物学研究，在我国起步于 20 世纪初。钱崇澍院士于 1916 年和 1917 年，发表了我国最早的在植物分类学和植物生理学研究领域的两篇研究论文。新中国成立前，国内外有关研究所、大学以及个人陆续做了不少植物调查采集和相关研究工作，出版了《香港植物志》《威尔逊植物志》《谭微道植物志》等，但所记载的中国植物很少。从全国总体来看，野外采集和研究工作呈现零散状态，缺乏统一领导和规划，与中国实际拥有的丰富的植物资源规模极不相称。当时的中国植物学者没有足够能力、财力全面了解和掌握中国全部植物资源及其所包含的大量信息，加之国家国民经济条件的限制，植物学事业的发展受到极大制约。这也充分说明，要全面了解掌握中国植物的种类和分布信息，必须凝聚全国植物学者的智慧，最大限度地组织协调全国范围内的研究和技术队伍才能实现。

新中国成立前，静生所和北平研究院植物学研究所以 36 名研究和支撑人员

为主干，吸收留学归国、国内大学相关师生以及调干和转业军人，建立起一支组合式的研究和管理队伍。新中国成立后，政府对科学事业提供了强有力的支持，使植物学研究得到快速发展。一些综合性植物研究所相继成立，各个研究机构联合起来共同商讨制定科研计划和方向，明确了以"为人民服务"为总方向，确定了植物资源调查和为农业增产服务这两个主要目标，后来发展为基础学科研究应瞄准国家重大战略需求的指导思想。这一时期，植物学研究工作的主体是服务于国家建设需要的全国性植物资源调查和与区域性经济发展相关的应用研究。植物学者逐渐加强了集体和全国一盘棋的意识。1950 年后我国开展的植物调查，集中体现在 1951 年开始的植物资源调查和研究以及 1956 年《中国植物志》的编写列入了中国科学院组织的面向全国的《1956 ～ 1967 年科学技术发展远景规划纲要（修正草案）》。通过制定五年规划，我国各地植物研究所明确的三大任务是：调查研究全国各地植物资源，调查研究各地区的植被和分布，开展本身科学发展上的一切研究。此后的十余年，便在全国层面上积聚智力，开展有规划有组织的大规模野外调查和采集。

二、 赴大江南北，阅浩瀚珍藏

　　植物学研究不仅是一项高强度脑力劳动的工作，也是一项需要付出体力和血汗的勇敢者的野外探险工作，有时需要冒着生命危险去采集植物标本，许多植物学工作者为此献出了宝贵生命。但是，科学家们非常清楚，由中国学者自己独立完成《中国植物志》的编研，对国家和社会经济发展都具有无可替代的重要作用和战略意义。为了进一步摸清我国植物资源的家底，从 20 世纪 50 年代中期开始，中国科学院、林业部和相关高等院校等联合组成了大大小小的植物资源调查采集队，犹如雨后春笋遍及全国各地，有序开展调查研究，从而带动我国广大植物学工作者积极投身到大规模的野外考察和采集工作中。

　　比较大型和重要的全国性植物调查和标本采集有：1954 ～ 1957 年，中国科学院黄河中游水土保持综合考察；1956 ～ 1959 年，中国科学院新疆综合科学考察队在新疆的综合考察；1959 年，中国科学院和商业部在全国范围内组织开展了全国野生经济植物资源普查。到 1959 年，采集到的标本和积累急剧增加，标本总数超过了过去 40 年采集标本总和的两倍，还新建立了 60 多个植物标本馆，使我国植物标本馆猛增到 100 余家，为后期启动和开展《中国植物志》编研创造了十分有利的物质条件。从 20 世纪 50 年代起，中国科学院华南植物研究所广西分所（现广西壮族自治区、中国科学院广西植物研究所）对广西植物资源进行了广泛深入调查，1959 年完成了广西野生植物资源普查。1959～1961 年，主要由植物所人员组成的南水北调综合考察队在川、滇、甘、陕等省区进行了大规模采集。20 世纪 50 年代初，吴征镒院士曾两次组织植物学家赴西藏考察，后来不顾年迈体弱，又于 1975 年 5 月和 1976 年 6 月两次进藏。1973～1976 年，中国科学院青藏高原综合科学考察队 4 年间组织了 35 个队次赴西藏采集到 4 万余号 15 万份极具科研价值的植物标本。1987 年，记载有维管植物 208 科 1258 属 5766 种的 5 卷《西藏植物志》全部出版面世。

20 世纪 70 年代，全国范围内自发掀起一场调查中草药资源的活动，许多省份卫生部门及中药研究、管理部门组织调查中草药资源，采集标本并编写各种中草药手册。1970～1980 年进行的历时 10 年的全国中草药资源普查共采集到 25 万份标本。1976～1977 年，植物所与湖北省武汉植物研究所（简称武汉植物所，现中国科学院武汉植物园）合作，组织近百人次在神农架地区野外考察累计 10 个月，采集标本 1.3 万多号近 8 万份。1981～1984 年，横断山地区综合科学考察队共采集标本 4.5 万余号。中国科学院于 1987 年立项的"七五"重大项目"中国生物资源的调查和评价"，由中国科学院的植物所、华南植物所、昆明植物所、武汉植物所和成都生物研究所等 13 家单位的 500 多位科技人员参加了野外考察，共采集以植物标本为主的生物标本数十万份。1990 年，中国科学院等 19 家单位在青藏高原面积最大的无人区可可西里地区开展了 3 个多月的综合科学考察，植物专业考察填补了该地区植物标本资料的空白。1990～1994 年，吴征镒牵头组织国家自然科学基金委员会重大项目"中国种子植物区系研究"，开展了大量研究和野外考察。项目组共组织了 3 次对关键地区和研究薄弱地区的重要野外考察，即李恒研究员带队赴云南贡山独龙江地区的越冬考察，孙航研究员、周浙昆研究员等赴西藏墨脱的越冬考察。项目组共采集到 2.6 万余号近 10 万份珍贵的植物标本，最大限度地补全了历次西藏考察的不足和不详点，数十名青年专业研究人才在这些考察活动中得到了锻炼和成长。

此外，全国各省份、各地方自行组织开展的大型野外调查和植物标本采集活动多到难以统计。20世纪50年代后，我国台湾的植物学工作者对台湾地区开展了大范围的野外调查和采集，到20世纪80年代初，台湾保藏的植物标本达80余万份。

上述所有这些标本和资料为后续启动的《中国植物志》编研打下了坚实的地基，也为后来一批批国家级自然保护区的建立提供了植物学的依据，而大批自然保护区的建立反过来也促进了植物资源的保护与利用。

第四节　卧薪尝胆，《中国植物志》铸就新的里程碑

《中国植物志》收录了关于中国境内的全部石松类和蕨类植物、裸子植物和被子植物（总称维管植物）的信息，这些植物按照功用亦可分为粮食作物、木材、水果、药物、纤维及绝大多数经济植物。

一、筹备启动，厚积薄发

20世纪20年代后，一些有识之士即开始酝酿由中国植物学家独立编写《中国植物志》。1934年8月，在庐山召开的中国植物学会第二届年会上，胡先骕首次提议集中国内力量着手编研《中国植物志》，但受国内形势和条件所限，这个想法只能堆积于案头，难以实施。1950年8月，中国科学院在北京召开了全国植物分类学工作会议，正式提出了编研《中国植物志》的目标。1950年8月26日至9月1日，中国科学院计划局和中国科学院植物分类研究所在北京联合召开了第一次全国性植物分类学专门会议。1950年10月，中国科学院植物分类研究所召开了第一次植物分类学术座谈会（图2-1）。此后，经过筹备阶段（1950～1957年）、初编阶段（1958～1965年）、受阻时期（1966～1976年）、重新启动（1977～1986年）和最后编研（1987～2004年）这5个主要阶段，中国几代植物学者承前启后，终于在2004年完成了这项史无前例的巨大工程。

图 2-1 中国科学院植物分类研究所第一次植物分类学术座谈会合影（植物所进化实验室供图）

在开始启动《中国植物志》编研的前期工作中，植物所、华南植物所、中国科学院林业土壤研究所（现中国科学院沈阳应用生态研究所）和中国科学院南京植物研究所（现江苏省中国科学院植物研究所）等编写出版了一系列重要的植物著作。在编研期间，他们整理和鉴定了大量的植物标本，培养了一大批年轻科研人员。1956 年，《中国植物志》被列为中国科学院《1956 ～ 1967 年科学技术发展远景规划纲要（修正草案）》的生物系统分类子课题之一。1959 年 6 月，钱崇澍代表植物所向中国科学院党组提出组建《中国植物志》编辑委员会的报告，同年 9 月 7 日，中国科学院批准成立了《中国植物志》编辑委员会（简称编委会），编委会挂靠在中国科学院植物研究所，第一任主编为钱崇澍和陈焕镛，秘书长为秦仁昌院士（图 2-2）。秦仁昌是《中国植物志》编写初始阶段的重要组织者，为《中国植物志》工程顺利启动作出了重要贡献。吴征镒担任《中国植物志》主编的 17 年是《中国植物志》编研快速发展时期，共完成了约 2/3 卷册的编研

图 2-2 《中国植物志》历任主编和第一任秘书长

A. 钱崇澍（1959 ～ 1972 年）；B. 陈焕镛（1959 ～ 1972 年）；C. 秦仁昌（1959 ～ 1972 年）；D. 林镕（1973 ～ 1976 年）；E. 俞德浚（1977 ～ 1986 年）；F. 吴征镒（1987 ～ 2004 年）；括号内为任职时间（供图者：A ～ B，D ～ E. 植物所综合办，C. 孙英宝，F. 云南省植物学会）

出版。2007 年，吴征镒获国家最高科学技术奖，主持编研《中国植物志》是其主要业绩。但吴征镒却谦逊地说，他只是起到承前启后的作用，是把他老师的老师钱崇澍、胡先骕、陈焕镛开创的事业继续下去。

二、同心协力，攻坚克难

植物志编研的水平主要取决于所收录植物的种类、种名的鉴定、类群划分与系统排列、文献考证，以及文字描述、检索表、图版是否准确并方便于使用。吴征镒说，要编研好《中国植物志》，就像"唐僧取经一样，要经过八十一难"。他认为最大的难处有 4 个方面。

第一难是把全国的编研者的思想和做法统一起来。参加编研的单位和人员很多，每个人的经历、研究专长和写作风格都有差异，如果各持己见，特立独行，编研工作将寸步难行。45 年来，在编委会的统一协调下，制订了编写规格，并不断修改和完善，确立了严格的责任制和审稿制。编委会和出版机构密切配合，保证了126 册的编写规格的高度统一。1959 年 11 月，首次编委会会议在北京召开，形成了《中国植物志》编委会组织条例、编辑出版条例和编审规程，制定了编写及出版规划、编写规格、学术语表、著者和引证文献缩写表等 9 个具有指导意义的文件。后来，编委会根据工作进展制定了可行的编写规划并建立了有效的管理机制，以解决编研中随时出现的一些具体问题。从 1973 年开始，编委会不定期编印编写工作简讯、中国植物志参考资料、边远地区的地名考证、拉丁文术语汇编、书刊及著者姓名缩写等工具书性质的资料手册，对统一编写规格和提高编研质量起到了重要作用。编研者们按照编委会的统一要求，每种植物除了有规范化描述外，每个科下和属下分类单元都编写了方便实用的植物检索系统。

第二难是模式标本不足，需要大量搜集流落在国外的中国植物标本信息。为了解决这个难题，1929 年中国蕨类植物学的奠基人秦仁昌到丹麦哥本哈根大学植物学博物馆学习和工作，他经常到斯德哥尔摩、柏林、巴黎、维也纳等地的标本馆查阅标本。1931 年他在英国邱园及大英博物馆查阅了这两个馆所收藏的全部中国产的蕨类和种子植物标本以及邻近国家的蕨类植物标本，拍摄了模式标本照片 18 300 余张，做了详细记录，并陆续寄回国内。这些照片曾先后冲印7 份，为中国植物分类学研究提供了重要资料。基于几十年的深入工作，秦仁昌于 1978 年发表了《中国蕨类植物科属的系统排列和历史来源》一文，1993 年荣获国家自然科学奖一等奖（图 2-3）。1992 年，吴征镒出访美国和欧洲一些国家，查看中国植物的模式标本并收集照片，为《中国植物志》的编研增添了许多难得的证据。1995 年，吴征镒在俄罗斯圣彼得堡的柯马罗夫植物研究所查阅模式标本和文献，验证和修正了他过去记录的 3 万多张植物卡片的信息，为《中国植物志》各卷植物名称的合格化和合法化提供了新的证据。此外，吴韫珍教授等人精心整理和考证的一套植物标本和信息卡片，以及蒋英教授、傅书遐研究员收集的台湾植物资料与图片等都为解决上面这个难题提供了重要依据。

图 2-3　《中国蕨类植物科属的系统排列和历史来源》1993 年获国家自然科学奖一等奖
A. 获奖证书（植物所综合供图）；B. 获奖论文（卫然供图）；C. 秦仁昌工作照（张宪春供图）

　　第三难是要从 500 年来浩如烟海的多种文献中考证每种植物的合格和合法的学名（即植物的拉丁名）以及每种植物的详细信息。一些外国学者对中国植物的记载错讹难免，有的甚至把中国植物的科、属搞错了，因此我们必须想尽办法查找文献并进行考证。吴征镒形容这"犹如顶着石臼做戏，吃力不讨好"。1942 ~ 1952 年，吴征镒依据秦仁昌从欧洲各大标本馆拍摄、记录的中国模式标本照片和吴韫珍从奥地利植物学家韩马迪（Handel-Mazzetti）那里抄录的中国植物名录，制成 3 万余张植物卡片，详细记录每种植物的学名、中文名、文献、分布和生境等信息，成为后来编研《中国植物志》的珍贵资料。正是根据前辈这些重要的资料，我国 300 多位植物分类学者通过认真的考证和研究，确定了我国每种植物的合格和合法的学名（图 2-4），并详细记载了植物的各种重要信息，包括植物发表的原始文献、同物异名、植物的形态特征、地理分布和生态环境等。植物所陈心启研究员等编著的《中国植物系统学文献要览》（1993 年）以及植物所傅立国研究员编写的《中国植物标本馆索引》（1993 年）等书籍也为《中国植物志》的编研提供了文献和标本等规范化信息。此外，我国植物分类学者对一些采集

图 2-4　陈焕镛工作照及其发表的模式标本
A. 陈焕镛在苏联柯马洛夫植物研究所查阅文献（黄观程供图）；
B. 陈焕镛与匡可任发表的银杉模式标本（华南植物园标本馆供图）

年代较早的旧地名，外国采集者记录的含糊不清的拼音或张冠李戴的地名，以及由于历史或政治原因国境边界上变动了的地名，都进行了仔细的核对和修订，解决了文献考证的难题。

　　第四难是需要获得大量的第一手植物标本。如前所述，植物学先驱和新中国成立后大批植物学者到野外采集标本，很大程度上解决了这个难题。1908年，植物学家钟观光开始在北京大学任教，期间他研究和采集植物标本，为北京大学建立了植物标本室，开创了我国学者自己采集和制作植物标本，并进行分类学研究的新时代。1927年，他在位于杭州的浙江大学任教时，在那里创办了我国第一个植物园。他是我国最早到野外采集植物标本的科学家，在 11 个省份共采集到 15 多万号标本。为了采集植物标本，有些人因疾病或危险而献身。1935～1936 年，吴中伦院士和陈谋助教（1903～1935）在云南考察采集，陈谋因染恶性疟疾，于 1935 年 4 月在云南墨江县不幸辞世。1936 年 8 月起，在陈焕镛组织的野外考察中，邓世纬调查员等一行 4 人在深入黔桂交界处之贞丰县采集标本时感染恶性疟疾，于 10 月与助手杨昌汉、徐方才、黄孜文共 4 人不幸相继病亡。据不完全统计，在记录有时间、地点、人员和单位等具体信息的事件中，我国有近 30 人在植物考察中献出了宝贵的生命。值得庆幸的是，与《中国植物志》立项、启动相呼应，全国性与地方性的野外考察和采集工作开展得如火如荼。到 20 世纪末，国内各地植物标本馆馆藏植物标本达 1700 余万份。此外，各省份的地方植物志书也陆续出版，为推动和高质量地完成《中国植物志》的编研工作发挥了巨大作用。

我国几代植物学者承前启后，不畏艰辛，齐心协力解决了上述四大难题，为《中国植物志》的编研扫平障碍，有效地保证了该书的高质量顺利完成，也为后来申报国家自然科学奖奠定了坚实的基础。可以毫不夸张地说，如果不攻克这些难题，《中国植物志》的编研只能是纸上谈兵。

20 世纪 60 年代初，为了满足教学、科研和生产工作中需要大量鉴定植物标本的迫切需求，植物所牵头组织主持的《中国高等植物图鉴》编研项目于 1965 年启动，至 1979 年完成《中国高等植物图鉴》及《中国高等植物科属检索表》全部共 8 本的出版。该套书共 1057 万字，记载了我国高等植物中常见的、有经济价值和科学意义的绝大多数种类近 11 000 种，约占全国高等植物种总数的 1/3，其中 9000 多种配有黑白线条的形态图。每种植物都有简要的形态特征、地理分布、生长环境和经济价值的描述，并指出了与近缘种的区别。这是认识和鉴定我国高等植物的第一套较全面的工具书，对我国国民经济建设、科学研究和教学都起到了重要的指导作用，更是为《中国植物志》的编研积累了实践经验和宝贵资料。1987 年，王文采院士、汤彦承研究员及其研究集体编研的《中国高等植物图鉴》及《中国高等植物科属检索表》荣获国家自然科学奖一等奖（图 2-5 和图 2-6）。

图 2-5　1987 年《中国高等植物图鉴》及《中国高等植物科属检索表》
荣获国家自然科学奖一等奖
A. 获奖证书（王锦秀供图）；B. 获奖的 8 本著作（张志耘供图）；C. 汤彦承（植物所综合办供图）

三、夙兴夜寐，终成巨著

在国家科委（现科技部）和有关部门以及中国科学院、国家自然科学基金委员会大力支持下，从 20 世纪 80 年代后期开始，《中国植物志》的编研工作进入了高速发展时期，并终于在 2004 年全部出版（图 2-7）。正是全国广大植物学

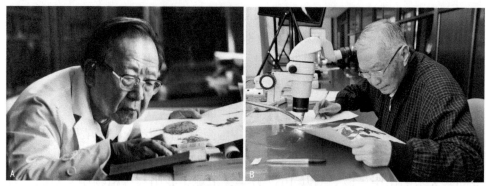

图 2-6 植物学老前辈工作照

A. 吴征镒在鉴定标本（云南省植物学会供图）; B. 王文采在标本馆工作（孙英宝供图）

图 2-7 《中国植物志》全书 80 卷 126 册（云南省植物学会供图）

工作者半个世纪如一日的以草为伴、与木为伍的艰辛探索，才成就了这一科学巨著。《中国植物志》被 570 位两院院士评选为 2005 年中国十大科技进展和 2005 年世界十大科技进展。这一植物学研究领域的著作，其学术水平具体体现在以下 5 个方面。

（1）迄今为止世界上收录和记载植物最多的植物志，包括维管植物 301 科 3408 属 31 142 种。

（2）新增植物新类群最多，累计发表新属及新属名称 243 个，发表新种及新种名称 14 312 个。

（3）物种信息记录最全，包括植物的学名、形态特征、地理分布、系统位置、生境、物候期、经济用途以及相关历史文献记载等内容。

（4）对类群划分和系统排列进行了深入研究，从研究角度而言对于属种的划分与排列更加科学、合理，发表了大量高水平的学术论著。

（5）最大程度上保证了种类鉴定与文献考证的精确性与高水平。采集和查阅植物标本 1700 余万份，收集、拍摄与整理了长期大量分散于国外的植物标本和文献资料。

一个国家能否编写、出版植物志，不仅标志着一个国家植物学研究的水平，也是一个国家出版水平的体现。2004 年，《中国植物志》全部出版后，负责这套巨著编辑出版的科学出版社曾建飞编审曾介绍说，在国外，完成得比较快的《苏联植物志》用了 25 年，《巴西植物志》用了 66 年。有些植物志虽然花费了很多精力和时间，却仍未能完成，如《秘鲁植物志》《东非热带植物志》；由荷兰学者主持的《马来西亚植物志》用了 27 年，仅完成了 1/3。根据后来的资料，由法国组织编撰的《柬埔寨、老挝、越南植物志》从 1960 年开始至 2007 年才出版了 30 卷册，包含 80 科 600 属 2000 余种。《北美植物志》1982 年启动，计划出版 30 卷，至 2008 年只出版了 12 卷。很多发展中国家的植物志编研也刚开始或尚未启动。而被誉为中国植物资源"国情报告"的《中国植物志》是中国科学家完全依靠自己的力量完成的，是迄今已出版的世界植物志中规模最大、种类最多、内容最丰富的巨著，它是基于全国 80 余家科研教学单位的 312 位作者和 164 位绘图人员 80 年的工作积累、45 年艰辛编撰最终完成的，是全国植物学家通力合作完成国家任务的一个成功案例。它的全部出版标志着中国植物分类学研究达到了国际先进水平。

2009 年，《中国植物志》的编研荣获国家自然科学奖一等奖，这部巨著能获此殊荣，不仅是对 10 位获奖人的肯定（图 2-8），更是对数百位甚至上千位专家学者半个世纪默默坚守的褒奖。《中国植物志》是中国半个世纪以来植物分类学研究的标志性成果，它查明了我国 3 万多种维管束植物资源的基本状况，既是我国植物的具体档案，又是记录和研究植物特征、特性的重要信息库，对科学家深入认识植物世界具有重要学术价值，对陆地生态系统等学科研究将起到重要促进作用，同时，对国家建设有重大影响，为合理开发利用植物资源提供了重要的科学依据。此外，《中国植物志》对宣传和普及植物学科学知识，提高公众对生物多样性的认识也具有重要意义。通过《中国植物志》的编研，中国植物分类学队伍因此得到了壮大，培养、锻炼和稳定了一大批人才，从新中国成立前的数十人，发展到现在的数千人，还涌现了一批享誉国际的优秀植物分类学家，避免了人才的断档。这些年轻学者后来在编研《中国植物志》英文修订版——*Flora of China*

图 2-8　2009 年荣获国家自然科学奖一等奖的 10 位老前辈

A. 钱崇澍；B. 陈焕镛；C. 吴征镒；D. 王文采；E. 李锡文；F. 胡启明；G. 陈心启；H. 陈艺林；I. 崔鸿宾；J. 张宏达
（供图者：A ～ B. 植物所综合办，C. 云南省植物学会，D. 张志耘，E. 李捷，F. 张志耘，G. 钟小红，H. 陈伟，I. 植物所综合办，J. 廖文波）

时成长为业务骨干，现在更是国内有关科研、大学或管理部门的中坚力量，在全国各地的教学和科研单位中形成了一个较完备的人才体系。

《中国植物志》是植物学研究领域一项开拓性、创新性、系统性、基础性工程，它的完成促进了中国植物分类学的健康发展，也带动了生物学相关学科的进步，成为我国国民经济建设和改善民生不可缺乏的最权威的参考书和科学专著。它必将对中国和全球生物多样性的可持续发展作出重大贡献并产生深远影响。国际著名学术刊物 Science 在 2005 年刊文指出："由中国植物学家完成的《中国植物志》是一个非常重要的事件，世界上没有任何植物志的规模可与之相比……"植物分类学界国际著名刊物《分类群》（Taxon）在 2006 年也专门刊文，详细介绍了《中国植物志》的完成以及相关内容，在国际上产生了深刻影响。通过完成《中国植物志》，中国植物分类学者对人类认识和了解世界植物作出巨大贡献，为植物的保护和可持续利用打下了坚实的基础。中国周边一些国家的植物志大多引用了《中国植物志》的一些卷册，如《泰国植物志》《马来西亚植物志》。据中国科学引文数据库（Chinese Science Citation Database，CSCD）和 Web of Science（1989 ～ 2008 年）统计，《中国植物志》被他引 4216 次，8 篇代表性论著被他引 957 次。《中国植物志》最主要的引用出现在国内外大量的科学专著和志书中，足以证明其影响力是世界性的。

第五节 奠定基础，为资源合理开发和利用铺路

植物资源的合理开发和可持续利用是社会经济发展的基础，关系到国家经济的各个方面。而所有植物资源的利用首先依赖于对资源的充分认识和了解，这取决于物种的准确鉴定。《中国植物志》正是分类学鉴定的重要基础，是中国植物资源的第一部百科全书。例如，青蒿素具有显著的抗疟功效，其开发的植物曾混入大量的其他种类，在确认药理后经植物标本鉴定，以前记载的菊科蒿属5种抗疟植物（青蒿、黄花蒿、牡蒿、茵陈蒿、西南牡蒿）中，真正含有效成分的只有黄花蒿。20世纪70年代，人们发现红豆杉树皮和树叶中所提取的紫杉醇对肿瘤细胞有独特的抑制作用，能抑制癌细胞的增殖，红豆杉也因此变为"轰动世界的药用植物"。红豆杉属植物全世界有11种，我国有5种，都能提取紫杉醇。由于有植物志作为理论基础，我们能够迅速地知道我国红豆杉属植物的资源分布情况，与植物化学研究相结合，探索红豆杉属植物各个种类间化学成分的差异，最后发现云南红豆杉的紫杉醇含量最高，是治癌植物资源中的佼佼者。

说到家喻户晓的国色天香——牡丹，大家自然会想到洪德元院士。牡丹和芍药植物是重要的药用植物。正因为其极高的园艺、文化和药用价值，牡丹和芍药资源曾受到严重破坏，多样性保护和资源的可持续利用也成了世界难题。为了全面了解和保护芍药属植物资源，洪德元自1995年起着手准备，考察了芍药属植物所有物种，获得大量第一手资料。自1995年以来，洪德元和团队成员为研究世界的牡丹和芍药，跑遍了从国内到欧亚大陆和北美西部有它们生长的很多地方。他们采取从外部形态到谱系基因组学的综合研究方法，对世界牡丹和芍药植物的分类学、地理分布式样、性状多态性及多样性等进行了全面而深入的研究，在国际学术刊物上发表论文40多篇。2021年，他的英文学术专著《世界牡丹和芍药》（系列第三部）由英国皇家植物园邱园出版社和美国密苏里植物园出版社出版发行（图2-9）。书中虽然仅含30多种植物，但是整个研究工作历时30多年，可见植物分类学专著性研究的艰辛。该书确认全世界共有34种牡丹和芍药植物，全面阐述了世界牡丹和芍药植物的分类学处理、地理分布式样、性状

图 2-9　洪德元工作照及其著作
A. 洪德元在瑞士与意大利交界的杰内罗索山（Generoso）开展野外考察；
B～D. 三部《世界牡丹和芍药》专著于 2010 年、2011 年、2021 年先后正式出版（均由洪德元供图）

多态性及多样性，从进化的角度论述了芍药属植物生物学特性、系统发生关系以及起源演化等方面的研究进展，提出了关于芍药属系统学位置、属下亲缘关系、牡丹起源等方面的最新权威见解，还详细介绍了芍药属微形态、化学成分、核型、生殖生物学特性等方面的研究成果。研究成果的科学意义是弄清楚了关于牡丹的三个重大理论问题：一是从进化的角度对芍药属植物进行了全面的科学分类；二是研究考证清楚人们利用提取牡丹油的植物是'凤丹'（杨山牡丹的品种），纠正了过去《中国药典》把药用牡丹定为用作园艺栽培的花王牡丹的分类错误；三是研究确认了目前广泛栽培的"牡丹之王"是由来自 5 种野生牡丹在庭园中经人工培育而成的。洪德元一直强调，我国植物资源的开发、利用和保护离不开精准的物种数据，他认为，只有通过广泛的野外调查和深入的分类学研究，才能获得科学精准的物种数据。我们期盼和相信，这些牡丹和芍药植物专著性的全面深入研究，必将为未来牡丹和芍药植物资源的保护、有效开发和利用提供十分重要的科学依据。

　　石油的开采过程中离不开一种重要的液体——压裂液，其作用是将地面设备形成的高压传递到地层中，使地层破裂形成裂缝并沿裂缝进行油气输送。水基压裂液通过以水作溶剂再加入一些像瓜尔胶这样的植物胶等稠化剂和添加剂配制而成。瓜尔胶是由主产于印度和巴基斯坦的一年生豆科瓜尔豆属植物瓜尔豆种子的胚乳部分加工而获得。20 世纪 70 年代初，由于遭到西方世界的封锁，国内能源十分短缺。当时加拿大在石油生产中使用"瓜尔胶压裂液"能大幅度提高石油产量。1973 年，植物所承担了原国家燃料化学工业部关于"寻找瓜尔胶代用品"的项目，李欣研究员任课题组组长。这个项目的瓶颈是从我国众多植物中寻找含胶量高的能替代瓜尔豆的植物。课题组充分利用植物分类学知识,从《中国经济植物志》和《中国主要植物图说》等书籍中查询到富含植物胶的具体植物,随后分赴野外采集植物标本和种子,发现豆科植物田菁的种子符合要求(图 2-10)。如果没有这些植物志相关资料,就无法寻找到重要的田菁植物。通过后续的测试、分析和优良育种种植,大大丰富了田菁胶植物原料的来源。1974 年,课题组用田菁胶首次代替瓜尔胶在胜利和大庆油田用作石油井水基压裂液大获成功,石油产量可提高 8 ~ 12 倍,仅 4 年创效益 4 亿元以上,突破了国外对我国石油的封锁,给国家年节约经费约 100 万美元,为我国石油增产和国民经济建设作出了重大贡献。田菁胶除了石油工业用途,还可广泛用于矿冶、炸药、造纸、纺织等更多的工业生产中。"田菁胶水基压裂液"获 1978 年全国科学大会奖,"半乳甘露聚糖胶新材料——田菁胶及其应用"于 1980 年获国家发明奖三等奖。在上述研究的基础上,1982 年,王宗训编著的《田菁胶及其应用》出版了,为全国各地广泛栽培田菁植物提供了技术支撑。

图 2-10 田菁植物
A. 花(刘冰供图); B. 荚果及其种子(薛凯供图)

兰科植物全世界有 700 属 2 万多种,我国有 171 属 1200 多种。兰科植物在学术、生产和园林等方面都具有重要价值。2002 年,由植物所陈心启主持的"中国兰科植物研究"项目荣获国家自然科学奖二等奖,这对兰花产业中植物的分类鉴定以及有效地利用和保护濒危兰科物种起到了良好的促进作用。在我国兰科植物资源产业开发中,影响和效益最大的是 20 世纪 70 年代初天麻植物的人工栽培成功。天麻不仅是名贵药材,更是药食同源的传统养生滋补上品。20 世纪 50 年代末，野生天麻产量极为有限，过度的采挖导致天麻资源枯竭，市场供应断档。天麻种子奇小，一粒花生米大小的蒴果里，包含着数万粒种子。天麻无根无叶，不能进行光合作用制造营养，它究竟是怎样繁殖生长的，这始终是困惑科学界的一个难解之谜。1958 年，徐锦堂研究员（图 2-11）从山西太原农业技术学校毕业后分配到中国医学科学院药物研究所（现中国医学科学院 北京协和医学院药用植物研究所）栽培研究室工作。他通过多年的反复实验和摸索，1965 年，终于摸清了天麻生长繁殖获取营养的规律，使天麻无性繁殖取得成功，开创了世界上人工栽培天麻的先例。接着，他和研究团队又开始摸索研究天麻用种子有性繁殖的技术和方法，揭开了天麻先后与两种菌类共生的秘密。"天麻野生变家栽的研究"1978 年获全国科学大会奖。"天麻有性繁殖——树叶菌床法"1980 年获国家发明奖二等奖。其中，鉴定蜜环菌和紫萁小菇这两种菌类植物就必须运用《中国孢子植物志》的分类学知识，否则，在后续的天麻人工繁殖中，就不能正确地把这两种菌类加进去。2001 年，"天麻种子与真菌共生萌发及生长机理和纯菌种伴播技术研究与应用"成果获国家科学技术进步奖二等奖（图 2-11）。陕西略阳县大力推广天麻繁育种植技术，成为全国重要的天麻生产基地之一。无独有偶，在云南也有一位天麻专家——周铉副研究员，他的研究可谓异曲同工。1960 年，周铉从导师昆明植物所吴征镒研究生毕业后留在该所工作。从 1966 年开始，他赴云南昭通市彝良县小草坝镇开展了长达 13 年探寻天麻生长之谜的艰苦工作，还几次与死神擦肩而过。1970 年，周铉团队成功研发了天麻有性繁殖技术体系；1978 年，"天麻野生变家栽的研究"获全国科学大会奖；同年，他被中国菌物学会授予

图 2-11　天麻人工栽培成功的科研人员及其奖状

A. 徐锦堂著作封面（张志耘供图）；B. 周铉在云南昭通市彝良县小草坝镇试验点工作（周卫平供图）；
C."天麻野生变家栽的研究"获奖证书（云南省植物学会供图）

"中国天麻研究终身成就奖"（图 2-11）。到 1979 年，天麻可大面积栽培生长，成为彝良县农民增收致富的重要支柱。如今，天麻人工种植在我国已是每年几百亿的庞大产业，有效地保护了野生天麻植物资源。

海带是中国民众喜爱的传统食品和物美价廉的美味佳肴。新中国成立初期，每年中国需要从日本和苏联进口约 15 000 吨干品海带以满足市场的需求。1985 年，中国年产海带 25 万吨，占世界年产量的 80%。从 20 世纪 50 年代末开始，人工栽培紫菜业也迅速发展起来，中国紫菜年产量现达一万多吨干品，成为世界上第三大紫菜生产国。到 20 世纪 70 年代初，中国人工栽培海带的总产量已达到 30 万吨干品，是日本和苏联自然海带产量 5 万吨的约 6 倍，从而震惊了世界藻类学界和水产养殖学界。如今，中国一跃成为世界产海带的第一大国，紫菜产量也位居世界第三。奇迹是怎么创造出来的呢？这归功于我国著名的海洋生物学家曾呈奎院士。曾呈奎生于福建厦门，他给自己起号"泽农"，理想定位在"耕海"上，就是要为人们饭桌上添几道菜。由他主持完成的"海带养殖原理研究"在研发过程中，团队利用《中国孢子植物志》等工具书，无数次在海底深处调查采集标本，并对其进行分类和鉴定研究。该项目 1978 年荣获全国科学大会奖。紫菜是曾呈奎献给人们的又一道美味。1956 年，他主持的"甘紫菜的生活史"科研成果成为新中国第一批国家级科技授奖的项目之一。人工栽培紫菜产业从此在我国迅速发展起来。

我国研发利用和保护植物资源的例子数不胜数，而植物资源的开发利用，都离不开对植物分类学和植物志等基础理论专业知识，更离不开大量不辞劳苦地野外实地调查和采集标本，这也正是分类学研究的主要精华。

第六节　数字技术使《中国植物志》更上一层楼

一、数字技术使《中国植物志》融入百姓生活

如何能让《中国植物志》所蕴含的植物学知识融入老百姓日常生活，成为普通人用得上的实用科学知识。这也成为中国科学院植物研究所系统与进化植物学国家重点实验室（简称植物所进化实验室）和中国科学院植物研究所植物标本馆

（PE）的一个目标和梦想。数字化技术的迅猛发展和脚踏实地的工匠精神让梦想成真。2011 年，在植物所植物标本馆（PE）的支持下，李敏高级工程师和项目组成员通过大量摸索并克服重重困难，与科学出版社联合构建了在线版的《中国植物志》，制作成了移动端的手机小程序，直接让 80 卷 126 册的《中国植物志》浓缩在"方寸之间"，让大家便利地使用《中国植物志》的知识。同时，他们利用日益普及的智能手机，完成了《中国植物志》全文的数字化工作和数据库网站建设，与科学出版社联合发布了手机版《中国植物志》。用户在室内外都可通过手机随时查阅《中国植物志》中 3 万多种植物的信息。后来，他们还拓展开发出微信版等多个版本的数字化《中国植物志》，每年提供超过 3000 万人次的服务。

随着数码相机的普及，人们外出拍摄的植物照片逐渐增多。在植物所和植物所进化实验室有关领导的大力支持下，李敏和项目组成员创建了中国植物图像库。这个图像库的建立得到了老一辈科学家奠基性的大力支持。从 20 世纪 60 年代开始，老一辈科学家拍摄了数十万张的照片，徐克学研究员是植物所中国植物图像库的创始人，1994 年，他主持了"中国植物图像库"的工作，完成了我国多个生物多样性热点地区的植物图像考察。他把自己拍摄的大量植物照片毫无保留地贡献了出来，为中国植物图像库的建立提供了非常好的工作基础。现在这个在全国具有重要影响力的中国植物图像库，已有来自全国的 6.5 万名摄影师的共同参与，从最初的 2008 年建库的 7000 个物种发展到现在超过 1000 万张照片 4 万余种（含品种），覆盖了中国高等植物绝大部分物种；10 年累计访问量达 5000 万人次。植物图像库建起来之后，"拍照识植物"就有了很好的基础。2013 年，在世界范围内利用人工智能识别植物技术还只刚刚萌芽。他们就与百度合作，把中国植物图像库收集的花卉照片集中起来，筛选出 1000 余种最常见花卉的 11 万张花的照片，建立了中国最早的常见花卉智能识别应用，实现了对中国常见花卉的鉴定，这也是国内首个人工智能识别植物的应用及服务。到 2016 年，在植物所领导支持下，他们与鲁朗软件合作，最后实现了 6000 种植物约 120 万张照片的智能识别，基本涵盖了人们身边常见的植物。该成果就是现在走进千家万户的"花伴侣"，被嵌套入手机小程序和微信公众号中推广普及，植物的鉴定也随之变得简单、便捷。在植物所进化实验室和国家植物标本资源库的直接领导下，他们领衔开发的"花伴侣"系列智能识别应用，用户数已超过 1000 万，识别量超 2 亿次。相关成果入选国家"十三五"科技创新成就展（图 2-12）。

图 2-12 《中国植物志》数字化产品界面
A. 志在掌握界面；B. 中国植物图像库界面；C. 手机小程序花伴侣界面（A ～ C 均由李敏供图）

　　科学和人工智能不断迭代，李敏和项目组成员想把智能识别应用于科研实践和民众科普教育，通过公众科学项目让每个民众都能够便捷、深入地参与到植物多样性的调查、保护和研究中，总之，就是把《中国植物志》等植物志书所蕴含的知识最大限度地融入百姓日常生活中，为建设美丽中国贡献更大力量。

　　此外，我国从 20 世纪 80 年代末陆续开展标本数字化工作，迄今已有长足发展。以中国科学院为主体，包括部分高校共同参与的中国数字植物标本馆（Chinese Virtual Herbarium，CVH）自 2003 年建设到 2006 正式对外发布，截至 2022 年底，CVH 作为国家植物标本资源库的门户网站在线共享标本 826.7 万份，其中有照片标本 652.9 万份，覆盖中国约 82.87% 的高等植物。标本数字化的工作让《中国植物志》中植物的识别鉴定更加方便快捷，极大地促进了我国植物标本馆摸清家底的工作，同时通过搭建相关共享平台，标本数字化信息实现全球共享，有力地支撑了国内外相关科学研究。

二、 DNA 条形码技术助推植物物种快速精准鉴定

　　DNA 条形码是利用标准 DNA 片段对生物物种进行快速鉴定的新技术。DNA 是所有细胞生物的遗传物质，主要功能之一是用于储存合成蛋白质所需的遗传密码。对于植物、动物这样的真核生物来说，DNA 既以染色体的形式存在于细胞核中，又存在于线粒体和叶绿体这两种执行专门功能的细胞器中。2009 年，依托中国科学院大科学装置中国西南野生生物种质资源库，昆明植物所李德铢带

领研究团队开展了中国维管植物 DNA 条形码计划，提出了植物条形码新标准。在中国科学院大科学装置开放研究项目的支持下，基于新一代测序技术，进一步发展了细胞器基因组条形码（organelle genome barcode）的研究内涵和物种鉴定的关键技术。目前，研究团队已初步建成了中国维管植物属级水平的条形码物种鉴定参考数据库，并对疑难类群开展了超级条形码（叶绿体 DNA 全序列和编码核糖体蛋白的 DNA 序列）、微条形码（mini-barcode）和微卫星分子标记的测试与评价，积极探索构建维管植物 DNA 条形码 2.0（plant DNA barcode 2.0）。基于 DNA 条形码和新一代智能植物志（iFlora）方面的研究进展，他们与国际生命条形码计划的彼得·霍林斯沃思（Peter Hollingsworth）开展了深入合作，并形成了新的共识。此外，研究团队基于叶绿体 DNA 全序列数据解析了被子植物的系统发育树（plastid phylogenomic angiosperm tree，PPA tree），构建了被子植物科级水平最完整取样的被子植物"生命之树"（PPA Ⅱ）；并基于叶绿体和核基因组测序数据揭示了不同分类阶元的重要植物类群，如水龙骨目、石竹目、豆科、蔷薇科、竹亚科、杜鹃花属等分类群的系统发育关系和演化历史。

伴随着 20 世纪 90 年代以来分子系统学、DNA 条形码理论和技术的蓬勃发展，以分子数据为核心确立单系群（由同一共同祖先的全部后代构成的类群）的分类方法已逐渐成为学界共识。基于此，学界提出了新一代智能植物志的概念，力求把新一代测序技术、DNA 条形码、地理信息数据和计算机信息技术等元素整合到志书之中。在国家科技基础性工作专项项目《中国植物志》的数字化和 DNA 条形码"的支持下，李德铢等组织中国科学院内外共 27 家研究机构、高等院校的 150 位植物学工作者综合国内外最新的研究成果，于 2020 年合作完成了《中国维管植物科属志》（简称《科属志》），共记录中国维管植物 314 科 3246 属，每个科属均提供了形态特征集要、分布概况、全球及中国的属（或种）数统计、系统学评述、DNA 条形码概述和代表种及其主要用途等信息。其姐妹篇《中国维管植物科属词典》（简称《词典》）已于 2018 年先行出版。《词典》和《科属志》的出版，作为国内新一代智能植物志的初步成果，弥合了《中国植物志》中英文版科属范畴与现代的维管植物新系统间的缝隙，为中国植物学工作者理解不同分类系统间的差异来源提供了参考，也将成为中国植物分类学和系统学专业工作者进一步深化研究的重要的基础性工具书。《词典》和《科属志》的编研理念指明了新一代植物志的努力方向，奠定了新一代植物志编研的基本框架，也为

"后植物志"时代中国植物分类学的发展积累了宝贵的组织经验。

第七节 走出国门,《中国植物志》登上国际舞台

一、 *Flora of China* 开启国际合作新征程

把我国植物学研究的重大成果《中国植物志》推向国际,是为了让更多的国外同行进一步了解我国的植物,同时也为了解决《中国植物志》编研过程中,由于当时出国考察的经费困难以及通信交流的不便,因而一些中国植物的学名和鉴定存在疑问等问题。此外,新的植物物种和类群不断被发现,也有必要进行补充和修订。

1979 年 5 ~ 6 月,以植物所所长汤佩松院士为团长的中国植物科学家代表团共 10 人出访美国,《中国植物志》副主编吴征镒为副团长,《中国植物志》主编俞德浚院士为代表团成员。出访期间,两位主编向美国植物学家代表团团长、密苏里植物园主任彼得·H. 雷文(Peter H. Raven)院士提出合作编撰 *Flora of China* 的意向。当时的难点是版权和经费支持,之后经过双方几年的酝酿,条件逐渐成熟。1986 年,俞德浚辞世;1987 年,吴征镒接任《中国植物志》主编。1987 年 2 月,路安民研究员出任植物所代所长;3 月,他和《中国植物志》副主编崔鸿宾研究员与到北京开会的吴征镒商榷启动 *Flora of China* 国际合作项目。随后,路安民向中国科学院汇报了拟启动的该项目的当前进展和困难等,后来中国科学院有关领导解决了版权和经费来源问题,并批准了该项目的正式立项。1988 年 10 月,吴征镒带领中方编委会成员赴美国,吴征镒和《中国植物志》全体编委代表中国科学院与雷文签订了中美合作编撰 *Flora of China*(《中国植物志》英文修订版)的协议,由我国科学出版社和美国密苏里植物园出版社共同合作出版。1989 年,*Flora of China* 国际合作项目正式启动,被列为中国科学院重大国际合作项目。该项目经中外植物分类学家共同努力,于 2013 年全部完成(图 2-13)。

Flora of China 由吴征镒和雷文任主编,2001 年增补植物所洪德元为副主编。该书采用中外作者合作的形式,同时,邀请美、英、法、日、俄等相关类群的权

图 2-13　中国植物多样性与保护国际研讨会
（北京，2013）
A. 研讨会后合影；B. 洪德元和彼得·雷文
在大会上发言（A～B 均由李敏供图）

威学者为合作者，通过广泛的交流、讨论，共同修改文稿，中外专家可以融合不同的学术观点和思路，提高学术水平，最终由双方作者协商定稿。该书历时 25 年，于 2013 年全部正式出版，包括文字 25 卷、图版 24 卷，记录了我国维管植物 312 科 3328 属 31 362 种，是迄今世界上最大的英文版植物志。吴征镒评价 *Flora of China* 有 3 个突出特点：一是作为《中国植物志》的英文增订版，对《中国植物志》的属种依据最新研究做了增改修订，大大提高了《中国植物志》的科学性和可靠性；二是 *Flora of China* 采用文图分册方式出版，即科属种正文和对应的植物图同卷不同册，形式新颖；三是 *Flora of China* 由中外植物学家共同编纂，提升了该书世界性的声誉，为中外植物学家合作的新成果。这也是中国植物学界的又一里程碑式的成果。全书电子版已在美国密苏里植物园等重要科研机构公开发布，方便了国外同行的查询利用，加大宣传了我国植物分类学的重大研究成果。

二、　攀登高峰，揭开地球之巅植物精灵的神秘面纱

　　泛喜马拉雅区域由兴都库什山脉、喀喇昆仑山脉、喜马拉雅山脉和横断山脉

四大山系组成。该区域涉及我国的西藏、四川、云南、青海、新疆、甘肃的部分地区和周边的尼泊尔和不丹，巴基斯坦、阿富汗、印度、缅甸的部分地区，被称为地球之巅的植物精灵地区。这里不仅有丰富多样的物种，还可以找到原处地球最北端的山地热带雨林，以及从季雨林、山地常绿阔叶林、针阔叶混交林、寒温带针叶林、亚高山灌丛草甸、真高山带、亚冰雪带至冰雪带的完整植被类型。

泛喜马拉雅地区也是全球高山植物区系重要的发生中心以及东亚植物区系的分化中心，这里有最迷人、最独特和最壮观的高山植物区系。现在全世界都很难再找到这样一片环境了。泛喜马拉雅地区拥有保护国际（CI）评估的全球 35 个生物多样性热点中的 3 个，这不仅意味着该区域高度丰富的生物多样性，同时也暗示了其生境脆弱性和来自人类生产活动的巨大威胁。当前，全球变暖带来的冰川消融加速和亚冰雪带植被扩张，加之泥石流、地震频发，刀耕火种和乱采滥挖也日益严重，致使泛喜马拉雅地区的植物精灵面临日益严重的生存危机，其生物多样性也处于一种危险境地。

作为全球植物多样性重要且不可替代的组成部分，泛喜马拉雅植物学研究非常薄弱，迄今没有一部完整的植物志书。该地区植物多样性组成及现状的研究相当匮乏，物种鉴定不清楚。该地区究竟有多少物种，物种分布的状况怎么样，植物多样性格局如何？这些都是悬而未决的科学问题。这极其不利于从植物多样性的角度理解全球变化背景下生物多样性面临的危机。对植物资源的调查，是为了精准地保护、利用植物资源，需要摸清该地区植物资源的家底，以获得精准的基础数据。2010 年，在洪德元的积极推动和组织下，植物所牵头启动了泛喜马拉雅植物志项目。这个由中国科学家主导的重大国际合作项目，先后得到科技部、国家自然科学基金委员会、中国科学院和植物所经费的大力支持，旨在尽快全面掌握泛喜马拉雅植物多样性，这是实现区域可持续发展的关键，也会为人类面临的生态危机提供全新的解决方案。2021 年，该书编委会任命王强研究员为项目办公室主任，全力协助洪德元推进项目各项工作。

该项目汇集了中国、印度、缅甸、尼泊尔、巴基斯坦、瑞典、英国、美国和日本等 15 个国家的 116 位植物分类学家，计划用 20 年时间了解泛喜马拉雅地区的植物多样性，并提供第一个完整的泛喜马拉雅地区植物区系记录，预计 50 卷，共 80 册，这样大规模的国际合作项目，在中国植物分类学研究领域是独一无二的。如今项目期过半，研究团队克服了在国内外野外考察的种种困难，已在泛喜马拉雅地区组织了 15 次大型综合植物考察，400 余次中小型的植物专项考察（图 2-14～图 2-18），几乎调查了泛喜马拉雅地区的所有地方（阿富汗东北部地区除外），野外采集了 15 余万份植物标本，拍摄了 20 多万张泛喜马拉雅地区植物照片（图 2-19），获取了大量植物标本、样品和第一手的数据资料，同时正式出版了 9 卷（册）的《泛喜马拉雅植物志》，另有 20 册已完成初稿。《泛喜马拉雅植物志》除具有一般植物志的内容外，还包括了标本引证、分布地图、模式标本考证和讨论等。研究人员应用分子系统学、系统发育基因组学等研究方法和数

图 2-14　2012 年 9 月植物所考察队在巴基斯坦野外考察（均由张彩飞供图）

图 2-15　2012 年 9 月植物所考察队洪德元和陈之端等访问巴基斯坦真纳大学（也叫奎德阿扎姆大学，i-Azam University）国家标本馆（张彩飞供图）

图 2-16　2014 年植物所和昆明植物所考察队在缅甸克钦邦（Kachin State）野外考察（金效华供图）

图 2-17　2019 年 8 月植物所、华南植物园和尼泊尔国家标本馆联合在尼泊尔胡姆拉（Humla）
　　　　 地区野外考察（均由张树仁供图）

图 2-18　2020 年 7 ～ 8 月植物所考察队在西藏野外考察（均由植物所标本馆考察队供图）

据，居群生物学的理念和方法，以及统计分析方法，作出最精准的描述。《泛喜
马拉雅植物志》陆续出版后，受到了国内外同行的高度关注和评价。中国科学
院副院长张亚平院士曾在《泛喜马拉雅植物志》项目阶段性成果发布会上表示，
《泛喜马拉雅植物志》把植物志的传统内容与生物学的最新发展和手段紧密结合，
代表了植物志书的国际最高水平。《泛喜马拉雅植物志》项目对掌握该区域相关
植物资源将发挥重要作用，为后续的保护策略制定提供理论依据，同时，也是中
国植物学者主持的植物志书走向国际舞台的重要里程碑。

图 2-19　西藏植物

A. 错那雪兔子（马欣堂供图）；B. 风筝果（金效华供图）；C. 隐花马先蒿（杨福生供图）；D. 毛果扁毛菊（马欣堂供图）；E. 高山贝母（王强供图）；F. 横断山绿绒蒿（杨福生供图）；G. 西藏独花报春（魏泽供图）；H. 单叶绿绒蒿（杨福生供图）；I. 塔黄（张谢勇供图）；J. 长柄石杉（金效华供图）；K. 乌奴龙胆（魏泽供图）；L. 喜马拉雅双扇蕨；M. 墨脱短肠蕨；N. 墨脱网藤蕨；O. 石莲姜槲蕨（L-O 均由卫然供图）

结　语

历史车轮滚滚向前，以信息技术和测序技术为代表的科技革命给植物分类学这门古老的学科带来了蓬勃生机。而遗传学、分子生物学、基因组学等学科的不断渗入，也给它增加了发展的活力，这既是机遇，也是挑战。未来的植物分类学研究除了要整合过去植物志书传统的研究方法和内容外，还将涉及大量的分子系统学、系统发育基因组学和生态学等学科的研究手段和数据，以及居群生物学的理念和方法等。通过有针对性地对空白和薄弱地区开展植物资源调查等工作，不断丰富和完善植物知识体系，编研和出版更高水平的植物志和专著，探讨植物进化和演化规律。依托国家植物园、国家公园和国家级自然保护区等国家层面上植物资源保护体系，推动植物分类学研究不断登上一个个新的台阶。这些工作必将促进人类对植物物种作出更精准的描述、更合理的分类处理和系统排列，为植物资源更合理地保护、开发和可持续利用，为我国国民经济建设和国家需求作出更大的贡献。

我们缅怀和敬仰前辈们为植物学科和我国经济发展而作出各种艰苦卓绝的努力和贡献，学习和传承他们热爱祖国、热爱科学、甘于奉献的崇高境界和精神，还有无数为标本采集和植物志编研付出毕生精力或献出了生命的无名英雄们。我们也庆幸还有一大批年轻的科研工作者，如同一股清流坚守在清贫的植物分类学岗位上，坚持长期的野外考察采集和基础研究。习近平总书记提出的"绿水青山就是金山银山"理念，揭示了发展与保护的辩证统一关系，清晰指明了实现发展和保护协同共生的新途径。遵循这一理念，我们将不忘初心，继续培养更多年轻的植物学者，打好植物学学科长远发展的基础，尽快启动第三代《中国植物志》编研工作，打造一支有能力、有担当，造诣深厚、梯度合理的新时代植物分类学研究、管理和支撑队伍，进一步提升我国在这一研究领域的核心竞争力，让高水平植物志书和保护性的资源调查继续助力国家和政府相关部门，制定好植物资源可持续利用的长远规划，为美丽中国的建设和中华民族伟大复兴而继续不懈奋斗！

感谢洪德元院士、路安民研究员、卢宝荣教授、陈之端研究员、周浙昆研究员、文军博士、吕春朝研究员、王红研究员、夏念和研究员和胡宗刚研究馆员对本章进行审阅并提出宝贵修改意见，李德铢研究员、孔宏智研究员、王强研究员、王锦秀副研究员、李敏高级工程师修改了部分内容；青岛出版社原总编辑、编审高继民对本章进行了多次认真审读和修改，提出有益建议。本章撰写过程中，得到种康院士和汪小全研究员的指导和鼓励，很多老师、同行、同事和朋友提供资料、文献、照片和修改建议等多方面帮助，在此一并深表谢意。

参 考 文 献

本书编委会. 2018. 芳兰葳蕤 中国科学院植物研究所建所九十周年(1928-2018). 内部发行.

傅立国. 1993. 中国植物标本馆索引. 北京: 中国科学技术出版社.

胡宗刚. 2005. 不该遗忘的胡先骕. 武汉: 长江文艺出版社.

胡宗刚, 夏振岱. 2016. 中国植物志编纂史. 上海: 上海交通大学出版社.

李波. 2023. 新一代植物志的起点: 读《中国维管植物科属词典》《中国维管植物科属志》的几点思考. 生物多样性, 31(1): 1-3.

李德铢. 2018. 中国维管植物科属词典. 北京: 科学出版社.

李德铢. 2020. 中国维管植物科属志(上中下). 北京: 科学出版社.

汤国星, 兰进, 陈君, 等. 2015. 论文写在大地上 徐锦堂传. 北京: 中国科学技术出版社; 上海: 上海交通大学出版社.

吴征镒. 2008. 百兼杂感随忆. 北京: 科学出版社.

吴征镒述, 吕春朝记录整理. 2014. 吴征镒自传. 北京: 科学出版社.

徐锦堂. 1993. 中国天麻栽培学. 北京: 中国医科大学 中国协和医科大学联合出版社.

徐锦堂. 2006. 仙药苦炼. 北京: 中国文史出版社.

中国科学院植物研究所编纂委员会. 2008. 中国科学院植物研究所所志. 北京: 高等教育出版社.

中国科学院中国植物志编辑委员会. 2004. 中国植物志 第1卷. 北京: 科学出版社.

中国植物学会. 1994. 中国植物学史. 北京: 科学出版社.

Chen S C, Li J L, Zhu X Y, et al. 1993. Bibliography of Chinese Systematic Botany (1949-1990). Guangzhou: Guangdong Science & Technology Press.

Ma J S, Clemants S. 2006. A history and overview of the Flora Reipublicae Popularis Sinicae (FRPS, Flora of China, Chinese edition, 1959-2004). Taxon, 55(2): 451-460.

执笔人: 张志耘，研究员，中国科学院植物研究所

第三章

水稻——驯化与自然变异基因组理论突破，促进水稻育种跨越式发展

导　读

民以食为天，食以粮为先。水稻，装满了世界上一半人口的饭碗。从人类发展农业开始，水稻就与人类的命运交织在一起。小小谷粒的丰产或歉收，决定了人类演化的进程和文明的兴衰。毫不夸张地说，藏在水稻身上的故事，就是书写在人类历史上的鸿篇巨著。不管是昨天、今天，还是明天，人类和水稻的关系，就是一部以获取并享用食物为基线而展开的惊心动魄、跌宕起伏的史诗。

本章，我们将一起重温为了吃饱穿暖竭尽全力拼搏的艰辛历程，以此告慰前辈，激励来者。从最早的野生水稻驯化，到后来的水稻高产杂交技术，以至新近火热的水稻分子育种和智能分子设计育种技术，纵览水稻演化的每一个关键节点，展现这些节点中的重要事件。在未来，该如何培育出以高产优质、高效高抗、环境友好为目标的优质水稻品种，是我们要一起去探寻的答案。

第一节　水稻的起源、驯化与中华文明

咱们中国人平常所说的稻子和水稻，特指的禾本科稻属的亚洲栽培稻。这种植物多数情况下是一年生的水生植物，因而被称为水稻。值得注意的是，并不是所有栽培稻都需要水田进行生产，旱稻就可以适应旱作条件。

不同水稻品种植株个头差别很大，有些水稻的植株高度可以达到 1.5m，袁隆平院士所说的禾下乘凉就需要这样水稻了。至于谷粒，也是大小不一，长的可以达 5mm，短的只有 2mm。水稻的这种多样性特征，恰恰说明在农业发展史上，不同区域的人类都对水稻进行了驯化，以适应多变的农业生产环境，也足以证明，这种作物与人类的密切关系。

目前，水稻是亚洲热带广泛种植的重要谷物，在我国南北各省均有种植。在世界范围内，水稻的总产量仅次于小麦和玉米。全世界约 50% 人口的主食源于水稻，东南亚尤盛（欧洲南部、热带美洲及非洲部分地区也产水稻）。

国务院第三次全国国土调查领导小组办公室、自然资源部、国家统计局联合发布《第三次全国国土调查主要数据公报》显示，截至 2019 年底我国有耕地 191 792.79 万亩[①]，其中水田占 24.55%、水浇地占 25.12%、旱地占 50.33%。我国人均耕地仅为世界平均水平的约 1/3。国家统计局发布数据显示，2022 年全国粮食总产量 13 731 亿斤[②]，其中稻谷 4169.9 亿斤，占粮食总产量的大约 30.4%（在水稻、小麦和玉米三大粮食作物总产量中，稻谷产量约占 33%）。

中国的水稻种植始于何时？

一、稻耕起源

1973 年，科研人员在浙江宁波的河姆渡镇，发现了震惊世界的河姆渡遗址，相关考古证据显示，曾经在这里活跃的氏族村落具有母系氏族公社的特征，时间可以追溯到距今 7000 年的新石器时代。1987 年，在河姆渡遗址进一步发掘过程

---

① 1 亩 ≈ 666.7m^2。

② 1 斤 = 500g。

中，又发现了掩埋于遗址中的稻谷堆积层，最厚处超过 1m，稻壳总量达 150 余吨。通过对炭化稻壳中残存的稻米进行同位素分析，最终确认这些稻米掩埋于 7000 年前。经农史学家多次抽样鉴定，认为这些稻米是人工栽培水稻，是一个类粳类籼的中间型并呈现出各种粒型的亚洲栽培稻杂合群体。

另外，浙江余姚施岙古稻田发掘成果显示：迄今发现的这些世界上面积最大的规模古稻田，与河姆渡早期稻田共同形成了系列稻作农耕遗迹。

最早的稻作文化为什么会出现在这一区域呢？这是因为河姆渡位于长江下游，这里气候温和，阳光充足，冲积性平原土壤肥沃，水源丰富，为稻作农业发展提供了优良条件。河姆渡遗址出土的稻谷数量多且保存完好（少数稻谷连外壳的隆脉、稃毛都清晰可辨），这在世界考古史上绝无仅有，为稻作农业起源提供了珍贵实物资料，证明我国是世界上最早栽培水稻的国家。

中国人最早的水稻又是从何而来呢？

二、 水稻驯化

1999 年，普通野生稻（*Oryza rufipogon*）被列为国家 II 级重点保护野生植物；2021 年，稻属（所有种）被列为国家 II 级重点保护野生植物。到今天，还有很多野生稻在我国南方的广东、海南、广西、江西、云南、台湾的沼泽湿地中繁衍生息。世界上有 18 个野生稻物种，广泛分布在亚洲、非洲、大洋洲和美洲。在我国分布有 3 种野生稻，分别是普通野生稻、药用野生稻和疣粒野生稻。

粗看野生稻，你很难将它们与粮食作物建立起联系。因为粗看之下，普通野生稻就是趴在泥沼中的一堆杂草，植株松散，很多枝叶都趴在水上。更麻烦的是，野生稻的谷粒非常小，而且一成熟就脱落，要想靠这种植物填饱肚子，简直是天方夜谭。

好在野生稻的籽粒数量多，即便是基因突变频率再低，总有一些普通野生稻的基因会发生改变——这些野生稻植株株型比较紧凑，种子成熟后不易脱落，种子萌发比较整齐，花期比较一致，我们的祖先将这些品种的籽粒收集起来，不断进行栽培和筛选，最终驯化产生了重要的粮食作物亚洲栽培稻。在保证产量的基础上，还逐步筛选出了耐贫瘠、不易生病等较好性状的稻种，这就是我们说的

"作物驯化"。

　　这里所说的只是作物驯化的基本过程，实际上人类将野生稻驯化成栽培稻，是一个历经数千甚至上万年才完成的复杂工作（图 3-1）。

　　科学家根据研究结果提出，大约 1 万年前，热带、亚热带地区的先祖开始利用一种广泛分布于沼泽湿地的被称为

图 3-1　野生稻驯化成栽培稻示意图
（历经数千甚至上万年）

普通野生稻的资源。之后，在种植和选育这些野生稻过程中，逐步形成栽培稻（*Oryza sativa*）。与此同时，在遥远的非洲，当地人将巴蒂野生稻（*Oryza barthii*）逐步驯化为了非洲水稻（*Oryza glaberrima*），这两个驯化事件是独立发生的。

　　另外研究结果显示，栽培稻的祖先在 20 万至 30 万年前就开始出现籼粳分化；也就是说，早在人类驯化野生稻之前，它们就有了籼粳之分，这种差别恰恰是不同生态环境自然选择的结果。人类驯化野生稻的过程中，意识到了这种遗传特性的存在，经过长期驯化，逐渐形成了适应于不同条件的籼稻和粳稻。为了满足不同地区的环境条件和人类对水稻品质的多样性需求，育种人员在不同类型、不同品种间进行了非常频繁的杂交，经过长期选育，不断聚集在产量、抗生物和非生物胁迫、耐贫瘠以及口感风味等方面的优良性状，培育出丰富多样的水稻品种。

　　有学者根据考古学成果以及不同民族的稻耕文化特征，提出水稻和旱稻驯化的三条可能路径。第一条路径为，湿地野生稻是所有栽培稻祖先，逐渐被驯化为古栽培稻，进一步演化为栽培水稻，继而向高纬度区域传播；第二条路径为，人类最早是将旱地野生稻驯化为古栽培稻，后来旱稻与水稻产生了分化，主要栽培方向转向栽培水稻，然后栽培水稻再向高纬度区域传播；第三条路径为，水稻和旱稻是被独立驯化的，它们有各自分化路线。

　　在距今 1 万年到距今 6000 年，水稻的驯化工作一直都没有间断过。江西万年县仙人洞与吊桶环遗迹、湖南道县玉蟾岩遗址以及浙江浦江县上山遗迹的考

古研究结果显示，中华祖先在距今 1 万多年以前开始驯化和栽培水稻。至距今
8000 年左右稻作农业已发展到长江中下游地区、赣江流域、闽江流域、珠江流域，
并向北推进到黄河中下游地区，其北线已到达 35°N 附近。至此，稻作农业的北
上促进了稻文化和粟文化的碰撞、交流以及融合。

公元前 3000 ~ 前 2000 年，稻作农业已向北扩展到山东半岛，并传播到朝鲜
半岛，然后进一步到达日本。唐代，水稻农耕北进到 43°N 地区。唐代文献中所
提到的渤海国"庐城之稻"，庐城即现在延边朝鲜族自治州的龙井市一带。

三、水稻与中华文明

河姆渡遗址的发掘，除了黑陶等众多精美文物，最重要的是发现了迄今世界
上最古老、最丰富的栽培稻谷和稻作文化遗迹。出土的大批农业生产工具中，最
具有代表性的工具是骨耜（gǔ sì，水牛、鹿等肩胛骨制）、舂米木杵（长约 1m，
可将谷物加工成米）。骨耜这种工具可视为犁的前身，它的出现显示出当时的农
耕文明已达到相当高水平。

随着人工栽培技术的提升和规模扩大，稻谷产量得以提升，谷仓里第一次出
现了余粮，而余粮的出现催生了与维持饥饱迥异的农耕文明。不管是饮食、器物，
还是习俗文化都发生了巨大变化，出现了与稻作文化相关的转变。从河姆渡遗址
中出土的 40 余万件陶片，最终修复出完整器和复原器 1221 件，其中，最具特色、最引人注目的是陶盉（hé）。研究人员推测，形似酒壶的陶盉，可能是当时人们使用的酒器。酒器的出现，表明河姆文明时期的余粮充裕，从侧面反映了河姆先祖可能已经建立以稻作为基础的成熟农业经济。

中国自古以来以农业立国。中国传统文化中社稷代表国家，"社"指土地神，"稷"指谷物神或谷物。甲骨文"年"字（图 3-2）：一个人头顶上举着谷穗，其意为谷物成熟，又是一年。

图 3-2　甲骨文中的"年"
《说文解字》："年，谷熟也。"引申为一年的收成、年纪、年节、年代、每年等义，又是时间单位，指地球环绕太阳公转一次所需的约 365 又 1/4 太阳日的周期

第二节　中国稻作科学先驱

作为中国人深深依赖的主粮作物，水稻经历了从数千年的栽培驯化过程，形成了丰富多样且个性十足的早期栽培品种。而近百年的杂交育种工作，为水稻家族注入了新的活力。中国稻作科学先驱对中国水稻良种培育和栽培技术进行了许多开创性工作，为提高水稻产量作出卓越贡献，打下坚实基础。

1919 年，原颂周、周拾禄、金善宝等征集全国各地水稻良种进行品种比较试验，并于 1924 年培育出'改良江宁洋籼'和'改良东莞白'。这是中国用近代育种方法，育成的第一代水稻良种。

1927 年，我国现代稻作科学的奠基人丁颖创建了我国第一个稻作试验基地——南路稻作育种场，后又陆续建立了石牌稻作试验总场和沙田、东江、韩江3 个试验分场，开展水稻纯系育种工作，培育成功多个优良品种。他领导的团队率先从野生稻与栽培稻杂交后代，通过系统选育，最终育成了'中山 1 号'等新品种。在理论研究方面，丁颖也有很多重要论断：我国南方分布的多年生野生稻和一年生类型是亚洲栽培稻种的祖先种，我国栽培稻种起源于南方；籼稻和粳稻是我国水稻的两个亚种，日本稻种是由我国传过去的——澄清了中国稻种来源于印度和我国粳稻是日本型等谬误。

自丁颖之后，我国的水稻育种工作蓬勃发展，即便是在战火纷飞的艰苦岁月中，一批批的有志学者也没有中断他们的工作，目标只有一个，装满咱们中国人自己的饭碗。

赵连芳是世界上最早研究水稻遗传的学者之一。他首创稻作检定规则；收集了 10 多个野生稻种、3000 多个栽培稻品种，丰富了中国水稻品种资源；育成'中大帽子头''中大 258'等水稻优良品种。

1936 年，全国稻麦改进所成立后，周拾禄主持制定了水稻品种鉴定方法，发表了《水稻品种检定之目的与方法》，促进了中国水稻品种收集、整理和利用。

杨开渠是我国再生研究开拓者，1935 年他提出改革稻田耕作制度，进行再生稻研究，发表《水稻分蘖研究》和《再生水稻研究》，选育出'川大粳稻'等水稻优良品种，大面积推广栽培。

　　杨守仁创造出被称为"杨氏公式"的"田间试验区估算的新方法"，在水稻高产栽培理论体系、籼粳稻杂交育种、水稻理想株型育种、水稻超高产育种新途径等领域作出开创性贡献。

　　一个个闪光的名字，是中国水稻发展史上的璀璨繁星。这些开创性的工作，为中国的粮食生产注入了前所未有的活力，为中华民族的自强自立奠定了重要的基础。

　　水稻育种发展可以分为驯化选择 1.0、遗传杂交 2.0、分子育种 3.0 和模块设计育种 4.0 四个阶段。我国水稻育种正处于由 3.0 向 4.0 的过渡阶段，引领国际育种方向。在遗传杂交育种过程中，水稻育种曾遇到瓶颈，突破低产量徘徊局面的是植株半矮秆化，使产量几乎成倍增加，即称为"第一次绿色革命"。在 20 世纪 50 年代末至 60 年中期的籼稻矮化育种中，我国科学家作出了为世人瞩目的贡献。广东农业科学院黄耀祥团队，1955 年首先利用具有矮秆、耐肥、抗倒等许多优良丰产性状的'矮仔占 4'与高秆品种'广场 13'等杂交，于 1959 年育成世界第一个矮秆杂交籼稻品种'广场矮'（图 3-3），取得水稻育种史上一次重大突破（国际水稻研究所 7 年后育成半矮化高产品种'IR8'），后又相继育成'珍珠矮''广六矮''二九矮'等矮秆良种，有效解决了长期以来水稻因台风倒伏减产的问题，开创了一条矮化育种新途径，引领了"第一次绿色革命"。20 世纪 60 年代中期，广东省已基本实现早稻品种矮秆化，大面积亩产由过去的 250kg 左右提高到 350 ～ 400kg。矮秆水稻迅速向中国南方各省扩展，南方稻区基本实现矮秆化，每亩产量提高 50kg 以上。

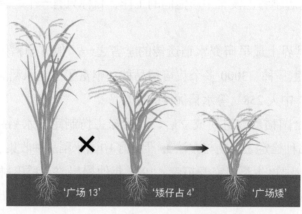

图 3-3　'矮仔占 4'与高秆品种'广场 13'杂交选育出矮秆杂交籼稻品种'广场矮'

第三节　杂交水稻从中国走向世界

一、中国杂交水稻源头创新

现如今，杂交水稻的重要意义已经是人尽皆知。这种划时代的育种技术，为解决中国人的吃饭问题，提供了全新的解决方案，毫不夸张地说，杂交水稻技术对维护世界粮食安全也作出了突出贡献。那么，杂交水稻为何有如此神奇的高产魔力呢？

在传统农业生产中，人们很早就注意到通过杂交产生的子一代，在体型及其他特征方面比亲本优越的现象，这就是遗传学上说的"杂种优势"，最具代表性的例子就是，马和驴杂交产生的后代——骡子比两个亲本更强壮，驮力更强，也更耐粗饲料。在农作物生产上，通过种植杂交一代来提高作物产量，已经是当今标准的农业生产方式。不过，杂交育种并不是在所有作物身上都容易实现，最早实现杂交育种的作物并不是水稻，而是玉米，主要原因不是因为玉米比水稻更重要，而是因为玉米的雌花和雄花是分离开的，利于杂交组合和大田操作。

要实现水稻的杂交育种并不简单，因为水稻雌雄同花，且95%以上的籽粒为自花授粉的结果。如何有效大规模剔除雄蕊，避免自花授粉，难度非常大。解决难题的转机出现在20世纪70年代——如果能够找到雄性不育水稻株系作为母本（雌株），则可以利用其他遗传背景的水稻作为父本（雄株），在大田中进行不同亲本的组合杂交，筛选出最优的组合即可获得杂交水稻品种。

20世纪60年代是中国人难以忘记的对于饥饿具有刻骨铭心记忆的年代。苦难可以摧毁人的体魄却不能击垮人的意志。彼时，身为湘西一所农校的青年教师袁隆平，被历史的洪流推到了重要隘口，一张与饥饿抗争的历史大幕被慢慢开启，30多岁的袁隆平与他的研究团队走到舞台中央，在研制杂交水稻的艰难路程上一路披荆斩棘，勇攀高峰。

1953年8月，袁隆平毕业于西南农学院（现西南大学）农学系，被分配到位于偏远落后地区湘西雪峰山麓的湖南省安江农业学校（简称安江农校）教书。1960年7月，袁隆平在安江农校试验田中意外发现一株鹤立鸡群的水稻。他推断，水稻系自花授粉，多年后会形成没有明显性状分离的纯系品种，因此这株水稻可能是一株天然杂交稻。1961 年春天，袁隆平把这株水稻的种子播到试验田，其后代植株出现参差不齐的生长形态，证明这株鹤立鸡群的植株是"天然杂交稻"。从这株杂交稻出现的生长优势，袁隆平敏锐地看到了提高水稻产量的可能途径，自此坚定了他要毕生为之奋斗的解除人类饥饿的艰难征途。

要培育出生产上实用的杂交水稻，首先要找到"雄性不育株"遗传材料，才有可能批量生产杂交种子。1964 年 7 月，袁隆平在试验田中找到一株"天然雄性不育株"，经人工授粉，结出了数百粒第一代雄性不育株种子。1965 年，袁隆平在安江农校附近稻田的'南特号''早粳 4 号''胜利籼'等品种的 14 000 多个稻穗中逐一筛查，发现了 6 株不育株；经过连续两年春播与翻秋，共有 4 株成功繁殖了 1 ～ 2 代。1966 年 2 月 28 日，袁隆平第一篇论文《水稻的雄性不孕性》发表于《科学通报》。

1970 年夏，袁隆平从云南引进野生稻，打算在靖县做杂交试验，可惜当时缺乏必要的设备支持，无法对水稻植株进行短光照处理，最终试验没有成功（因为水稻是短日植物，需要短日照才能开花结实）。袁隆平没有气馁，他带领科研小组的李必湖、尹华奇到海南岛崖县南红农场开展研究工作（图 3-4），经海南当地技术员带领，在农场附近的一片野生稻中发现了一株花粉败育野生稻，袁隆平给这株野生稻取名为"野败"。后来的研究显示，这是一种细胞质雄性不育变异，迄今已为世界杂交水稻育种贡献了大约 95% 的雄性不育材料。

图 3-4　袁隆平在田间工作（王精敏摄）

1973 年，研究人员通过测交找到了恢复系，攻克了"三系"配套难关，正式宣告中国籼型杂交水稻"三系"完成配套（图 3-5）。1976 年，杂交水稻在全国范围成功推广。1977 年，袁隆平发表《杂交水稻培育的实践和理论》和《杂交水稻制种与高产的关键技术》具有里程碑意义的论文。1979 年 4 月，袁隆平在菲律宾国际水稻研究所（IRRI）学术会议上，用带有浓重乡音的英文，宣讲了《中国杂交水稻育种》并即席答辩。至此，世界公认中国杂交水稻研究水平处

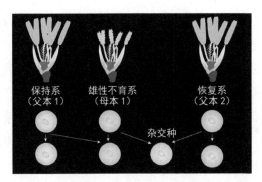

图 3-5 "三系"配套杂交水稻制种流程的示意图

雄性不育系植株的花粉败育但雌性生殖器官正常，不需要人工去雄就可以作为母本用于大田制种；花药（花粉）正常的恢复系植株作为父本，在制种大田里与母本植株相间栽种，花粉可自然飘落（也可人工用长竹竿轻轻地在雄株顶端刮动，促进花粉散发飘落）到雌株的柱头上，完成杂交，收获杂交种；保持系父本与雄性不育系母本产生的后代中又分离出雄性不育系

于世界领先地位。

迄今，我国水稻育种家培育了一系列杂交稻水稻品种，其中最具代表性的是福建省三明市农业科学研究所谢华安育成的籼型三系杂交水稻'汕优 63'，连续十余年成为中国种植面积最大的水稻品种，累计推广面积近 10 亿亩，增产粮食 700 多亿斤。

2020 年，中国谷物自给率已经超过 95%，中国人均粮食占有量达到 470kg 左右，比 1949 年新中国成立时增长了 126%。水稻以占粮食总栽培面积的约 25%，产出却占粮食总产量的近 32%，其中大约 50% 是杂交水稻。

二、 中国杂交水稻走向世界

在党和国家大力支持下，袁隆平积极推动中国杂交水稻走向世界。1980 年 5 月，袁隆平应美国邀请进行杂交稻制种技术指导，10 月赴菲律宾国际水稻研究所进行技术指导与合作研究。袁隆平的足迹遍及东南亚、美洲、欧洲等几乎所有种植水稻的国家，进行杂交稻制种技术指导，培育适应本土气候环境的杂交水稻。1980 年至 2019 年的近 40 年时间里，袁隆平坚持开办杂交水稻技术国际培训班，为印度、越南、巴西等国家和地区培养了超过 1.4 万名杂交水稻技术专家。

目前，杂交水稻技术已经被世界 40 多个国家引进推广，全球水稻种植面积 1.62 亿 hm²。其中，杂交水稻 2500 万 hm²，占比约 15%，中国种植面积有

1600 万 hm², 中国以外约有 900 万 hm²。杂交水稻为解决全球饥饿问题作出了巨大贡献，使中国杂交水稻这张国家名片在世界上产生广泛而积极的影响。

中国杂交水稻被西方称为"东方魔稻"并获得国际社会高度赞誉。1987 年，袁隆平获联合国教科文组织颁发的科学奖，以及联合国知识产权组织颁发的"发明和创造"金质奖章和荣誉证书；2004 年，袁隆平又获世界粮食奖。袁隆平几十年如一日"不在家，就在试验田；不在试验田，就在去试验田的路上"，他领衔的中国杂交水稻技术为中国和世界粮食安全作出了巨大贡献。

面对中国人能否吃饱饭的难题，中国水稻研究先驱们呕心沥血，艰难探索。就杂交水稻研究而言，袁隆平是幸运的。他青少年时期打下的良好英语基础使其后来能够及时掌握世界相关领域研究进展并能与国内外同行顺利交流；在西南农学院的系统学习使其掌握现代植物遗传理论和实践；出生于 20 世纪 30 年代兵荒马乱的年代留给他刻骨铭心的饥饿记忆，使他坚定了让劳苦大众吃饱饭的决心。当然，更加重要的是，党和国家对粮食产量的高度重视。所以，当袁隆平在艰难条件下杂交稻研究初步取得一些进展的时候，便引起国家相关职能部门高度关注，继而获得国家多个层面全方位的鼎力支持。

中国杂交稻培育推广的巨大成功，彰显了国家力量，绽放出科学光芒。

第四节　从理论突破到领跑设计育种

 一、水稻分子育种的理论基础

在人类农业生产的漫长时间里，水稻育种是一项经验工作，贾思勰在《齐民要术》中记录的农事原则甚至影响了其后上千年的农耕工作。即便是遗传学介入之后，早期作物育种仍然是将产量作为主要育种目标，而手段主要是简单测量和经验判断。而这些育种工作并无确定的结果，育种过程更像是在"开盲盒"。

谷物产量性状是由分蘖、穗粒数等器官不同的发育特征决定的。水稻以谷粒为收获对象，其产量决定于谷粒重（常以"千粒重"计量）和谷粒总数，即单位面积产量 =（单位面积穗数 × 每穗粒数）/1000× 千粒重。凡影响稻粒数和粒重的所有因素，如株高、株型、分蘖（与种植密度相关）、抗逆性、水肥光利用率等具有遗传稳定性的植株特征，都将对产量产生影响。

传统水稻育种主要依靠"经验"。育种专家可针对水稻植株的株型，比如株高、分枝（分蘖）数目和角度、叶形及挺拔程度、小穗数、小花数等，以及抗逆性等综合性状，通过不同品种之间的杂交，从大量后代中选出抗逆强、耐贫瘠等综合性能较好、产量较高的植株，再经过多年繁育与反复筛选，形成遗传性状稳定的品种。这样的工作费时费力，且效率不高，结果完全不可控。

有没有能够提高水稻良种培育效率的现代技术？有！

水稻植株的株高、分蘖、耐低温等表型，都是水稻自己的基因所决定并在一定的生长环境中表现出来的。因此，如果我们搞清楚水稻基因与表型之间的相关性，就可针对育种目标，比较精准地选择具有相关基因的材料作为合适的杂交亲本，提高在其后代中选择出我们需要植株的效率，这就是"分子定向育种"的基本逻辑路径。在"搞清楚基因功能"的基础上，通过现代技术对核酸和蛋白质进行高通量分析、对稻株田间以及多种环境条件下的形态结构参数进行统计分析后，我们就可建立起一系列的数据库来支持杂交工作。建立数据库包括三个层面的工作。

第一，建设水稻（包括野生稻和不同品种、品系稻种）基因组数据库，从中可以知道哪些稻种的基因组中存在什么基因；

第二，建设水稻（稻株在不同生长发育时期以及不同胁迫条件下的器官组织和细胞）功能基因组和蛋白质组数据库，从中可以探寻其基因表达在转录水平和蛋白质水平的动态变化；

第三，建设水稻表型组数据库，可提供不同品种在相应生长条件下的株型、生长势、发育进程等反映植株个体和群体的生长状态。

以这些不同层面的高质量数据库为基础，采用大数据分析及人工智能等技术，水稻分子育种专家就可从中获取相关信息，针对育种目标，有的放矢地进行（杂交）亲本搭配，比较高效地聚集"优异基因"，极大地提高从（杂交）繁育后代中选出高产抗逆环境友好稻种的效率。

可见，水稻重要农艺性状的基因克隆和功能解析，是水稻分子育种的基础。

二、　水稻重要农艺性状与相关基因分析

2003 年，我国科学家在国际上首次用分子遗传学方法克隆并解析功能的水

稻分蘖控制基因 *MOC1* 是重要标志。中国科学家在水稻基础研究领域引起国际同行关注。

20 世纪 90 年代，中国科学院遗传研究所李家洋与中国农业科学院中国水稻研究所钱前合作，聚焦于分蘖少的自然变异株，采用正向遗传学策略，从植株表型出发，通过分子遗传学技术，用图位克隆技术找到了水稻分蘖控制基因 *MOC1*，建立水稻高效遗传转化体系，为水稻成为单子叶模式植物奠定了基础（2003 年，*Nature*），开启了水稻分子生物学和分子育种的历史新篇章。

中国水稻研究科学家群体经过 20 余年的艰苦奋斗和不懈努力，针对水稻产量、品质、环境友好等主要农艺性状，在水稻分蘖及株型控制相关基因、耐盐碱相关基因、耐低温耐热相关基因、抗病抗虫相关基因、育性相关基因、氮磷钾等重要矿质元素高效利用相关基因、籽粒大小产量相关基因等的分离和功能研究方面，成果突出，独步世界，引领潮流。

迄今，已经形成了由中国科学院、中国农业科学院等研究机构，以及华中农业大学等高等院校的大批优秀科学家领衔的水稻研究团队，从不同研究方向采用多种技术策略，分离鉴定了众多水稻重要农艺性状的相关基因，为分子定向育种奠定了坚实基础。

采用正向遗传学策略，从水稻表型入手对相关基因进行图位克隆，其理论基础可靠，实验结果可信，对于分离"质量性状基因"（即单个基因）并揭示生物学功能具有不可替代的重要意义。最代表性的例子就是决定豌豆籽粒颜色（黄和绿），以及种皮是否皱缩的基因，这些作为高中生物课教材和试题的经典案例，就是质量性状基因的代表。

但是，对水稻的重要农艺性状（比如产量）起决定作用的，并非单个基因或一个主效基因，而常是多个基因，即"数量性状基因"协调作用的结果，若采用图位克隆技术分离基因就力不从心了。因此，研究人员创建了各种分子标记或全基因组关联分析等技术，可将水稻某重要农艺性状与大片段 DNA/染色体关联起来，这样，我们就可以选择具有目标基因连锁群，或多个 DNA/染色体大片段的水稻作为亲本相互组合，并从繁育的后代中选出聚合了"有用基因"、展现出优良性状的品种。

水稻全基因序列解析是分子育种的重要基础，成为国际水稻科学界的关注重点。

三、 水稻基因组与分子育种

水稻全基因组序列可以提供"该水稻品种具有什么基因"，基因编辑技术可以按照育种家的设计蓝图定向改造相关基因。有了这些技术平台，就具备了水稻分子育种的基本条件。

1. 水稻基因组计划

基因组测序技术和基因编辑技术的发展使作物分子设计和快速驯化成为可能。三十多年前，多国联合耗时好几年测定水稻基因组的事情，如今一个实验室几周或更短时间就可以完成。其中的进步不仅是测序技术进步，更有基因组的组装算法迭代更新。

1997年，在新加坡举行的植物分子生物学会议发起国际水稻基因组测序计划（IRGSP）；2000年，对以主要栽培品种粳稻'日本晴'为对象的12条染色体测序任务进行了分工（中国负责第4条染色体），中国科学院上海生命科学研究院国家基因研究中心韩斌团队完成第4条染色体全长序列精确测定；2002年12月，IRGSP完成了水稻12条染色体的碱基测序工作，这比原计划提前了3年。

同年，华大基因杨焕明团队完成了对另一亚种籼稻'广陆矮'4条染色体DNA序列的测定并成功组装。中国科学院基因组信息学中心暨北京华大基因研究中心等12家单位于1998年启动'籼稻93-11'全基因测序项目，获得全基因组工作框架图；中国科学家与美国先正达（Syngenta）公司合作完成的'日本晴'基因组工作框架图同时发表在2002年4月的 *Science* 杂志上。同年，日本科学家负责的第1条染色体全长序列成果发表（2002年11月，*Nature*）。

2011年9月，中国农业科学院、国际水稻研究所和华大基因共同启动"全球3000份水稻核心种质资源重测序计划"（3K Rice Genome Project），拉开了水稻核心种质资源全基因组测序和基因组分析的序幕。2014年5月，3000份水稻基因组测序数据于"世界饥饿日"公布于NCBI、DDBJ、GigaScience、阿里云等数据库，全球共享。同时，基于测序结果建立了若干重要数据库资源：SNP和表型数据库（Rice SNP-Seek Database）；3K泛基因组数据库（RPAN: Rice Pan-

Genome Browser）；另外，泛基因组和结构变异原始数据发布在 *Nature* 杂志旗下的 *Scientific Data* 期刊。迄今，中国科学家利用我国强大的测序分析技术平台，解析了几乎所有水稻主要栽培品种及多个野生稻的全基因组序列，为深入开展水稻比较基因组、功能基因组等研究工作提供了丰富材料。

2. 水稻功能基因组计划

我国科学家在国际上率先启动水稻功能基因组计划并提出"Rice2020"。华中农业大学张启发于 1999 年提出并于 2002 年牵头组织全国 40 多家单位参加的水稻功能基因组研究项目。项目建立 30 000 多个克隆的籼稻全长 cDNAs 库，优良杂交稻'汕优 63'及其双亲的全生育期 39 个组织器官的转录组，以及干旱、低温、低氮、低磷等胁迫条件下的基因表达谱和相应数据库，克隆了一批控制重要性状的功能基因；同时，建立了含有 27 万多个 T-DNA 插入突变体株系的大型突变体库，为采用反向遗传学策略验证基因功能提供了重要资源。水稻功能基因组研究在国家中长期科技发展计划的中期评估及"十三五"规划总结中，被评为农业领域代表性成果之首，为中国在植物生物学领域领先世界的基本格局作出了突出贡献。

3. 水稻基因编辑技术

基因编辑技术并没有大家想象的那么神秘。每一种生物的基因组都是一部巨著，每个段落、语句和词汇就是生物生长的执行手册，每一项生命活动都是基于这些进行的。如果我们可以定点、定向编辑其中的一些"词句"甚至"段落"，就可以实现增加产量，改善营养成分的目标。当然，要想实现基因编辑的目标，我们首先得搞清楚，这些基因词句的含义究竟是什么。

中国科学院遗传与发育生物学研究所高彩霞团队等，建立了高效植物基因编辑技术平台，采用优化 CRISPR/Cas 系统等技术，可在一次转化事件中对同一水稻细胞的多个基因进行修饰，这一技术在对异源四倍体野生稻的从头驯化研究中展现出强大功能。

4. 种子精准设计与创造

2013 年，中国科学院启动战略性先导科技专项"分子模块设计育种创新体系"，通过分子模块挖掘思路，引导科学家从纯基础研究转变为目标导向的应用基础研究，构建基于前沿理论的新技术开发研究，建立了用于水稻等作物育种的分子模块"辞海"，审定了新品种 27 个，相关成果入选 2015 年度、2017 年度中国生命科学十大进展和 2016 年度、2018 年度中国科学十大进展，获 2017 年度国家自然科学奖一等奖，推动了我国育种技术从常规到分子设计育种的跨越式发展。其中代表性成果，李家洋团队培育的高产优质粳稻新品种'中科发 5 号'于 2018 年通过国家审定，表现优异，现已为黑龙江省和吉林省的主栽品种。2020 年，中国科学院启动了战略性先导科技专项"种子精准设计与创造"，引领新一代作物育种技术前沿发展，在异源四倍体野生稻快速驯化、旱粳稻水稻品种零的突破、氮高效调控关键基因解析、新型基因编辑器建立、小麦适应性进化关键机制、大豆泛基因组等领域取得了一系列重大进展。

5. 四倍体栽培水稻驯化与创造

中国科学院遗传与发育生物学研究所李家洋团队，聚焦于一种异源四倍体野生稻（*Oryza alta*）。这种野生稻的植株拥有光合作用能力强，产量高，抗逆性强等众多优点。但是，它的短板也显而易见——颖壳芒长、籽粒小细长且易脱落、株型松散，这也是制约野生稻成为农作物的普遍问题。

针对这种四倍体野生稻特点，李家洋团队创造性地提出了一条新的驯化途径。充分利用该野生稻抗逆性强、生物学产量高的巨大优势，通过精准基因编辑修饰改良相关基因性能，探索将上万年驯化时间浓缩在数年时间内的技术方法，将该野生稻从头（*de novo*）驯化成具有栽培稻基本特征的材料，为水稻分子育种开辟一条崭新途径。

李家洋与高彩霞、梁承志等团队合作，突破多个技术瓶颈，建立了多倍体水稻高效精准的基因组编辑技术体系与高质量参考基因组，通过敲除落粒基因 *OaqSH1*、芒性基因 *OaAn-1*、株高基因 *OaSD1*、粒长基因 *OaGS3*、生育期基因 *OaDTH7* 和 *OaGhd7*，以及通过单碱基突变增强理想株型基因 *OaIPA1* 表达，成功创制了落粒性降低、芒长变短、株高降低、粒长变长、茎秆变粗、抽穗时间不同程度缩短的多种基因编辑材料（图 3-6）。

李家洋团队用了 7 年时间对异源四倍体野生稻快速从头驯化取得突破性成果（2021，*Cell*），开辟了全新的作物育种方向，未来四倍体水稻新作物的成功培育

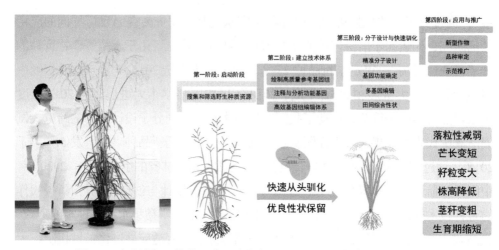

图 3-6　李家洋与四倍体野生稻（左）以及现代分子育种技术快速驯化
四倍体野生稻示意图（右）（李家洋供图）

将有望对世界粮食生产带来颠覆性革命。

第五节　环境友好的绿色超级稻

一、超级稻

20 世纪 80 年代，日本农林水产省启动了一项研究，尝试通过籼粳稻杂交培育高产水稻。1989 年，国际水稻研究所开始研究提高水稻产量的途径，并于 1991 年正式提出了新株型（new plant type）的高产水稻研究目标。自此之后，科研人员开始用"超级稻"来专指产量、品质、抗逆性等均显著超过当前品种（组合）的稻种。因为关注点在产量，所以超级稻也被叫作"超高产水稻"。

1996 年，农业部（现农业农村部）启动"中国超级稻育种"项目，经国内育种专家广泛讨论，确定中国超级稻育种的三期目标：到 2000 年，实现亩产 700kg；到 2005 年，实现亩产 800kg；到 2010 年，实现亩产 900kg（一季亩产 900kg，早稻亩产 650kg，晚稻亩产 700kg）。

超级稻，并不是一种水稻，也不是一种育种方法，而是包括了常规稻和杂交稻，同时也涵盖了籼稻型和粳稻型，其核心目标就是要增加产量。

要想增加产量，首先考虑提高稻株的光合作用效率和有机物从叶片（剑叶或叫旗叶是主要贡献者）转运到籽粒的效率，因此，育种家比较重视株型（特别是剑叶长宽比以及与茎秆之间的角度或挺拔程度，成为选择亲本和后代植株的重要形态指标）、分蘖和株高适中、茎秆坚韧抗倒、穗大粒多等。与此同时，稻种的抗逆性、对营养元素的吸收利用、源库流平衡等综合特性，均对产量的形成具有基础性作用。

袁隆平团队选育的超级稻'Y两优2号'，来自两个特殊的亲本。其中'远恢2号'，是马来西亚野生稻与强优势杂交水稻的后代，在选育过程中使用分子标记辅助选育方法，经过反复测交培育而成。将'远恢2号'与'Y58S'等不育系进行杂交，最终选育出了'Y两优2号'。

2008 ～ 2009 年，这个品种分别参加了在海南三亚和湖南长沙举办的杂交水稻研究中心超级杂交稻示范品比，在两次比赛中夺魁，定名为'Y两优2号'。

2010 年，袁隆平将'Y两优2号'作为中国首届杂交水稻大会观摩现场——浏阳永安镇超级杂交水稻示范基地首选品种，预计产量860kg/亩。该品种具有超级稻典型的高冠层矮穗层株叶形态。除此之外，该品种集合了诸多优点，如穗大粒多、结实率高、耐高温低温能力较强，后期落色好，产量高等。最终被袁隆平确定为第三期超级杂交水稻攻关首选苗头品种。

2013 年 9 月 28 日，农业农村部组织中国水稻研究所、武汉大学和福建省农业科学院等单位专家，在湖南省隆回县羊古坳乡牛形村对由袁隆平团队选育的第四期超级杂交稻苗头组合'Y两优900'101.2 亩高产攻关片进行了现场测产验收，百亩田片亩产达到 988.1kg，创造百亩连片平均亩产最新纪录。

至 2011 年，由农业农村部冠名的超级稻示范推广品种共 83 个。2021 年 8 月，根据《超级稻品种确认办法》，经各地推荐和专家评审，农业农村部确认'盐粳 15 号''南粳 3908''南粳 5718''Y两优 305''荃优 212'5 个品种为 2021 年超级稻品种。

二、绿色超级稻

1. 项目启动

1998 年，国家重点基础研究发展计划（简称 973 计划）启动之际，中国科学院李振声提出农业科研领域的主要目标之一是为"第二次绿色革命"准备基因资源。在其后一年多的时间里，许多农业专家参与到对"第二次绿色革命"的定义和内涵讨论中，最终将目标凝练成10个字的共识："少投入、多产出、保护环境"。

2001年，农业部重大专项"参与全球水稻分子育种研究计划"启动，绿色超级稻的思想初具雏形。2005年，华中农业大学张启发提出"绿色超级稻"概念，"少打农药、少施化肥、节水抗旱、优质高产"的十六字方针是总体目标。

绿色超级稻工程的基本目标是，在不断提高产量、改良品质的基础上，力争水稻生产中基本不打农药，少施化肥并能节水抗旱。

实现目标的基本思路是，将品种资源研究、基因组研究和分子技术育种紧密结合；加强重要性状生物学的基础研究和基因发掘；进行品种改良，培育大批抗病、抗虫、抗逆、营养高效、高产、优质的新品种。

在《绿色超级稻的构想与实践》一书中，张启发对绿色超级稻的品种选育技术进行了进一步阐释：将绿色超级稻涉及的基因通过分子标记辅助选择或转基因单个地导入到优良的品种中，培育一系列遗传背景相同、单个性状改良的近等基因系；将这些近等基因系相互杂交，实现基因聚合，培育出集大量优良基因于一体的绿色超级稻。

2010年，"绿色超级稻新品种培育"获科技部批准列为国家高技术研究发展计划（简称863计划）重点资助项目，项目由华中农业大学主持并联合国内27家水稻育种机构共同组织实施。2021年10月，张启发向150多名专家学者总结汇报十年成果：近五年项目组培育出具备多个绿色性状（抗2～3种主要虫害或节水抗旱，优质高产）水稻新品种65个，获得新植物品种保护权26个，申请品种保护权31个；育成具多个绿色性状的不育系和恢复系20多个，新品种累计商业化推广面积达9000万亩（图3-7）。

2.绿色超级旱稻

上海市农业生物基因中心罗利军团队采用分子标记法选育绿色超

图3-7 张启发在田间工作（张启发供图）

级稻品种，育成旱稻不育系'沪旱1A'和杂交旱稻'旱优3号'等组合为标志，先后育成3个常规旱稻品种和2个杂交旱稻品种，并通过了全国或省级的品种审定。

'旱优3号'杂交旱稻组合在上海、广西、四川、浙江等地试种表现出较高的产量潜力，在节水栽培条件下亩产可达500kg以上，在种植中表现出了抗旱能力强，对稻瘟病的抗性强，适应直播等高效栽培方式等优势。与旱稻育种相配套，已初步形成撒播、机插秧、免耕直播和果园套种等高产、高效配套栽培技术。后续将进一步实施旱稻不育系、恢复系及其组合的改良，以及高产制繁种技术及节水抗旱稻的产业化开发等方面的深化研究。

3. 多年生稻栽培品种的重要突破

栽培稻是一年生作物，每年都需要播种，这就带来种子用量大、耕作投入多、水土养分失衡等弊端。如果实现水稻栽培品种多年生，对粮食安全和环境友好意义重大。云南大学胡凤益团队经过20余年不懈努力，利用多年生野生稻（长雄野生稻）与一年生栽培稻杂交，经长期选育，把长雄野生稻地下茎无性繁殖特性转移到一年生栽培稻中，成功培育出'PR23'等多年生稻栽培品种（2022年，*Nature Sustainability*），把世界上最古老和最重要的驯化谷物变成多年生模式是一项重大突破，为全球粮食生产提供了一种重要的新途径。

4. 再生稻的产量进一步提高

再生稻是一种资源节约型的耕作方式，比较适合在种一季温光资源有余，种二季温光资源不足的地方种植，利用收割后稻桩上存活的休眠芽，在适宜的水温、光照等环境条件下，再长一茬水稻，再收一季。2009年，四川富顺县再生稻申报农产品地理标志登记保护获得成功，成为全国再生稻第一例登记保护产品。1988年，福建三明尤溪县开始种再生稻；2000年以来，在谢华安率领团队的精心指导下，着力于再生稻超高产栽培生理、生化深层次研究，在组合上不断更新，在技术上不断完善配套，实现了大面积推广年亩产超吨粮。栽培专家估算，全国至少有5000万亩单季稻可种成再生稻，增产潜力至少可达200亿kg。

5. 提高超级稻产量的其他路径

水稻是C_3植物，由于叶片维管束周围细胞中叶绿体分布，以及CO_2固定的关键酶活力受限等问题，其光合作用效率远低于高粱之类的 C_4 植物，在相同生长条件下水稻比 C_4 植物的光合作用效率低约 30%。若将水稻改造成 C_4 植物，则绿色超级稻的增产潜力巨大。

中国农业科学院等单位的研究人员，通过理化诱变等技术，已获取维管束结构、叶绿体分布等特征接近于 C_4 植物的水稻材料，为继续深入研究提供了宝贵资源。

创新超级稻栽培新技术，对于提高其产量也具有重要意义。广西农业科学院的研究人员，建立"超级稻粉垄栽培"新技术，将稻田耕作层土壤粉碎并自然悬浮成厢，回水软土时直接抛（插）秧，其特点是，操作简单易行，由"水耕"改为"干耕"，耕层适当加深而不乱土层，营造了适于水稻根系好气性的"土、水、肥、气、热、菌等全新而协调"的土壤环境，有利于贯彻水稻"以根为本"的栽培理念。同一块中等肥力稻田，粉垄栽培平均每亩干谷产量 1365.0 斤，对照组平均每亩干谷产量 1102 斤，增产 23.87%。

2017 年 9 月 30 日，中共中央、国务院联合印发了《关于创新体制机制推进农业绿色发展的意见》（简称《意见》），其中两次提到了农作物的品种问题。《意见》提出，在华北、西北等地下水过度利用区适度压减高耗水作物，在东北地区严格控制旱改水，选育推广节肥、节水新品种，完善农业绿色科技创新成果评价和转化机制，探索建立农业技术环境风险评估体系，加快成熟适用绿色技术、绿色品种的示范、推广和应用。但是，迄今仍然没有见到国家层面的"绿色品种"审定标准的颁布。制定绿色超级稻的审定标准，对于规范育种行业标准，激励科学家和企业积极参与，保护知识产权等，将起到至关重要的推动作用。

第六节　未来的中国盘中餐

水稻育种产量是首要目标。首先要吃饱饭，其次是米饭及其制品的口感、营养成分、保健功能等，成为吃饱后的更高追求。这涉及影响稻米饭及加工食品的色香味、黏稠性、晶莹度等综合性状，与谷粒中所含的各种成分和加工技术密切相关（图 3-8）。

中国稻耕文明源远流长，通过自然驯化和人工选择，培育出只在某些特殊地理环境稻田里才能生长的五颜六色、香味醇厚、口感极好的名贵稀有稻米品种。

湖北景阳镇，三面环山，阳光充沛，再以清澈泉水浇灌，滋养出口感极佳、香醇悠长的名品"景阳稻米"。江西万年县，气候温润，阳光润泽，养育出的"万年稻米"颗粒饱满，米色似玉，味道浓香，口感纯正。河北唐山，光照和昼夜温差很适合水稻生长，养育出"胭脂稻米"，色泽暗红，清香扑鼻，口感软弹滑嫩，有补气养血、润养五

图 3-8 香喷喷的米饭

脏的作用。中国地大物博，拥有世界上最为悠久的稻耕历史，培育出的优质名贵稻种难以尽述。但是，这些稀有品种只适合在特殊环境小范围栽培，产量低、价格高，普通老百姓消费困难。老百姓的需求就是科学家的工作目标。因此，培养产量高品质好的稻种，是水稻科学工作者继续努力的方向。

科学研究结果显示，稻米饭及其制品的黏性、晶莹度等与稻米中直链淀粉和支链淀粉的相对比例相关，稻米饭香味、颜色与其所含脂类芳香物类胡萝卜素、黄酮类等诸多代谢物相关。在传统观念中，每一种稻米的色香味其实都具有独一无二的特征，这是自身的基因在其生长发育环境中动态表达的综合结果，很难被复制。但是，水稻育种家仍然可以通过基因聚集、基因组合、基因修饰等技术，培育出丰富多样的高产优质稻种。例如，科学家已经培育出富含类胡萝卜素和虾青素等的"金色大米"等。另外，也可朝着"量身定制"方向努力，通过修饰某些"关键分子"培育出高抗性淀粉（适合糖尿病人等特殊人群）以及锌、铁和叶酸等重要营养元素含量高的水稻品种。未来水稻培育何去何从？华中农业大学张启发提出了新时期的"稻之道"，整体趋势应该是：从数量驱动向以数量为基础的品质驱动变革，而且新发展阶段的稻米品质应该为"绿色、美味、营养、健康"，主食全谷化，黑米主食化。

党和国家领导人高度重视粮食安全，"中国人的饭碗要牢牢地端在自己手里"已成为基本国策和全民共识。我国的粮食安全，水稻产量是最重要的压舱石。在此基础上，水稻品质的不断提高和水稻多样化的不断丰富，必将使人民群众的生活更加丰富多彩，更加滋润（图 3-9）。

中国科学家特别是水稻专家，任重道远，光荣艰辛。

图 3-9　谁知盘中餐，粒粒皆辛苦

参 考 文 献

程式华. 2021. 中国水稻育种百年发展与展望. 中国稻米, 27(4): 1-6.

郭龙彪, 程式华, 钱前. 2004. 水稻基因组测序和分析的研究进展. 中国水稻科学, 18(6): 557-562.

国家粮食和物资储备局. 2020. 2020中国粮食和物资储备年鉴. 北京: 经济管理出版社.

国家统计局. 2022. 中国统计年鉴2022. 北京: 中国统计出版社.

刘军. 2006. 河姆渡文化. 北京: 文物出版社.

张启发. 2009. 绿色超级稻的构想与实践. 北京: 科学出版社.

浙江省文物考古研究所. 2003. 河姆渡: 新石器时代遗址考古发掘报告. 北京: 文物出版社.

中国科学院中国植物志编辑委员会. 2002. 中国植物志 第九卷 第二分册 被子植物门 单子叶植物纲 禾本科(2). 北京: 科学出版社.

Chen E W, Huang X H, Tian Z X, et al. 2019. The genomics of *Oryza* species provides insights into rice domestication and heterosis. Annual Review of Plant Biology, 70(1): 639-665.

Chen R Z, Deng Y W, Ding Y L, et al. 2022. Rice functional genomics: Decades' efforts and roads ahead. Science China Life Sciences, 65(1): 33-92.

Feng Q, Zhang Y J, Hao P, et al. 2002. Sequence and analysis of rice chromosome 4. Nature, 420(6913): 316-320.

Huang X H, Kurata N, Wei X H, et al. 2012. A map of rice genome variation reveals the origin of cultivated rice. Nature, 490(7421): 497-501.

Kovach M J, Sweeney M T, McCouch S R. 2007. New insights into the history of rice domestication. TRENDS in Genetics, 23(11): 578-587.

Li X Y, Qian Q, Fu Z M, et al. 2003. Control of tillering in rice. Nature, 422(6932): 618-621.

Ma Y, Dai X Y, Xu Y Y, et al. 2015. *COLD1* confers chilling tolerance in rice. Cell, 160(6): 1209-1221.

Yu H, Lin T, Meng X B, et al. 2021. A route to de novo domestication of wild allotetraploid rice. Cell, 184(5): 1156-1170.

Yu J, Hu S N, Wang J, et al. 2002. A draft sequence of the rice genome (*Oryza sativa* L. ssp. *indica*). Science, 296(5565): 79-92.

执笔人: 何奕騉，教授，首都师范大学

第四章

从小麦远缘杂交育种到以"滨海草带"为基础的草牧业

4

导 读

　　发掘作物近缘种资源中丰富的遗传多样性，促进作物品种升级换代并发展适宜不同应用场景的新型作物成为现代农业发展的一个重要命题。自 20 世纪 50 年代以来，以李振声院士为代表的我国科学家利用小麦近缘物种开展了小麦远缘杂交工作，先后突破了远缘杂交不亲和、杂种后代不育以及杂种后代疯狂分离等重大难题，育成了一系列高产、广适、多抗的突破性小麦新品种并大面积推广种植，为保障我国粮食安全作出了重要贡献。同时，发展了基于植物耐盐碱新品种为核心的"滨海草带"，为盐碱地草牧业发展提供了新思路和新种源。在取得应用研究突破的同时，近年来我国科学家在小麦近缘植物和耐盐碱作物基因组学、优异性状基因克隆及机理解析方面也取得了举世瞩目的重要进展。

第一节 生物种间杂交育种之难在小麦上取得突破

一、 小麦借助近亲基因高产抗病

小麦（*Triticum aestivum*，2*n*=6x=42，AABBDD）是全球三大谷物中种植面积最大、范围最广的作物。全世界超过 1/3 的人口以小麦作为淀粉、蛋白质、矿物质及维生素等人体所必需营养物质的主要来源。因此，如何快速有效地提高小麦的产量和品质成为所有小麦育种家们共同努力的目标。与此同时，由于在粮食生产中，仅少数表现优异的品种得以大面积地推广种植，致使小麦品种遗传背景狭窄，同质化问题严重，抵御外界病虫侵害的能力日渐降低；此外，极端天气，如高温、严寒、干旱、水涝等的频发，以及土壤盐碱化都严重威胁小麦生产，进而影响了我国的粮食和食品安全。育种实践经验表明，寻找优异种质资源并应用到小麦育种中，可以实现作物产量及品质的突破，这也一直是小麦遗传改良工作的重点研究方向。小麦是异源六倍体植物，其近缘植物资源丰富，而且蕴藏着非常多的高产、优质、抗病虫害、抗逆基因，如果可以从小麦近亲中发掘并充分利用这些优良基因，将为小麦遗传改良提供优异的基因资源，实现小麦育种新飞跃。

小麦近缘植物包括小麦属（*Triticum*）内的其他物种以及小麦族各属的植物。根据这些植物与小麦亲缘关系的远近，将其划分成一级基因库、二级基因库和三级基因库，其中二级基因库和三级基因库都被认为是小麦的近亲。普通小麦由 A、B、D 三个亚基因组构成，包含全部三个亚基因组的所有小麦品种（系）、原始种等都属于一级基因库，如我们现在栽培的各种小麦品种，是兄弟姐妹关系；包含小麦三个亚基因组中的一个或两个的物种属于二级基因库，如一粒小麦（*T. monococcum*，AᵐAᵐ）、乌拉尔图小麦（*T. urartu*，AA）、二粒小麦（*T. dicoccum*，AABB）等小麦属内物种以及山羊草属（*Aegilops*）的粗山羊草（*Ae. tauschii*，DD），可以认为是小麦的祖先；三级基因库指的是不含小麦 A、B、D 亚基因组的小麦族物种，主要有山羊草属、偃麦草属（*Elytrigia*）、黑麦属（*Secale*）、鹅观草属（*Roegneria*）、披碱草属（*Elymus*）、冰草属（*Agropyron*）、大麦属（*Hordeum*）、新麦草属（*Psathyrostachys*）、赖草属（*Leymus*）等，这些都是小麦的亲戚，但亲缘关系要更远一些。这些小麦的近亲类型多样，抗逆性强，适应性广，蕴含丰富的优异性状基因，通过多种育种手段，如远缘杂交、染色体工程、细胞工程、遗传工程等技术将其蕴含的优异基因转移到小麦上，将极大地丰富和拓展小麦种质资源范畴，为小麦遗传改良提供重要基因资源。

二、 小麦远缘杂交的技术难题

远缘杂交指的是不同种间和属间以及亲缘关系更远的（如族间）生物个体之间的杂交。由于不同种间或属间物种存在生殖隔离，自然条件下的杂交虽然偶尔发生但频率很低，偶尔形成的 F_1 杂交种也通常不育。但如果杂交伴随全基因组染色体加倍（即多倍化）则可以在很大程度上实现育性恢复。现有研究表明，我们如今广泛种植的六倍体普通小麦是小麦属祖先通过两次自然发生的杂交及染色体加倍，加上自然变异和人工长期驯化而逐步形成的，这中间经历了大约 1 万年的时间。所以，小麦的进化史就是一部远缘杂交史。那么，根据小麦进化形成过程的研究，育种家们会很自然地进一步思考一个问题：既然自然条件下偶尔发生的远缘杂交在普通小麦进化过程中起到了至关重要的作用，那么能否通过人工远缘杂交的方法充分利用小麦野生近缘种优异性状基因，对小麦进行进一步的改良甚至创造出新的物种呢？

基于这样的思考，我国小麦研究工作者很早就意识到远缘杂交工作对于小麦育种的意义，并开展了一系列相关工作。20 世纪三四十年代，李先闻、赵洪璋等小麦杂交育种先驱，利用小麦与黑麦（*Secale cereale*）、纤毛鹅观草（*Roegneria ciliaris*）等材料作为亲本进行了大量的远缘杂交研究工作，为之后我国小麦远缘杂交育种积累了一定的经验。通过 20 世纪四五十年代的材料收集以及杂交方法的摸索积累，我国小麦育种领域研究在 20 世纪六七十年代迎来了快速发展时期，远缘杂交等育种技术在这个阶段逐渐完善并得到广泛应用。多个科研团队面对远缘杂交这一育种难题迎难而上，取得累累硕果。其中以李振声院士为代表的科学家在小麦远缘杂交技术突破工作中作出了巨大贡献，有力地保障了我国小麦生产和粮食安全，他也因此被誉为"中国小麦远缘杂交之父"。

1951 年，李振声大学毕业，被分配到中国科学院北京遗传选种实验馆（现中国科学院遗传与发育生物学研究所）工作，跟随导师冯兆林研究员主要负责收集牧草种质资源及观察研究牧草的生物学特性等工作。经过几年的积累，李振声共收集了 800 余种牧草材料，并对它们的性状表现进行了详细的观察记录，对这些材料的生物学特性了然于胸，这也为他数年后投身于小麦远缘杂交育种工作埋下了伏笔。1956 年，李振声响应党中央支援大西北的号召，来到陕西杨凌的中国科学院西北农业生物研究所工作。当时，由于种内杂交（即不同小麦品种间杂交）的成功率高，我国小麦育种方式长期以种内杂交改良为主，虽然取得了很多成绩，但也导致我国小麦品种抗源单一、遗传基础狭窄的问题愈发突出，大规模流行病害频繁暴发。李振声来陕西第一年就遇上了小麦条锈病严重暴发，造成小麦大面积减产 20%～30%，部分严重地区可达 50%。面对这样的情景，李振声心中暗暗下定决心，一定要培育出抗条锈病的小麦新品种。

李振声经过多方请教、研究，发现小麦条锈病之所以难治理，主要是因为病原菌变异速度远快于育种速度。有统计研究表明，产生一个新的病原菌生理小种平均需要 5.5 年，而人工选育一个新的小麦品种则需要 8 年甚至更长的时间。那么怎么才能攻克这一世界难题呢？李振声想到在之前多年的牧草生物学特性研究工作中，他发现许多牧草都具有优异的抗逆特性，如抗旱耐盐、抗多种病虫害等。那么能否将牧草中的这种优异特性转移利用到小麦育种中呢？就这样李振声决定尝试利用远缘杂交的方法将这些牧草中的优异抗病基因转移到小麦中去。

虽然中国研究者们早在 20 世纪 30 年代就开始了对小麦远缘杂交的研究，但远缘杂交不亲和、杂种后代不育以及杂种后代的"疯狂"分离（不易稳定）这三大科研难题一直阻碍着远缘杂交技术的广泛应用，堪比压在育种家头上的"三座大山"。为了翻越这"三座大山"，李振声根据自己对牧草的研究经验选择了生长势和抗病性综合表现较好的 12 份牧草作为杂交亲本，采用调节花期、广泛测交、重复授粉等多种措施，实现了小麦与其中 3 种牧草的成功杂交，翻越了第一道难关——杂交不亲和。通过对这 3 种牧草杂交后代的农艺特性进一步分析，将最合适的远缘杂交亲本最终锁定为小麦的近亲——长穗偃麦草。长穗偃麦草来自于偃麦草属，具有许多普通小麦所缺乏的优良性状，如植株长势繁茂、根系发达、抗旱耐盐、抗寒性强等，还对小麦多种病害，如赤霉病、白粉病、锈病及黄矮病等具有很强的抵抗能力。李振声及其团队接下来对小麦与长穗偃麦草杂种夭亡和不育的问题进行了深入探讨和研究，终于克服了第二道难关并总结出几种解决方法：①在选择与长穗偃麦草亲和力强的杂交亲本的基础上进行大量杂交；②对一些性状优良而自花不孕的杂种进行回交；③对当年回交不成的优良杂种植株继续进行无性繁殖；④对个别具有特殊优良性状的杂种植株进行分株繁殖和培育。功夫不负有心人，团队经过多年不懈努力，借助细胞遗传学等实验手段，筛选获得了"八倍体小偃麦""异附加系""异代换系"等一系列基本保留小麦完整基因组同时携带长穗偃麦草优异染色体或染色体区段的种质材料，由于在一种材料中只保留少部分的外源染色体或染色体区段，也就攻克了最后一个难题——杂种后代的"疯狂"分离。

李振声及其团队利用前期创制的多种偃麦草导入系种质材料，先后育成了'小偃 4 号''小偃 5 号''小偃 6 号'，以及'小偃 54''小偃 81'等一系列高产、抗病、优质小麦新品种，其中以'小偃 6 号'表现最为突出。如今，'小偃 6 号'已成为我国小麦育种领域的重要骨干亲本，衍生出 50 多个品种，累计推广面积超过 2000 万 hm^2，增产小麦超过 150 亿斤，为我国小麦育种和生产作出了巨大贡献。关于'小偃 6 号'的诞生背后还有一段故事：1964 年 6 月 14 日，陕西杨凌经历了一场持续 40 天的阴雨天气后，忽然放晴。试验田中的小麦亲本以及杂交后代几乎全部青干，只有'小偃 55-6'这一份材料保持着正常的金黄色，李振声认为这个正是他们所需要的抗逆种质材料，而这份'小偃 55-6'就是后来功勋卓著的'小偃 6 号'的"祖父"。2007 年 2 月 27 日，国家科技奖励委员会授予李振声 2006 年度国家最高科学技术奖，表彰其为我国小麦育种领域作出的卓越贡献。

近半个世纪以来，我国育种工作者又进一步扩大了小麦远缘杂交的选择范围，同时积极利用含有小麦近缘植物的导入系作为育种亲本，取得了一系列重大突破性进展。1970 年，山东农业大学李晴祺等在筛选国内外育种材料时，发现一个原产地为德国的小麦——黑麦 1B（1R）代换系材料'牛朱特'表现十分突出，不仅穗大粒多，而且抗病能力特别强；但其缺点也很明显，如植株过高，成熟期比一般小麦晚了近一个月的时间，很难与其他材料进行组配等。但李晴祺及其团队决定利用这样的"偏材"，创造出育种上的"奇才"。研究团队采用包括光、温为主调控在内的多项措施，克服了花期相差极大（约 27 天）的组配难关；利用"大群体类型优选法"处理杂种后代，实现矮秆与高产多抗等其他目标性状的优化组合；并广泛组配，测试配合力，确定重点种质型；最终创造出综合性状优异、遗传特点突出的新种质'矮孟牛'。1997 年 12 月 26 日，李晴祺、包文翊等专家的研究课题"冬小麦矮秆、多抗、高产新种质'矮孟牛'的创造及利用"获得该年度唯一一项国家技术发明奖一等奖。据不完全统计，到 1999 年，利用'矮孟牛'育成了 16 个大面积推广新品种、78 个优良新品系和 96 份衍生资源；育成的品种累计推广种植 3000 多万 hm²，增产小麦 158 亿 kg，新增经济效益超过 100 亿元；推广范围遍布山东、河南、江苏、河北、安徽、山西等省，为我国小麦生产作出了重大贡献。

簇毛麦（*Dasypyrum villosum*）作为小麦的一个近缘物种，具有高抗白粉病、锈病、全蚀病等多种病害，以及抗旱、耐寒、分蘖力强、小穗数多和籽粒蛋白质含量高等多种优良性状。从 20 世纪 80 年代开始，南京农业大学刘大钧、陈佩度等带领的研究团队开展了小麦与簇毛麦的远缘杂交工作。经过近 40 年攻关，创建了小麦 - 簇毛麦远缘杂交技术体系，成功创制携带簇毛麦优异性状的小麦抗病新种质，并打通了新品种培育与推广应用的"上中下游"技术环节，以创制的小麦 - 簇毛麦易位系 T6VS.6AL 为亲本已育成'石麦 15'等几十个抗病小麦新品种，为促进粮食增产作出了突出的贡献，他们申报的"小麦 - 簇毛麦远缘新种质创制及应用"项目也因此获得了 2012 年度国家技术发明奖二等奖。

冰草属（*Agropyron*）植物除作为优质牧草被广泛种植外，还具有多小穗、多小花的大穗特性，以及极强的抗寒性、抗旱性，同时对多种小麦病害表现出高度免疫性，因此它们也被认为是小麦改良的最佳外源供体之一。中国农业科学院作物科学研究所李立会研究员带领团队，历经 30 余年的不懈努力攻克了小麦 - 冰草远缘杂交的国际难题。将冰草携带的多花多实、高千粒重、广谱抗病、株型改良的小旗叶性状等基因转移到小麦中，培育出多个小麦新品种，为小麦种质创新奠定了坚实的材料和技术基础，他们申报的"小麦与冰草属间远缘杂交技术及其新种质创制"项目也因此于 2018 年度荣获国家技术发明奖二等奖。

时至今日，经过多年深入研究，小麦远缘杂交领域已形成了较为成熟的技术路线（图 4-1）。除上述偃麦草、黑麦、簇毛麦及冰草外，我国科学家还成功实现了包括山羊草、新麦草、赖草、鹅观草、披碱草等多个小麦族近缘物种与栽培小麦的远缘杂交，建立了较为完善的远缘杂交理论和技术体系，并创制了一系列附加系、代换系、易位系等新种质材料，为小麦遗传改良提供了大量优异种质资源，极大地丰富了小麦种质资源基因库。

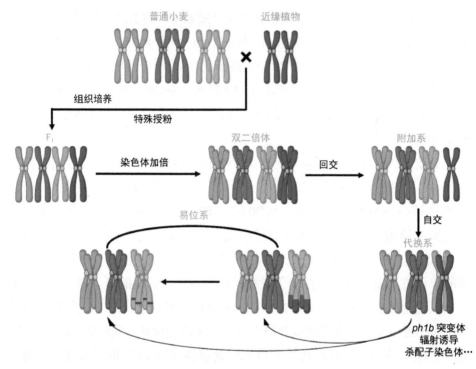

图 4-1　小麦远缘杂交育种简要流程

三、 解码小麦近缘植物基因组 "天书"

　　随着近年来以基因组学技术为代表的多组学技术的蓬勃发展，对生物复杂基因组进行测序并绘制其基因组图谱已变得越来越容易。借此东风，小麦族物种近年来在基因组学方面的研究突飞猛进。'中国春'是享誉国内外被广泛应用于遗传学研究的代表性小麦材料，该材料来自于我国四川成都平原的著名地方品种'成都光头'的一个选系，这个拥有有趣名字的品种于 20 世纪初由传教士传入西方，因其非常容易与黑麦进行远缘杂交并创制出系列非整倍体材料而被全世界研究人员广泛使用。另外，研究人员还利用'中国春'创制了诱导部分同源染色体配对的基因突变体 ph1b，并被广泛地应用于远缘杂交，进行小麦外源基因的遗传转移。国际小麦基因组测序联盟（International Wheat Genome Sequencing Consortium，IWGSC）基于最新的测序策略，于 2018 年完成了'中国春'的全基因组图谱绘制，大大加快了小麦理论研究和育种应用的步伐。近年来，多个小麦近缘植物，如乌拉尔图小麦、粗山羊草、长穗偃麦草、黑麦等,也相继完成了全基因组测序工作,为小麦远缘杂交工作理论创新和育种利用指明了方向。

乌拉尔图小麦和粗山羊草作为六倍体普通小麦的两个二倍体直接供体亲本(A和D亚基因组),因其对普通小麦形成具有最直接的重要贡献,分别由中国科学院遗传与发育生物学研究所凌宏清研究员和中国农业科学院作物科学研究所贾继增研究员所带领的团队完成了基因组物理图谱绘制及基因组结构解析工作,为后续小麦功能基因组学研究及小麦族物种演化机制解析奠定了坚实的理论基础,也标志着我国小麦基因组学研究跨入了国际先进行列。

山东农业大学孔令让教授团队于2020年完成了二倍体长穗偃麦草基因组测序及物理图谱绘制工作,并基于此基因组序列信息克隆了长穗偃麦草基因组蕴含的抗小麦赤霉病基因 *Fhb7*,取得了小麦远缘杂交研究领域的重大突破。该团队在将长穗偃麦草、黑麦、簇毛麦、新麦草、旱麦草等多个常用于小麦远缘杂交的近缘植物进行系统进化分析之后,发现相对于上述几种小麦近缘植物,长穗偃麦草与小麦亲缘关系更近,两者分化时间大概500万年,也就是说他们在500万年前拥有共同的祖先。基因组共线性分析表明,长穗偃麦草与小麦3个亚基因组染色体之间具有高度共线性,这也进一步解释了两者之间能够成功进行远缘杂交的原因。

小麦赤霉病是由禾谷镰孢菌等镰孢菌属真菌引起的一种世界范围的小麦病害,一直没有有效的防治方法,被称作小麦"癌症"。目前,小麦种质资源中可供育种利用的有效赤霉病抗源非常稀少,因此,来源于长穗偃麦草的抗小麦赤霉病基因 *Fhb7* 的挖掘和利用,对我国乃至世界小麦抗赤霉病育种都具有重大意义。孔令让教授团队进一步利用 *Fhb7* 序列在公共序列数据库中进行比对时,有一个惊人的发现:在已公布的小麦族甚至是整个植物界基因组数据中都没有 *Fhb7* 的同源基因,然而在禾本科植物的内生真菌香柱菌属(*Epichloë*)基因组中广泛存在 *Fhb7* 的同源基因。据此推测,长穗偃麦草的原始祖先亲本在早期可能与某种香柱菌属的内生真菌存在共生关系,由于发生了内生真菌向寄主植物的水平基因转移而将基因 *Fhb7* 整合到了宿主植物基因组中,实现了基因的跨界转移(图4-2)。这一发现首次提供了真核生物之间核基因组DNA水平转移的功能性证据,为进一步探索植物抗病基因和基因组进化机制开辟了一条新途径。此外,该团队通过远缘杂交等手段,将包含 *Fhb7* 基因的长穗偃麦草基因片段导入到普通小麦中,

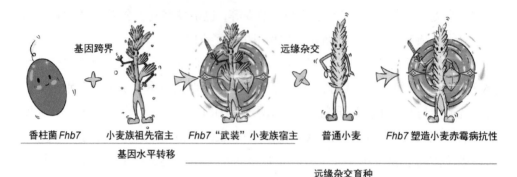

图 4-2 抗小麦赤霉病基因 *Fhb7* 的跨界转移及育种利用

从而赋予小麦对赤霉病的抗性。在此基础上培育的系列小麦新品种能够在提高小麦产量的同时大大提高赤霉病抗性，为保障我国粮食安全提供重要种质资源。

第二节 以"滨海草带"为基础的草牧业

一、高效"以草换肉"的科技密码

（一）乳肉消费攀升背后的"粮食战"

从 2022 年春节开始，北京市平谷区的一个养殖户便因为玉米、豆粕涨价变得头疼。这个养殖户遇到的问题不是个例。近年来，饲料粮价格多轮上涨，国内养殖、饲料企业面临着饲料供应压力。谷物、大豆是动物的饲料粮也是人类的口粮，是现代社会消费的肉蛋奶的原料。自 2019 年以来，全球粮食价格持续攀升，全球粮食危机风险正在上升。深层次原因是疫情和贸易冲突背景下，全球价值链与供应链受到严重冲击，全球粮食供给不确定性增加，加剧了价格上涨。

本轮全球粮食危机对草牧业的影响主要包括以下三个方面。①挤压奶业养殖利润空间。我国优质饲草，如苜蓿和燕麦主要依赖进口，其中，优质苜蓿 80%以上依赖美国进口，燕麦草主要依赖澳大利亚进口。2021 年初，受澳大利亚燕麦草出口许可未延期的影响，燕麦草进口数量断崖式下降，导致供应短缺，国内燕麦草顺势涨价，目前价格稳定在每吨 3000 元以上。进口苜蓿价格也呈"火箭式"增长。据澳亚集团山东地区有关责任人介绍，2018 年以前，东营市境内 4 个万头牧场的高产奶牛每头饲喂成本是 70 ～ 80 元 / 天；2019 年以来，高产奶牛每头饲喂成本是 100 ～ 110 元 / 天，涨幅 40% 左右。苜蓿干草价格涨幅最高，较 2019 年的 2600 ～ 2800 元 / 吨，2022 年上涨为 4500 ～ 4700 元 / 吨，涨幅达 70% 左右。迫使澳亚集团在东营市的 4 个万头牧场每年仅苜蓿干草采购就多花费 5320 万元。②饲料生产企业艰难求生。自 1996 年开始，我国从大豆净出口国转为净进口国，进口量逐年增加，对外依存度超过 80%。据东营市饲料生产企业利津天普阳光饲料有限公司有关责任人反映，公司豆粕绝大部分采购自国内，但产出豆粕的榨油厂使用的大豆大部分来自海外。2021 年，玉米平均价格达到 2930 元 / 吨，较上年均价上涨 26.3%，创历史新高；豆粕平均价格达到 3790 元 / 吨，同比上涨 14.2%。截至 2022 年 9 月 20 日，全国豆粕均价上冲至 5030 元 / 吨。饲料行业受到上、中、下游"三头挤"（即原材料的快速上涨、养殖和饲料生产成本大幅上升、消费疲软及养殖亏损），盈利水平都不同程度地降低。③畜产品价格水涨船高，群众消费成本增加。自 2016 年起，很多主产牛羊肉的省份因为环保要求，提出了禁牧、限养的政策，这使得很多小散户退出了养殖市场，导致几年后牛羊肉的产量增速很慢，但恰恰相反的是消费水平却增长得很快。2020 年，牛羊肉的价格增长显著，随着玉米和豆粕价格的增长，让牛羊肉的价格最终也坐上了"火箭"。2021 年，牛羊肉的价格双双达到了历史新高。2022 年下半年，羊肉价逐渐企稳，下跌的动能衰减。根据农业农村部的监测来看，截至 2022 年 10 月全国羊肉批发价格为 67.45 元 /kg，同比去年的 70.25 元 /kg，降幅约为 0.4%，基本变化不大；而全国牛肉批发价格为 78.21 元 /kg，同比涨幅为 2%，也属于小幅上涨。

（二）"草就是粮"——饲草是粮食安全的重要组成部分

随着生活水平不断提升，居民食物消费结构正逐渐由"吃得饱"向"吃得好、吃得营养、吃得健康、吃得均衡"转型升级，由此肉奶蛋消费比例显著增加，粮食消费结构中饲料用粮占主体。然而国内饲料粮供给严重不足，进口依赖度高，成为粮食安全面临的重要问题。中共中央办公厅、国务院办公厅印发《粮食节约行动方案》，提出加强饲料粮减量替代。其中，增加优质饲草供应是一个重要方向，通过发展优质人工草地，加大牛、羊等草食家畜的养殖比例，不仅可以提高牛羊肉、牛奶等畜产品的国内供给，也可以缓解牛羊养殖中对饲料粮的需求，从保障优质畜产品供给和减少饲料粮消耗两个角度共同服务于保障国家粮食安全。据测算，同样的水土资源，如果生产优质饲草，可收获能量比谷物多 3～5 倍，蛋白质比谷物多 4～8 倍。1 亩优质高产苜蓿提供的蛋白质相当于 2 亩大豆，所以说饲草就是粮食并不为过。在"大食物观"下，种饲草就是种粮食，根据有关研究表明，一般草田轮作一个周期（3～5 年），种植豆科牧草可以使土壤有机质含量可以提高 20% 左右，固氮增加 100～150kg/hm²，化肥用量减少 1/3 以上，节水 10%～15%，减少水土流失 70%～80% 或以上，粮食产量提高 10%～18%。

（三）破解高效"以草换肉"的科技密码

饲草种子是草牧业的"芯片"，必须通过科学技术的进步得到保障。良种对我国主要粮食作物增产的贡献率超过 40%，但饲草育种水平低，对产业贡献率有限。世界生物育种技术发展已经历了从原始驯化选育（1.0 版）、常规育种（2.0 版）、分子育种（3.0 版）等阶段，正在向智能分子设计育种（4.0 版）迈进。目前，我国牧草育种技术仍处于 2.0 到 3.0 的阶段，仍有大量的关键核心技术亟待突破。

二、 小麦近亲与"滨海草带"梦

（一）长穗偃麦草的发现与启迪

长穗偃麦草具有极强的抗逆性，原产于南欧、小亚细亚和俄罗斯，从土耳其和俄罗斯传入北美洲，北美洲西部温暖地带种植较多。在中国新疆、内蒙古等地有引种栽培。长穗偃麦草最早由美国专家带到我国甘肃天水水土保持科学试验站。1954 年，李振声院士将其引种到中国科学院遗传栽培研究室，后于 1956 年又将其带到陕西杨凌用作小麦的野生亲本，并开展了长达 31 年的小麦远缘杂交育种试验（图 4-3）。考虑到远缘杂交工作的传承与发展，2008 年李振声团队重新开始了长穗偃麦草与小麦的远缘杂交研究，当时基于两方面考虑，一是让年轻科研人员了解远缘杂交过程并熟悉长穗偃麦草，二是创制大量小麦 - 长穗偃麦草易位系。2012 年起，李振声院士在曹妃甸、南皮、海兴、东营等地开展长穗偃麦草种植试验，试验表明，长穗偃麦草在含盐量 0.3% ～ 0.5% 的盐碱地上产量较高，第一年亩产鲜草 1231 ～ 1347kg，第二年亩产 1515 ～ 2658kg；在含盐量 0.5% ～ 0.8% 的盐碱地上长势较好，单株分蘖高于 100 个；长穗偃麦草也可在含盐量 1% ～ 2% 的盐碱地上成活，但生长缓慢、产量较低。据此，李振声院士认为长穗偃麦草具有耐盐

图 4-3　李振声院士及其研究的长穗偃麦草

高产的特性，筛选出耐盐高产的长穗偃麦草品系在"滨海草带"的建设中存在较大潜力。

（二）李振声院士的"滨海草带"梦

李振声院士始终心系我国粮食安全，长期关注中低产田的粮食生产问题。1998 ～ 2003 年，农业科技"黄淮海战役"针对我国黄淮海地区中低产田开展治理，实现粮食增产 500 多亿斤。2013 年，科技部、中国科学院联合启动了"渤海粮仓科技示范工程"，到 2020 年实现了环渤海地区 4000 万亩中低产田增产粮食 200 多亿斤。该地区还有 1000 万亩盐碱荒地的利用问题一直萦绕在李振声的脑海里。考虑到长穗偃麦草在利用盐碱地方面的作用，2020 年 1 月，年近 90 岁高龄的李振声院士继农业科技"黄淮海战役"和"渤海粮仓科技示范工程"之后提出了建立"滨海草带"的战略构想。在盐碱荒地上人工种草，弥补饲草缺口，发展草牧业生产牛羊肉等畜产品，保障我国粮食安全。截至 2021 年，我国的粮食产量连续 7 年到达 1.3 万亿斤以上。我国人均粮食占有量达到 483kg，高于国际公认的人均 400kg 安全线。这为确保国家粮食安全、应对复杂多变的国内外形势提供了有力支撑。

有限的耕地面积，决定了我国饲草料种植不能"与主粮争地"。利用黄河三角洲盐碱地发展"滨海草带"既可以满足畜牧业对牧草的需要又可以建立滨海生态草带。"滨海草带"的内涵是以生态保护为根本，以区域内水土资源合理配置为基础，围绕滨海牧草草带绿色高效种植，以全产业链构建为导向，构建滨海现

代化农牧业；其核心是依据离近海的距离远近，以及土壤盐碱含量与水盐动态变化规律，培育优质适宜的牧草和生态草，一方面利用地上部茎叶生产饲草，另一方面利用地下部根系改良盐碱地，创新盐碱地生态草牧业发展模式。利用滨海地区的盐碱地资源，在盐碱地种植优质耐盐碱的牧草，发展畜牧业生产，满足人们生活水平提高后对肉蛋奶在膳食结构中比例不断增加的需求；通过建设"滨海草带"扩大饲草种植面积，解决"草粮争地"的矛盾。利用滨海盐碱荒地生产优质牧草，促进畜牧业发展，是国家粮食安全的重要组成部分。

三、 不与主粮争地的耐盐碱饲草

图 4-4　长穗偃麦草草地

（一）饲用长穗偃麦草

"滨海草带"为我国长穗偃麦草产业化带来了发展机遇，李振声院士在其 55 年的科学生涯中主要从事小麦遗传与远缘杂交育种研究，开展了农业发展战略研究，取得了令人瞩目的科学成就（图 4-4）。

1. 开创了小麦与偃麦草远缘杂交育种新领域并育成了"小偃系列"品种

20 世纪 50 年代初，我国主要麦区条锈病大流行，造成严重减产。为了寻找新抗源，李振声及其团队人员搜集鉴定了 800 余种牧草，发现长穗偃麦草等有很好的抗锈性。以长穗偃麦草为主要研究目标开展远缘杂交研究，李振声院士克服了远缘杂交不亲和、杂种不育和后代疯狂分离的三大困难，探索出一整套科学的远缘杂交育种程序。经过 20 多年的努力，李振声院士成功地将偃麦草的染色体、染色体组、染色体片段导入小麦，育成了小偃麦八倍体、异附加系、异代换系、易位系以及'小偃 4 号'、'小偃 5 号'、'小偃 6 号'、'小偃 54'和'小偃 81'等高产、抗病、优质小麦品种。'小偃 6 号'已成为我国小麦育种的重要骨干亲本，是我国北方麦区的两个主要优质源之一，在陕西、山西、河南等十余个省市累计推广，其衍生品种有 50 余个。李振声院士开创了小麦远缘杂交品种在生产上大面积推广的先例，创造了巨大的社会和经济效益（详见第一节）。

2. 创建了蓝粒单体小麦和染色体工程育种新系统

李振声院士为了有目的、快速地将外源基因导入小麦，用远缘杂交获得的'小偃蓝粒'育成了以种子蓝色为标记的蓝粒单体小麦和自花结实的缺体小麦系统。蓝粒单体解决了小麦染色体工程育种中获得和保存单缺体两大难题，并建立了快速选育小麦异代换系的新方法——缺体回交法，为小麦染色体工程育种的实用化开辟了一条新途径。这一原创性成果在首届国际植物染色体工程学术讨论会上，受到 15 个国家 100 多位中外专家的充分肯定。

3. 开创了小麦磷、氮营养高效利用的育种新方向

20 世纪 90 年代初，李振声院士根据我国人多地少、资源不足的国情，提出了提高氮磷吸收和利用效率的小麦育种新方向和资源节约农业发展观。李振声院士鉴定筛选了数千份资源，发现了一批"磷高效"和"氮高效"小麦种质资源，研究并揭示了其生理机制与遗传基础。育成的优质小麦新品种'小偃 54'，可以高效利用土壤氮磷营养，在河南、陕西等省累计推广种植 700 余万亩；育成的'小偃 81'于 2005 年通过河北省品种审定，推广种植面积正在迅速扩大。李振声院士提出的以"少投入、多产出、保护环境、持续发展"为目标的育种新方向已成为育种家的共识和 973 计划农业项目研究的重要指导原则之一。

（二）羊草

羊草（*Leymus chinensis*）又名碱草，隶属于禾本科（Gramineae）小麦族（Triticeae）赖草属（*Leymus*），是亚欧草原东部的关键物种，主要分布于中国、俄罗斯、朝鲜、蒙古国等国，我国的东北三省及内蒙古、河北、山西、陕西、新疆等省区为羊草的主要分布区。羊草是我国具有优势的多年生优质乡土草，是多年生根茎型禾草，对不同生境表现出较强的适应性，对改善我国北方草原生态环境和盐渍化土地治理具有重大意义。同时，羊草是一种重要的牧草资源，蛋白质含量高，适口性好，耐践踏，对发展高质量草牧业具有现实的经济和社会意义。

1. 羊草的耐盐碱种质创新

探究羊草的耐盐碱机制对于其他耐盐作物以及盐碱地的生态改良都具有重要意义。利用基因组测序技术和分子生物学技术，在羊草中挖掘出一些与耐盐碱相关的基因。利用转录组测序技术，用不同浓度 Na_2CO_3 和 NaCl 处理羊草，Na_2CO_3 处理后找到 39 个可能与盐胁迫相关的基因，NaCl 处理找到 31 个相关基因。用盐处理羊草并进行转录组测序，发现了两个盐诱导高表达基因（*Leymus chinensis* salt-induced）分别命名为 *LcSAIN1*、*LcSAIN2* 基因。从羊草中克隆到一个关于细胞质膜传感的基因（plasma membrane intrinsic *LcPIP1*），该基因在羊草叶片中大量表达，将其在酵母中过表达能提高酵母对盐碱的耐受性。通过耐盐碱基因表达量可判断供试种质的耐盐碱性，上述研究丰富了羊草耐盐碱基因功能以及调控机制，为培育盐碱耐性进一步提高的羊草新品种奠定了基础。

2. 羊草克服制种繁殖难题

羊草是典型的无性系植物，又称克隆植物。分蘖是羊草重要特性之一，同时也是自然条件下羊草种群更新的主要途径。羊草"低抽穗率、低结实率、低发芽率"仍是羊草产业发展的瓶颈问题。羊草的有性生殖研究已有较长的历史，近期研究也取得了新的进展和成果，如发现羊草的结实率低与自交不亲和性密切相关，萌发率低与基因型有关。随着羊草基因组测序的完成，如何利用表型组学、基因组学等技术解析羊草种质资源生殖性状形成的分子机制，研究性状调控的关键基因，发掘性状关联的分子标记将是下一步研究的重点。通过常规育种与基因组学和分子生物学技术相结合选育"高抽穗率、高结实率、高发芽率"的新品种，是羊草产业的迫切需求。羊草自交不亲和机制尚不清楚，杂种优势也有待挖掘与利用。前期研究证明，羊草自然条件下异交结实率远大于其自交结实率，主要原因之一是羊草具有自交不亲和的特性，尽管针对羊草自交不亲和特性的研究取得了一定进展，但其作用机制尚不清楚，有待进一步解析。如果鉴定出控制羊草自交不亲和性的基因，就可以采用基因编辑的方法，调控羊草的自交结实率，获得自交系，为羊草杂交育种奠定基础。此外，还可以利用羊草的自交不亲和性选配优良杂交组合，利用羊草的杂种优势，选育高产羊草品种。目前，羊草有性和无性繁殖的基础生物学研究仍较薄弱。羊草具有有性、无性混合繁殖策略，野生状态下以无性繁殖为主,有性繁殖为辅。羊草的无性繁殖采用两种方式,分蘖和根茎克隆繁殖。大量分蘖芽密集于基部,有效减少了被采食的机会,是刈牧后再生的有效保证,但决定分蘖芽、根茎芽、根茎节芽形成的机制还不清楚。此外,羊草的有性生殖,如开花特征、花芽分化过程、雌雄配子体发育、自交不亲和特性等研究基础仍较薄弱,结实率低、萌发率低的生殖适应机制尚不清楚,杂交制种、三系配套繁种技术尚属空白。

3. 羊草高效栽培和加工利用

羊草主要在半干旱半湿润地区分布,可以在沙壤质和轻黏壤质的黑钙土、栗钙土、碱化草甸土和柱状碱土的环境中生长,为我国温带草原地带种植的优势牧草。羊草被作为牲畜的"细粮"。我国著名的三河马、三河牛和乌珠穆沁羊等优良家畜品种,就是长期放饲羊草草原上而育成的。栽培羊草的技术要点包括以下几点。①整地使土地疏松,人工播种的羊草草地,通气良好,排水通畅。②松耙、耕翻深度一般为 10 ~ 20 cm,在退化的天然草地或人工草地进行松耙、耕翻和封闭等管理措施,羊草的产量明显提高。③在湿润土壤内播种羊草种子发芽率低,幼苗细弱,易致死亡,应适时播种,掌握播种量,每公顷需种子 37.5 ~ 60kg。④田间管理,适时追肥是提高羊草产量,改进品质,防止草地退化的重要措施。羊草的利用方式如下。①羊草是优良牧草,可供放牧用,4 ~ 6 月是羊草的放牧适期,此时正是羊草生长快,草质嫩,适口性好,牲畜急需补青的时期。羊草到抽穗时草质老化,适口性降低,即应停牧。②调制干草,羊草干草是家畜重要的饲草来源,必须适期刈割,精心调制,一般在拔节至孕穗期刈割。③采种,7 月中下旬,当羊草穗头开始变黄、籽粒变硬时即可采收。

(三)甜高粱

1. 为什么甜高粱受宠

甜高粱(*Sorghum bicolor*)是禾本科高粱属的一年生植物,别称糖高粱或甜秆。与普通籽实高粱相比,具有生长快、产量高、耐逆性强、对土壤和肥料要求不高等优点,因其茎秆中富含糖分,兼有生物量高、光合效率高、营养价值高以及适口性好等特性。甜高粱具有较高的营养价值,茎秆可作为制糖、酿酒(酒精)、酿醋、造纸的原料，籽粒可食用、饲用、酿造用，青贮可作为牲畜的饲草饲料。甜高粱作为日益重要的作物，可用于生产生物燃料和生物产品（如动物饲料、草料和生物能源原料等），被认为是一种具有发展潜力的新型饲草（图4-5），近年来受到越来越多的关注。

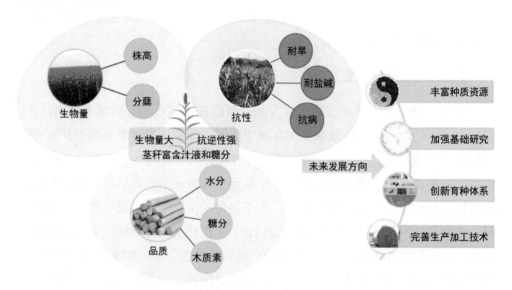

图4-5　甜高粱的独特性、重要性状调控基因及未来研究方向

　　甜高粱在中国的种植起源与传播目前尚无详尽的研究。有记载表明，我国崇明岛在18世纪有大面积甜高粱种植，其中的一个名为'琥珀'的甜高粱品种曾被传教士带入美国。我国甜高粱育种研究起步较晚，目前可以肯定的是大规模、有计划的甜高粱引种、示范栽培工作始于20世纪70年代。当时由于中苏（苏联）关系紧张，原本从古巴得到的充足糖供应受到了限制，中国科学院植物研究所黎大爵先生有感于甘蔗仅限于中国南方，努力寻找适宜北方种植的糖料作物。黎大爵先生开展了甜高粱资源收集引种、选育、栽培示范工作，经历了地方品种整理、系统选育、杂交育种和杂种优势利用4个阶段，于20世纪90年代培育出'BJ-19''BJ-238''BJ-281''BJ-248'等优良甜高粱品种。目前，我国广泛种植和应用于育种的几十个主要的甜高粱品种均来自黎大爵先生等人的工作。中国科学院植物研究所保存收集的甜高粱种质接近700份，正是这一系列的开创性工作，极大地促进了我国甜高粱的引种与选育。

　　中国科学院植物研究所的上述工作受到国内外的高度重视和支持。"九五"

期间,甜高粱研发领域有 1 项国家重点推广项目和 2 项中国科学院择优支持项目,完成了国际植物遗传资源委员会和联合国粮食及农业组织(Food and Agriculture Organization of the United Nations,FAO)的 12 项国际合作研究项目;"十五"期间,甜高粱相关研究有中国科学院重点项目"甜高粱可持续农业系统研究",以及 FAO 重大项目"在干旱、盐碱地区种植甜高粱,生产粮食、食品、饲料、纤维和附加值副产品",并在陕西华阴建立了甜高粱种植育种基地和甜高粱汁液发酵生产酒精的小型加工生产线。近年来,通过院地合作的形式与国内的能源公司在全国大部分地区开展了甜高粱区域种植和示范试验,并初步建立了甜高粱乙醇中试生产车间,近年培育的'科甜 1 号'及'科甜 2 号'等"科甜系列"新品种在非洲和美洲等地进行了推广种植,取得了明显的经济和社会效益。

2. 甜高粱耐盐碱种质创新

耐盐碱作物新品种培育是黄河三角洲土地资源高效开发利用和发展高效生态农业的先决条件。在盐碱度较高的可耕地(盐碱度大于 0.3%),其他粮食作物很难正常生长,而甜高粱属高光效 C_4 植物,杂种优势强,且具有抗旱、抗涝、耐盐碱和耐瘠薄等特点,在盐碱度 0.3% ~ 0.6% 的土地上仍能较好地生长发育。无论是作为生产燃料乙醇的原料,还是作为喂食畜禽的青贮饲料,种植能源作物甜高粱可以充分发挥非粮能源作物不与粮食作物争地的优势,符合我国发展非粮生物质能源的政策导向,不仅可以降低农户的灌溉成本和其他支出,减轻水资源压力,还可以改善土壤结构,提高土地利用率。

(1)获得丰富的遗传资源

甜高粱品种资源形态性状存在较广泛的遗传多样性,甜高粱的耐盐碱研究主要集中在盐碱胁迫下的农艺性状和生理生化指标变化方面,种质创新以培育兼具高产、高含糖量和耐盐性强的新品种为重点,克服制种繁殖难题,形成盐碱地配套的高效栽培技术。甜高粱新种质创新主要包含以下两个方面。一是高粱诱变突变体,即利用诱变育种等多种技术手段进行优良新种质的创制,可获得抗旱、抗病、耐盐碱、高糖等优质性状;二是杂交育种能源甜高粱,通过该方法筛选出综合性状突出,含糖量高,生物学产量高,抗性好的甜高粱杂交组合,并进行全国多点的区域试验,培育出"科甜系列"新优甜高粱杂交品种。

（2）破解基因组变异

甜高粱是高粱的一个自然变种，同普通籽实高粱相比有诸多独特的生物学特性和农艺性状，尤为突出是它的秸秆高含糖量，是我国和世界发展第1、第2代生物质液体燃料的重要作物。高粱的驯化模式有别于玉米、水稻等主要禾本科作物，有多个驯化中心，驯化和散播过程中伴随着复杂的种间杂交和多种野生种质资源渗入事件，这使得高粱群体的遗传背景更加复杂，其在驯化过程中的瓶颈效应不明显。研究人员使用短读长、长读长、Hi-C、转录组等多种组学技术，结合生物信息学方法，构建了具有广泛代表性的高粱泛基因组。基于序列的泛基因组分析表明，高粱泛基因组大小为954.8Mb，比已发表的高粱参考基因组（BTx623，732.2Mb）大约30%，其中核心基因组序列占比约62%，非核心基因组序列占比约38%。野生高粱比栽培高粱含有更多的特有基因，该泛基因组的发表极大地丰富了高粱的基因资源库，揭示了高粱一级基因库资源广泛的遗传多样性，为高粱驯化研究和育种应用打下了坚实的基础。

作物驯化和遗传改良在人类从游牧狩猎到定居的生活方式过渡过程中起着关键作用。面对可持续发展的需求和应对全球气候环境变化的挑战，揭示驯化和改良过程中基因组选择，探索种间杂交以及平行 / 趋同进化的遗传机制变得至关重要。基于对世界范围内收集的445份高粱种质资源的基因组学研究，发现不同亚群的血缘关系相对独立，但也存在很明显的混杂情况，各亚群之间存在广泛的基因流，表明高粱具有频繁的种内和种间杂交。该研究还发现了多个亚群之间存在大片段的相似染色体连锁区块，同样可以作为各群频繁基因流动的佐证。栽培高粱及其互育野生亲属构成了高粱的主要基因库，这一宝贵资源的多样性对于其在作物改良中的有效利用至关重要。利用新一代高通量测序技术，对甜高粱和中国籽实高粱品系进行基因组重测序，比较分析发现：甜高粱和籽实高粱在近1500个基因中存在序列和结构差异，这些基因参与糖和淀粉代谢、木质素和香豆素合成、核酸代谢、胁迫应答和DNA修复等活动。

（3）发展基因组分子育种技术

由于甜高粱杂交育种的历史比较短，控制生物学性状的关键遗传位点的挖掘较少，且作用机制及调控网络不清晰，因此有必要加强甜高粱基础研究及分子设计育种工作。分子设计育种聚合了基因组学、表型组学和生物信息学等多组学技术手段，可实现精准育种，是培育目标新品种的变革性技术。基因组选择

（genomic selection，GS）育种是一种利用全基因组标记预测育种群体中个体育种价值的新方法，已被应用于动物、植物育种中，显著提高了育种的准确性和高效性。目前，高粱 GS 育种还处于训练模型阶段，尚未应用于育种实践。将分子标记辅助育种与常规杂交育种技术相结合，加速甜高粱遗传改良，快速实现根据不同气候带、土地特点及生产需求，选择出理想甜高粱品种的育种目标。

（4）耐盐新品种与产业化示范

利用国内外在黄河三角洲地区表现优异的甜高粱材料，通过杂交，后代系统选育结合分子标记辅助选择，创制出 8 份耐盐碱、高生物量和高糖含量的甜高粱新种质。其中，'甜创 2 号'兼具耐盐碱和高生物量特点，'甜创 8 号'兼具耐盐碱和高茎秆糖锤度特点。上述新种质为今后甜高粱新品种选育提供了理论支撑和优良遗传材料，也标志着我国在甜高粱的综合利用方面已迈出了重要的一步。

1）能源

甜高粱可用于酿酒和生产燃料乙醇。在 FAO 项目的执行过程中，建立了甜高粱种植与育种基地，采用巴西先进的发酵技术，建成了用甜高粱汁液发酵生产酒精的小型加工中试生产线。在陕西建成了用甜高粱汁液、循环发酵法生产酒精中试车间。

2）青贮饲料与酒渣饲料

青贮甜高粱的营养价值只比精饲料低 3%～10%，但牲畜食用青贮甜高粱秸秆却比晒干秸秆消化率提高 20% 左右。青贮饲料可以很好保持饲料青绿时期的鲜嫩汁液。一般干草汁液含量只有 14%～17%，青贮饲料的含量可达 60%～70%，既保持原有品质，又可产生酸、甜及特殊的清香味，提高消化吸收率。

3）甜高粱可持续农业生态系统研究

甜高粱的生物学产量极高，具有"高能作物"之称，甜高粱可持续农业生态系统以甜高粱作为主培作物，在甜高粱田间套种黑木耳或平菇，其籽粒为粮食和饲料，叶片喂奶牛和鱼，茎秆酿酒或制酒精燃料，酒糟喂奶牛，牛粪及作物残渣作为沼气原料，沼气供照明、煮饭或用于塑料大棚中给蔬菜加光、增温、提高 CO_2 浓度等，从而形成了农村能源自给，农、牧、副、渔业共同发展的可持续农业生态系统。该系统具有较高的经济效益，具有一定独创性、实用性和前瞻性，可在适宜栽培甜高粱的地区推广应用。甜高粱作为一种大有发展前途的作物，终将在人民生活中、在农村经济和国民经济中发挥出重大作用。

四、"滨海草带"战略规划与科技创新

"滨海草带"是在不适宜生产粮食的滨海盐碱地上建立牧草生产体系，其立地环境是高盐碱、低海拔，这就决定了适宜的牧草品种必须同时具备耐盐和耐涝特性。"滨海草带"盐碱地草牧业的建设，首先，需要了解植物的耐盐和耐涝能力，探究不同植物种质耐盐性和耐涝性，根据植物抗逆性分别种植在不同程度的盐碱地，为"滨海草带"建设提供理论基础；其次，需要加强"滨海草带"植物种质筛选与培育，我国具有丰富的牧草种质资源，但适宜盐碱地等边际土地的牧草品种匮乏，未被充分挖掘利用；再次，需要专业化草种生产技术体系，我国牧草种源大量依赖进口，现有种子生产关键技术并不成熟，迫切需要从全产业链布局开展系统研究，建设耐盐饲草筛选和新品种鉴定区域试验平台，引导企业探索全梯度耐盐种植创新利用中试基地；最后，需要打造种草制草养畜生态草牧业产业链。

构建滨海盐碱地饲草高产栽培技术体系。滨海盐碱地土壤盐渍化程度高、地下水位高、土壤肥力差、水肥利用效率低下，严重制约牧草的生长。针对制约因子提出解决方案，构建滨海盐碱地饲草高产栽培技术体系，是滨海盐碱地利用的重要环节。首先，在水分利用方面，滨海草地盐分是影响牧草水分利用的因素之一，加强牧草微咸水灌溉及水分利用机制研究，充分利用夏季降水促进牧草快速生长，同时也要注意避免春季土壤蒸发造成返盐。其次，在土壤肥力方面，制定合理的土壤保育施肥措施，有效提升盐渍土壤肥力水平。最后，在牧草品种方面，目前已知的同时具备耐盐和耐涝特性的牧草主要有长穗偃麦草、甜高粱等，要针对牧草品种特性，加强牧草耐盐生理机制研究，探究栽培技术，形成品种-栽培-农机-农艺"四位一体"的滨海牧草高产高效栽培技术体系（图4-6）。

"滨海草带"的建设具有土壤改良、水土保持等生态环保效益，同时也具有生产力和草产业发展等经济效益，通过种草养畜，可望实现我国环渤海地区及其他沿海地区近2000万亩盐碱地的高效利用，切实推动"藏粮于地、藏粮于技"战略落实落地。黄河三角洲创新"滨海草带"利用模式，开展人工种草，逐渐形成种草（饲草料生产）-制草（草产品加工）-养畜（畜禽养殖）全产业链模式对促进我国经济社会高质量发展具有重大现实意义。

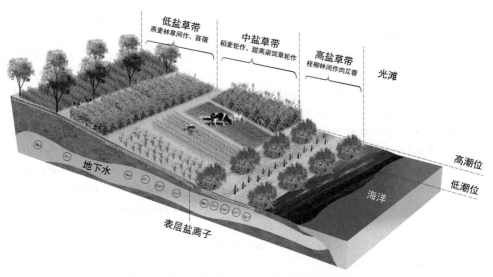

图 4-6　"滨海草带"生态草牧业科技创新模式

参 考 文 献

董玉琛, 郑殿升. 2006. 中国作物及其野生近缘植物: 粮食作物卷. 北京: 中国农业出版社.

方精云, 景海春, 张文浩, 等. 2018. 论草牧业的理论体系及其实践. 科学通报, 63(17): 1619-1631.

侯瑞星, 欧阳竹, 刘振, 等. 2021. 环渤海"滨海草带"建设与生态草牧业发展路径. 中国科学院
　　院刊, 36(6): 652-659.

景海春, 刘智全, 张丽敏, 等. 2018. 饲草甜高粱分子育种与产业化. 科学通报, 63(17): 1664-1676.

李滨. 2022. 李振声: 中国小麦远缘杂交育种奠基人. 麦类作物学报, 42(5): F0002-F0003.

刘公社, 王德利, 石凤翎, 等. 2022. 羊草种质资源研究历程及启示. 中国草地学报, 44(4): 1-9.

刘观浦, 邢金亮. 1998. 站在最高领奖台上: "矮孟牛"诞生记. 山东农业, 1998(3): 8-9.

卢庆善. 2008. 甜高粱. 北京: 中国农业科学技术出版社: 113-136.

罗洪, 张丽敏, 夏艳, 等. 2015. 能源植物高粱基因组研究进展. 科技导报, 33(16): 17-26.

王甜甜, 曹丽雯, 刘智全, 等. 2022. 黄河三角洲滨海草带建设的饲草基础生物学问题. 植物学报,
　　57(6): 837-847.

西北植物研究所远缘杂交组. 1977. 普通小麦与长穗偃麦草的杂交育种及其遗传分析: 小麦与偃
　　麦草杂交的研究(三). 遗传学报, 4(4): 283-374.

薛勇彪, 种康, 韩斌, 等. 2018. 创新分子育种科技 支撑我国种业发展. 中国科学院院刊, 33(9):
　　887-888, 893-899.

张方方. 2020. 知难而上不停步: 记"中国远缘杂交小麦之父"李振声. 中国科技奖励, (6): 42-44.

张丽敏, 刘智全, 陈冰嫣, 等. 2012. 我国能源甜高粱育种现状及应用前景. 中国农业大学学报,
　　17(6): 76-82.

种康. 2022. 种康: 生物育种锻造农业"芯片". https://www.cas.cn/zjs/202201/t20220119_4822791. shtml. [2022-12-29].

周志强, 于帅, 王思明. 2022. 种子为先: 新中国成立以来我国小麦远缘杂交技术发展历程探析. 中国科技史杂志, 43(1): 46-54.

Anami S E, Zhang L M, Xia Y, et al. 2015. Sweet sorghum ideotypes: Genetic improvement of the biofuel syndrome. Food and Energy Security, 4(3): 159-177.

International Wheat Genome Sequencing Consortium (IWGSC). 2018. Shifting the limits in wheat research and breeding using a fully annotated reference genome. Science, 361(6403): eaar7191.

Li G W, Wang L J, Yang J P, et al. 2021. A high-quality genome assembly highlights rye genomic characteristics and agronomically important genes. Nature Genetics, 53(4): 574-584.

Ling H Q, Ma B, Shi X L, et al. 2018. Genome sequence of the progenitor of wheat A subgenome *Triticum urartu*. Nature, 557(7705): 424-428.

Liu C M. 2020. The war between wheat and *Fusarum*: Fighting with an alien weapon. Science China Life Sciences, 63(9): 1425-1427.

Tao Y F, Luo H, Xu J B, et al. 2021. Extensive variation within the pan-genome of cultivated and wild sorghum. Nature Plants, 7(6): 766-773.

Wang H W, Sun S L, Ge W Y, et al. 2020. Horizontal gene transfer of *Fhb7* from fungus underlies *Fusarium* head blight resistance in wheat. Science, 368(6493): eaba5435.

Wu X Y, Liu Y M, Luo H, et al. 2022. Genomic footprints of sorghum domestication and breeding selection for multiple end uses. Molecular Plant, 15(3): 537-551.

Xiao J, Liu B, Yao Y Y, et al. 2022. Wheat genomic study for genetic improvement of traits in China. Science China Life Sciences, 65(9): 1718-1775.

Zhang L M, Leng C Y, Luo H, et al. 2018. Sweet sorghum originated through selection of *Dry*, a plant-specific NAC transcription factor gene. Plant Cell, 30(10): 2286-2307.

Zhao G Y, Zou C, Li K, et al. 2017. The Aegilops tauschii genome reveals multiple impacts of transposons. Nature Plants, 3(12): 946-955.

Zheng L Y, Guo X S, He B, et al. 2011. Genome-wide patterns of genetic variation in sweet and grain sorghum (*Sorghum bicolor*). Genome Biology, 21(11): R114.

执笔人: 第一节　孔令让, 教授, 山东农业大学
孙思龙, 副教授, 山东农业大学
葛文扬, 副教授, 安徽农业大学
第二节　景海春, 研究员, 中国科学院植物研究所
郝怀庆, 副研究员, 中国科学院植物研究所
孙清琳, 工程师, 中国科学院植物研究所
李宏伟, 副研究员, 中国科学院遗传与发育生物学研究所
刘公社, 研究员, 中国科学院植物研究所

第五章

从茎尖脱毒到种薯革命

导　读

　　马铃薯营养全面，是世界范围内第三大主粮作物，全球约 13 亿人以马铃薯为主食。在我国，马铃薯是重要的粮菜兼用作物。目前，中国是世界上最大的马铃薯生产国和消费国。与谷物类粮食作物不同，几千年来，传统马铃薯都是依靠块茎进行无性繁殖的。马铃薯的块茎很容易被病毒侵染并不断累积，导致产量和品质逐年退化，最终失去种用价值。20 世纪 50 年代发明的茎尖脱毒技术可以帮助马铃薯脱去病毒，恢复种性，该技术一直沿用至今，并在红薯、果树和花卉等经济作物中广泛使用。2020 年，我国科学家首次揭示了茎尖脱毒的分子机制。但是，随着马铃薯产业的不断发展，茎尖脱毒技术的弊端也逐渐显露。于是，科学家们又尝试用真正的种子来繁殖马铃薯，以彻底解决种薯繁殖的缺点，引领马铃薯产业的"绿色革命"。在这次变革中，中国科学家又走在了前列。

第一节 马铃薯进入中国的时间
及其对中华文明的贡献

一、 马铃薯的起源和传播

马铃薯（ *Solanum tuberosum* ）属于茄科茄属马铃薯组（ *Solanum* sect. *Petota* ），原产于南美洲安第斯高寒山区。自然界中的马铃薯种质资源极其丰富，包括107个野生种和4个栽培亚种。目前，广泛栽培的马铃薯属于普通栽培种，按照地理分布可为2个亚群：安第斯亚群，包括广泛分布于安第斯山脉区域的原始栽培种（以二倍体为主）和四倍体栽培种；智利亚群，主要是生长在智利高纬度低海拔区域的四倍体栽培种。

关于栽培马铃薯的起源前人有不少推测，一种是多中心假说，认为两个栽培亚群是由不同的野生种独立驯化而来的；另一种是限制中心假说，认为马铃薯的栽培驯化主要发生在南美哥伦比亚和玻利维亚的某个地方。美国马铃薯分类专家戴维·斯普纳（David Spooner）通过分子标记和基因组测序的方法，发现二倍体原始栽培种和分布于秘鲁一带的野生种 *Solanum candolleanum* 具有最近的亲缘关系，印证了单起源之说。多数学者认为，四倍体栽培种起源于二倍体原始栽培种杂交后发生的染色体加倍，这是由于二倍体马铃薯会产生不减数配子，即配子的染色体数目和体细胞相同，杂交产生的后代有一定比例是四倍体。

那么马铃薯是如何从南美的起源地传播到世界各地的呢？一般认为马铃薯是在哥伦布发现新大陆之后最早传到了欧洲。西班牙人在1532～1572年征服秘鲁期间，将马铃薯带到了西班牙；英格兰在1588～1593年引进了马铃薯，随后又将其传播到爱尔兰、威尔士及北欧的部分区域。

由于历史记载的缺失和歧义性，马铃薯引入我国的时间一直没有定论。有人认为马铃薯在明朝万历年间（17世纪初）即由荷兰殖民者首先传入中国台湾。这一说法的证据是当时有西文文献提到，荷据台湾出产potato，但potato一词在英文中除了指马铃薯外，还可以指旋花科的番薯（甘薯），具体所指必须根据文献记载的时间、地点和语境细加分辨。考证表明，17世纪初台湾地区引种的potato更可能是番薯。真正的马铃薯在台湾地区广泛栽培的时间要到20世纪初的日据时期。比较可信的观点是,马铃薯迟至 18 世纪下半叶才传入中国,清乾隆五十三年（1788 年）湖北《房县志》中的"洋芋"是马铃薯最早的可靠记录。除此之外,还有其他认为马铃薯更早传入中国的观点,但详加辨析之后,均不甚可靠。

二、马铃薯对中华文明发展的贡献

在美洲作物中,虽然马铃薯是较晚传入中国的种类,但一旦变为平民百姓口中的"土豆""洋芋",便与中国人民结下了无法割舍的缘分。相较于其他的主要粮食作物,马铃薯环境适应性强,耐贫瘠,生育期短,产量高,最早常作为荒年救灾的食物为史书所记载。1848 年成书的《植物名实图考》载有"阳芋,疗饥救荒,贫民之储"。清朝中期,我国人口剧增,到乾隆末年已突破 3 亿,粮食压力剧增。马铃薯恰逢其时,从清朝后期开始,担当起了垦荒增量的重任,在粮食增产上发挥了难以估量的作用。马铃薯在 18 ～ 19 世纪西南地区的繁衍和大范围的推广,对缓解人口增长压力,促进地区社会经济发展平衡,起到了"压舱石"的作用。

新中国成立以后,马铃薯产业得到了前所未有的重视,种植面积和产量逐年增加。建国初期第一个"五年计划"（1953 ～ 1957 年）,农业部将"增加薯类等高产量作物的播种面积"列为农业增产的重要措施之一。1985 年,中国建立了国际马铃薯中心北京联络处,加强了对国外种质资源的引进与试验,丰富了我国的种植品种。自 2005 年至今,我国一直是世界第一大马铃薯生产国与消费国。2015 年,农业部发起了"马铃薯主粮化战略",拟从种植面积、单产水平和总产量等方面提高马铃薯在粮食总消费中的比例,让马铃薯成为我国的第四大主粮。马铃薯也从解决温饱到脱贫致富、乡村振兴中实现了不同角色的转变,作为我国主要的粮食、蔬菜、饲料和工业原料兼用性作物,对保障国家粮食安全发挥了重要的作用。

第二节　传统的马铃薯繁殖方式导致严重的种薯退化

一、马铃薯的繁殖方式

我们所食用的马铃薯其实就是它的茎,属于一种变态的块茎,它既是营养器官，又是繁殖器官。虽然马铃薯也可以开花结果并产生种子（图5-1），但是马铃薯基因组的高度杂合性导致其后代种子的品质严重分离，生产上无法用种子繁殖。因此，长期以来马铃薯生产只是利用块茎进行繁殖，即无性繁殖。无性繁殖的子代和上一代在遗传物质上是相同的，有利于保持品种的原有特性。由于块茎本身携带一定的水分和养分，用块茎种植的幼苗具有较强的生活力，受外界不良环境的影响较小。但是，块茎无性繁殖也有其自身固有的问题，如繁殖系数低、用种量大、易携带病虫害等问题。

图 5-1 马铃薯整体植株及不同器官

二、 病毒积累导致种薯退化

马铃薯块茎繁殖最致命的缺陷是容易造成种薯退化。在利用薯块进行繁殖的过程中，连续利用多年自留种薯块进行种植后，经常会出现叶片皱缩、花叶、卷叶，植株矮小，分枝减少，地下块茎变小，产量逐年下降，最后完全失去种植价值。正所谓"一年大，二年小，三年恰似核桃枣"就是无性繁殖薯块产量的真实写照，这种现象称为种薯退化。

病毒，尤其是种传病毒在薯块中的连年积累是造成种薯退化的根本原因。

作为下一代"种子"的薯块，一方面是病毒在其体内不断侵染和积累，另一方面又缺乏能有效清除病毒的机制，从而导致植株病毒连年累积，最终造成严重减产。危害马铃薯的病毒有 30 余种，其中在我国普遍存在且危害严重的有：马铃薯卷叶病毒、马铃薯 Y 病毒、马铃薯 X 病毒、马铃薯 A 病毒、马铃薯 S 病毒及马铃薯纺锤形块茎类病毒 6 种病毒或类病毒。这些病毒一旦侵染了马铃薯植株或块茎，就会导致各种各样的问题，并引起马铃薯减产。种植携带病毒的薯块时间越长，加重感染多种病毒的机会就会越大，病毒化造成的减产也就越严重，最终造成绝收，使薯块完全失去种植价值。一般认为，在冷凉地区马铃薯病毒的积累较少，所以很多种薯生产基地都建在冷凉地区，其他地区不得不年复一年从这些基地长距离调运种薯，耗费大量人力物力。

第三节　利用茎尖脱毒技术生产马铃薯种薯

一、茎尖脱毒在马铃薯中的应用

早在 20 世纪 50 年代，人们就发现病毒在植物体内的分布是不均匀的，病毒的数量随植株部位及年龄而异，越靠近顶端分生区域的病毒感染浓度越低，生长点则几乎不含或含很少病毒。一株感染病毒的植物，把它的茎尖切下来，放在试管内进行培养，这个植物会逐渐长大，长大以后再把茎尖切下来，再进行培养，经过几轮这样的培养后，植物的病毒神奇地消失了，这个技术就是"茎尖脱毒"。

1952 年，法国人 G. 莫雷尔（G. Morel）首先通过茎尖脱毒获得无病毒的大丽花。1955 年，产生了以马铃薯为材料的无病毒植株。20 世纪 70 年代中期以来，为了解决种薯退化问题，在生产上常采用组织培养方法，剥取马铃薯茎尖获得脱毒苗。马铃薯茎尖脱毒的大致流程为：①将带病毒的薯块在室温下催芽并进行消毒处理；②在超净工作台切取茎尖分生组织，置于试管中培育，约 4 个月后，长成试管苗；③试管苗经过病毒检测，从大量植株中筛选出确实不带病毒的脱毒苗；④脱毒苗经过组培扩繁用于生产脱毒种薯。用脱毒种薯种植的马铃薯表现为田间长势健壮，叶片平展肥厚，叶色浓绿，茎秆粗壮，光合作用增强，一般增产40% ～ 60%，有的甚至成倍增长。

茎尖脱毒技术自 20 世纪 50 年代起，已广泛应用于农业生产以获得脱毒苗，在马铃薯、蔬菜、果树、草莓、花卉等作物中大面积推广。

二、马铃薯茎尖脱毒的原理

虽然在过去的 70 年中茎尖脱毒技术在生产上具有广泛的应用，但是其背后的分子机制一直不清楚。中国科学技术大学的赵忠团队以传统的茎尖脱毒技术为灵感来源，历经 8 年潜心研究终于揭开了谜底，发现干细胞重要调节子 WUSCHEL（WUS）是植物茎尖中的关键抗病毒蛋白。植物干细胞是植物胚后发育所有器官和组织分化的源泉，具有自我更新和无限分化的潜能。研究人员追踪定位了模式植物拟南芥体内黄瓜花叶病毒（cucumber mosaic virus，CMV）的分布模式，发现在茎顶端分生组织中 CMV 病毒分布在 WUS 基因表达的下方，不能侵染干细胞所在中央区以及分化细胞所在的周边区。有意思的是，干细胞中 WUS 蛋白受病毒诱导积累，一旦病毒侵入植物，WUS 蛋白的表达量会急剧提高，并扩散到周围细胞，到达几乎整个顶端分生组织，来保护干细胞和它新生的后代细胞免于病毒的侵袭。该研究进一步发现，在拟南芥叶片中异位表达 WUS 蛋白，可保护整株植物免受 CMV 的侵染；反之，在干细胞中降解 WUS 蛋白，则会导致 CMV 侵染整个茎顶端分生组织。此外，研究人员还检测了另外 3 种病毒，得到了一致的结论，证明 WUS 蛋白介导的干细胞抗病毒免疫具有广谱性。

WUS 蛋白是如何抑制病毒侵染的呢？病毒本身是非常简单的生命体，只有蛋白质和核酸两种成分。如果病毒想要繁殖，就必须利用宿主细胞内的蛋白合成系统来合成自身的蛋白质，以完成复制、组装和侵染过程。研究人员发现 WUS 蛋白能够直接抑制下游基因 SAM 甲基转移酶的表达，影响核糖体 RNA 的加工和核糖体的稳态，从而抑制蛋白质合成。由于 WUS 蛋白的抑制作用，当病毒进入到顶端分生组织细胞后，就无法利用植物体内的合成系统来替自己合成蛋白质，也就不能进行繁殖和扩散，从而达到抑制侵染的效果。干细胞内的 WUS 蛋白是非常保守的，从低等植物到高等植物中普遍存在。这就进一步解释了为什么茎尖脱毒可以应用于多种不同种的植物，并且能够清除多种病毒。

该研究不仅回答了为什么植物病毒不能侵染植物分生组织这一长而未决的生

物学问题,同时也为未来作物抗病毒防治提供了新的技术策略。同行专家评论说,此研究解决了一个长期存在且备受关注的生物学问题,是植物病理学和植物发育领域的一个开创性研究。下一步,赵忠团队计划将其应用到育种中,基于蛋白质人工进化技术,筛选高抗病蛋白,并利用生物技术转入多种作物中,以得到广谱高抗病的作物新品种。

三、 茎尖脱毒体系的不足

虽然茎尖脱毒技术在马铃薯种薯生产中发挥了重要作用,但是该技术也有一定的局限性。首先,茎尖脱毒的操作复杂,周期长,成本高。由于茎尖越小带毒率越低,脱毒效果也越好,但是操作难度大,培养成活率及形成完整植株的能力较弱。其次,从开始茎尖脱毒到获得优质种薯的周期比较长,其间经历茎尖脱毒、脱毒苗扩繁、原原种生产、原种生产、一级种生产等过程,至少需要3年时间(图5-2)。农民购买到的种薯往往已经积累了一定量的病毒,种植一年之后便无

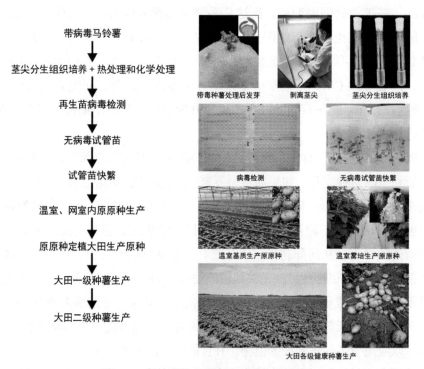

图 5-2　马铃薯茎尖脱毒和种薯生产流程

法继续作为繁殖种薯，所以为了保证产量需要年年购买新的种薯。目前，种薯的用种成本比较高，一亩地要 500 元左右，很多地方的农民无力购买，导致我国脱毒种薯普及率不足 30%，远低于世界 70% 的平均水平。因此，科学家们也一直在寻求其他可以解决马铃薯种薯退化的方案。

第四节　用种子来种植马铃薯

其实马铃薯和水稻、玉米一样，也可以产生真正的种子，我们一般将马铃薯的种子称作实生种子或真种子，用实生种子播种获得的植株称为实生苗，从实生苗上收获的薯块称为实生薯，以便和通常用于生产的种薯进行区分。有些马铃薯在田间会有天然结实的现象，另外通过人工授粉也可以产生马铃薯种子。那么能不能用种子来种植马铃薯呢？其实这一直是马铃薯育种家追求的梦想。

一、马铃薯种子的优势

相较于薯块，马铃薯种子有很多先天优势。第一，马铃薯种子的繁殖系数很高，可以达到 1∶10 000，即一粒种子播下去之后可以收获 1 万粒种子，而薯块的繁殖系数只有 1∶10 左右。因为繁殖系数高，用种子种植马铃薯每年可以为我国节约几百万亩的种薯生产用地。第二，马铃薯种子很小，千粒重仅 0.5g 左右，便于长距离运输。一般马铃薯的播种密度为 4000 株 / 亩，据此计算，用种薯种植每亩地需要 200kg 薯块，而用种子仅需要 2g，可以节省大量的运输成本。第三，马铃薯种子耐储存，在合适的条件下可以保藏 10 年甚至更久。相比之下，含水量很高的薯块一般只能储藏半年左右，而且容易发生腐烂造成损耗。第四，马铃薯种子的生产周期比较短，从播种到收获只需要 4 ～ 5 个月的时间。马铃薯种薯的生产流程很复杂，需要经过组织培养、原原种、原种、一级种等多个环节，周期长达 3 ～ 4 年。最后，也是最重要的一点，马铃薯种子基本上不会携带病虫害。除了马铃薯纺锤形块茎类病毒等少数病毒或类病毒外，其余大部分病毒都不能通过种子传播，因此可以在很大程度上解决种薯退化的问题。鉴于马铃薯种子的诸多优势，育种家一直希望可以实现用种子种植马铃薯，这也是马铃薯育种领域"皇冠上的明珠"。

二、 四倍体马铃薯种子的探索

我国育种家早在 20 世纪 50 年代中期就开始了四倍体马铃薯种子的利用研究，其中以内蒙古乌兰察布盟农业科学研究所的研究最为突出。该所于 60 年代中期首先在内蒙古乌兰察布地区进行实生种子的示范和推广，提高了单产，有效地解决了种薯退化的问题。这项成果很快得到了国家科委、农业部和中国农业科学院的重视，于 1971 ～ 1972 年在全国农展馆和广州交易会上展出，向全国推广。1973 年，国内成立了马铃薯实生种子利用协作组，形成了一套具有中国特色的马铃薯留种体系和栽培方式，实现了就地留种，对相关的科研和生产起到了推动作用。自 1972 年以来，在 16 个省份推广了实生种子的利用，到 1979 年推广面积接近 40 万亩，一般比对照品种增产 30% ～ 40%。实生种子利用在西南地区的推广效果最好，促进了云南、四川的山区马铃薯生产。这主要是因为西南山区交通不便，利用实生种子播种比调运种薯成本更低，而且当时推广的品种'克疫'是一个极晚熟的高抗晚疫病品种，适合西南地区无霜期长、晚疫病流行严重等特点。由于实生种子天然具有屏蔽病毒的特性，生产上移栽实生苗当年就有显著的增产效果。例如，20 世纪 70 年代，云南丽江传统种薯播种的亩产仅350 ～ 400kg，而采用'克疫'实生种子播种亩产可达 1250kg。关于实生种子利用的相关研究成果获得了 1978 年全国科学大会奖。马铃薯育种家们对中国实生种子利用情况进行过较为系统的总结。

20 世纪 70 年代是国内马铃薯实生种子利用研究的高潮时期，这项科研成果也引起了国际同行的重视。1971 年，国际马铃薯中心（International Potato Center，CIP）在秘鲁首都利马成立。CIP 的使命是帮助发展中国家生产和食用马铃薯，并把马铃薯生产技术放在研究和推广工作的首位。CIP 的首任主任理查德·索耶（Richard Sawyer）博士和首任研发主管奥维尔·佩奇（Orville Page）博士非常支持实生种子利用。1978 年以来，索耶博士率领 CIP 的专家多次来中国的内蒙古、四川等省份实地考察，对我国马铃薯研究成果给予了高度评价，认为这项技术使几千年来传统的马铃薯生产发生了根本性变化，称中国是马铃薯实生种子研究和利用的奠基者。借助设立在多个发展中国家的分支机构，CIP 积极地推广实生种子选育和栽培技术。20 世纪 90 年代中期，CIP 对实生种子的研发支持达到峰值。1996 年，CIP 在实生种子和传统种薯生产上的研发投入分别为 110 万和 100 万美元，当年在晚疫病研究方面的经费为 260 万美元，晚疫病是 CIP 最大的研究项目，随后在实生种子研究方面的经费逐渐减少。

四倍体实生种子计划最终没有继续开展的原因是多方面的，其中最关键的两个因素是：①四倍体马铃薯基因组高度杂合，难以培育完全纯合的自交系，实生种子的一致性和持续改良难以取得突破性进展；②茎尖脱毒技术的发展在很大程度上解决了种薯退化的问题，使得实生种子利用的优势不再明显。

三、　自交亲和基因的发现为生产二倍体种子提供了可能

虽然栽培的马铃薯主要是同源四倍体，其实自然界中约 70% 的马铃薯种质资源都是二倍体，包括大量的野生种和农家种。目前，二倍体的马铃薯农家种在南美洲仍然有大面积的种植。二倍体马铃薯的基因组和遗传分析相对简单，如果利用二倍体开展实生种子研究，是否就可以避免之前四倍体实生种子遇到的问题？其实，育种家们也考虑过用二倍体开展杂交育种，但是自然界中的二倍体马铃薯是自交不亲和的，也就是自花授粉之后不会产生种子，因此限制了自交系的培育。

马铃薯的自交不亲和是由高多态性的 S 位点控制的。S 位点主要包括两个紧密连锁的基因，花柱特异表达的 S-RNase 基因和花粉特异表达的 SLF（S-locus F-box）基因。S-RNase 蛋白相当于一把"锁"，它会抑制自身花粉管在柱头中的生长，达到排斥自身花粉的目的。花粉中的 SLF 蛋白相当于一把"钥匙"，它可以解除异己 S-RNase 的抑制作用，但是不能解除自身 S-RNase 的抑制。因此，要克服自交不亲和，可以直接破坏掉"锁"或者寻找一把"万能钥匙"能够打开所有类型的"锁"。

随着近年来基因编辑技术的快速发展，中国农业科学院黄三文团队尝试利用该技术对控制马铃薯自交不亲和的 S-RNase 基因进行敲除，获得了自交亲和且不含有外源转基因成分的植株，可以直接应用到育种中。另外，该团队通过对大量二倍体马铃薯种质资源进行筛选，也成功获得了一份 S-RNase 基因天然失活的突

变体。这两种打破自交不亲和的方式相当于"破坏了锁"。

1998 年，日本和美国科学家报道了在某种野生马铃薯（*Solanum chacoense*）中鉴定到了一份自交亲和的突变体，将其含有的基因命名为 *S-locus inhibitor*（*Sli*）。之后，多个团队尝试对该基因进行克隆，但是进展一直很缓慢，主要原因是该性状表型评价很难，容易受植株生长状态和环境的影响。黄三文团队和云南师范大学尚轶团队通过基因组学分析发现，在自交过程中仅含有 *Sli* 基因的花粉才能完成双受精，所以自交群体会出现配子体型偏分离，并巧妙地利用该遗传现象在不进行表型评价的前提下完成了 *Sli* 基因的克隆。该基因编码一类在花粉中特异表达的 F-box 蛋白，与传统 SLF 蛋白仅能与 1 ～ 2 种类型的 S-RNase 蛋白相互作用不同，Sli 蛋白可与 10 多种类型的 S-RNase 蛋白相互作用，从而介导广泛的自交亲和。因此，*Sli* 基因像一把"万能钥匙"，被国内外科学家广泛应用到二倍体马铃薯育种中。同时，荷兰瓦赫宁根大学的科研团队也独立完成了该基因的克隆，最终中外科学家以"背靠背"的方式在《自然·通讯》（*Nature Communications*）杂志发表了 *Sli* 基因的故事。

综上，各种打破自交不亲和的方式为二倍体马铃薯杂交育种提供了可能，国内外多家科研单位和育种公司纷纷开展了二倍体杂交育种，国际竞争激烈。但是，路漫漫其修远兮，打破自交不亲和只是第一步，后面还有更大的困难需要克服。

四、 第一个概念性杂交种的问世

马铃薯作为无性繁殖作物，在长期的薯块繁殖过程中，累积了大量的隐性有害突变。这些突变大部分是隐性的，以杂合形式隐藏在基因组中，无性繁殖过程中不会表现出不良影响，一旦自交之后，有害突变的不良效应便会显现出来，导致自交衰退。自交衰退是指生物在自交之后出现生理机能的衰退，表现为生活力下降、抗性减弱、产量降低等。自交衰退与种薯退化不同，种薯退化是在基因组没发生改变的情况下由于病毒积累导致的退化，而自交衰退则是由于基因组本身的变化所导致的。自交衰退是杂交马铃薯育种需要解决的第二个关键难题，与自交不亲和由少数几个基因控制不同，自交衰退涉及很多基因，也更难克服。

早在 2011 年第一个单倍体马铃薯参考基因组问世之时，科学家们就在基因组水平对自交衰退进行了初步探索，发现马铃薯基因组中携带大量可能改变基因功能的突变。随着测序技术的不断发展，黄三文团队通过生物信息学算法的创新，克服了杂合基因组组装的障碍，成功组装了杂合二倍体马铃薯的两套单体型。他们发现导致自交衰退的有害突变镶嵌分布在马铃薯的两套基因组中，无法通过重组将它们彻底淘汰。随后，该团队通过对151份二倍体马铃薯进行基因组重测序发现，不同材料之间相同的有害突变平均只有11%，说明有害突变具有个体特异性，暗示育种家可以将遗传背景差异大的自交系进行杂交来掩盖杂交种中有害突变的效应。以上研究增加了我们对马铃薯自交衰退的理解，也提示育种家单纯基于表型选择的育种策略难以克服自交衰退的问题，必须借助于基因组大数据开展设计育种，才能有效地淘汰有害突变。

　　在此基础之上，黄三文团队借助在基因组学研究方面的优势，利用基因组大数据进行育种决策，建立了杂交马铃薯基因组设计育种流程（图5-3），主要包括四个环节。步骤1是用于培育自交系的起始材料的选择，选择的标准是起始材料的基因组杂合度较低和有害突变数目较少；步骤2是起始材料自交群体的遗传解析，主要是根据全基因组偏分离分析和表型评价，确定大效应有害突变和优良等

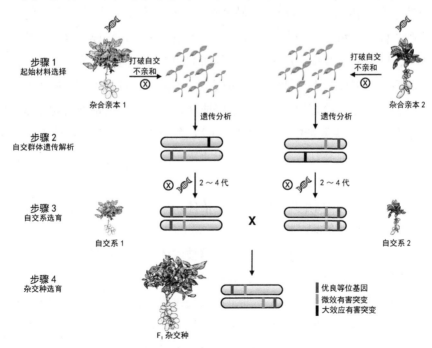

图5-3　杂交马铃薯育种流程（改自 Zhang et al.，2021）

位基因在基因组中的分布；步骤 3 是自交系的选育，根据前景和背景选择淘汰大效应有害突变，并聚合优良等位基因，尤其是要打破大效应有害突变和优良等位基因之间的连锁；步骤 4 是杂交种的选育，根据基因组测序的结果，选择基因组互补性比较高的自交系进行杂交，获得杂种优势显著的杂交种。

利用上述流程，该团队已经培育出了第一代高纯合度（＞99%）二倍体马铃薯自交系和杂交马铃薯品系'优薯 1 号'。初步小区试验显示'优薯 1 号'的产量接近 3 吨／亩，具有显著的产量杂种优势。同时，'优薯 1 号'具有高干物质含量和高类胡萝卜素含量的特点，蒸煮品质佳。'优薯 1 号'的成功选育证明了杂交马铃薯育种的可行性，使马铃薯的遗传改良可以像水稻、玉米那样进入了快速迭代的轨道。袁隆平院士曾对这项成果进行评价，认为马铃薯杂交种子繁殖技术是颠覆性创新，将带来马铃薯的绿色革命。

第五节　马铃薯种子杂交的展望

虽然杂交马铃薯育种取得了突破性进展，但是仍处于起步阶段，将马铃薯彻底改造成种子繁殖作物仍有很多问题需要克服。第一，需要加强马铃薯的基础研究水平，助力分子改良。过去马铃薯的研究和育种以四倍体为主，基础研究水平相对落后，很多重要农艺性状的遗传调控并不清楚，育种家可以应用的靶点很少。目前，二倍体马铃薯的研究体系已经成功建立，将极大地促进功能基因的挖掘，特别是针对一些复杂的数量性状，可以通过构建渐渗系等群体加快研究速度。第二，需继续提高马铃薯的育种技术水平。虽然杂交马铃薯的基因组设计育种体系已经初步建立，但是目前的版本并没有涉及基因组选择、基因编辑、单倍体育种、加速育种等前沿的育种技术。二倍体杂交种在短时间内赶超并替代目前主流的四倍体商品种仍有一定难度，因此需要借助更多的前沿技术实现弯道超车。第三，需要建立杂交马铃薯种子配套的栽培技术体系。据测算，马铃薯种子的制种成本可以降低到每亩 100 元以内，大概只有种薯成本的 20%，但是种子的育苗移栽会增加人工成本并延长生长周期，如何通过优化栽培技术降低种子种植的成本将是未来马铃薯种子推广急需解决的关键技术问题。第四，需要丰富马铃薯的产品类型，增加市场消费需求。目前，国内马铃薯种植面积约 7000 多万亩，以鲜食为主，加工比例不足 10%，导致马铃薯的价格易受市场波动，经常出现农民增产不增收的现象，因此，需要研发新的马铃薯产品，解决马铃薯出路的问题。最后，需加强知识产权保护，建立国内杂交马铃薯育种协作网络。杂交马铃薯领域存在激烈的国际竞争，需要不断研发核心知识产权，构建技术"护城河"，并联合国内相关的育种企业和科研单位开展协同攻关，培育我国自有知识产权的新品种。

综上，长期来看，马铃薯的种子繁殖和薯块繁殖可能会长期共存，就像杂交水稻和常规稻在我国各占半壁江山一样。但是，不管哪种繁殖方式，用二倍体替代四倍体育种应该是马铃薯育种的未来趋势。目前，四倍体马铃薯育种仍停留在靠育种家进行经验选择的阶段，且受制于四倍体遗传的特性，育种家无法对品种进行不断迭代，只有在二倍体水平上，育种家才可以真正发挥他们的智慧，不断推陈出新，为消费者提供更多样、更美味的马铃薯。

参 考 文 献

宋伯符, 唐洪明, 等. 1988. 用种子生产马铃薯. 北京: 中国农业科技出版社: 18-25.

谢从华, 柳俊. 2021. 中国马铃薯引进与传播之辨析. 华中农业大学学报, 40(4): 1-7.

Eggers E J, van der Brugt A, van Heusden SAW, et al. 2021. Neofunctionalisation of the *Sli* gene leads to self-compatibility and facilitates precision breeding in potato. Nature Communications, 12(1): 4141.

Ma L, Zhang C Z, Zhang B, et al. 2021. A *nonS-locus F-box* gene breaks self-incompatibility in diploid potatoes. Nature Communications, 12(1): 4142

Spooner D M, Ghislain M, Simon R, et al. 2014. Systematics, diversity, genetics, and evolution of wild and cultivated potatoes. Botanical Review, 80: 283-383.

The Potato Genome Sequencing Consortium. 2011. Genome sequence and analysis of the tuber crop potato. Nature, 475(7355): 189-195.

Wu H J, Qu X J, Dong Z C, et al. 2020. WUSCHEL triggers innate antiviral immunity in plant stem cells. Science, 370(6513): 227-231.

Ye M W, Peng Z, Tang D, et al. 2018. Generation of self-compatible diploid potato by knock-out of *S-RNase*. Nature Plants, 4(9): 651-654.

Zhang C Z, Wang P, Tang D, et al. 2019. The genetic basis of inbreeding depression in potato. Nature Genetics, 51(3): 374-378.

Zhang C Z, Yang Z M, Tang D, et al. 2021. Genome design of hybrid potato. Cell, 184(15): 3873-3883.

Zhou Q, Tang D, Huang W, et al. 2020. Haplotype-resolved genome analyses of a heterozygous diploid potato. Nature Genetics, 52(10): 1018-1023.

执笔人：黄三文，研究员，中国热带农业科学院 / 中国农业科学院农业基因组研究所

张春芝，研究员，中国农业科学院农业基因组研究所

第六章

顶层设计导向重大突破——诺奖成果青蒿素的发现和应用

导 读

自 1995 年起，世界卫生组织分别在第 9、第 11 和第 12 版"基础药物目录"（Essential Medicine List）上向全世界推荐了蒿甲醚（artemether）、青蒿琥酯（artesunate）和蒿甲醚－苯芴醇（artemether-lumefantrine）复合制剂，用于全球的抗疟、灭疟。我国自主研发药物进入世界卫生组织认定的基础药物目录，这还是头一次！读者们不禁要问，是什么力量催生了这一系列的卓越抗疟药？故事还得从全球关注的一场战争说起。

1961 年 5 月，越南战争爆发。此后 5 年内，在越美军因疟疾减员 80 余万。疟疾不分敌友，也导致越方大量非战斗减员。特效抗疟药成了决定这场战争胜负的重要因素。美国投入大量人力、物力，筛选了 20 多万种化合物，"抗疟新药"呼之欲出。在十万火急的情境下，当时的越南国家领导人紧急求助中国，希望尽快提供有效抗疟药。1967 年，正值"文化大革命"高潮，科研活动大多处于瘫痪状态。尽管如此，党中央果断决策、明确目标，并做了顶层设计。毛泽东主席和周恩来总理亲自动员，一个旨在援外备战的紧急军事项目全面启动。1967 年 5 月 23 日，国家科委和中国人民解放军总后勤部联合召集会议，成立了由 60 多家单位、500 余位科研人员参加的抗疟药项目组，即以此会期命名的"523 项目"。令中华民族自豪的是，该项目发现了青蒿素等 4 种抗疟药！2015 年，诺贝尔奖（简称诺奖）评审委员会委员汉斯·弗斯伯格教授盛赞道："20 世纪 60 至 70 年代，屠呦呦教授在中国参与了抗疟新药的研发工作。她从 1700 年前的医学古籍中获得灵感，成功提取到青蒿素。青蒿素的成功提取引发抗疟新药的研发，挽救了成千上万人的生命。过去的 15 年间，这一药物使疟疾的死亡率下降了一半。"因该杰出贡献，屠呦呦于 2015 年获诺贝尔生理学或医学奖，也是中国第一个自然科学领域的诺奖。

第一节　在那疟疾大流行年代

"五月六月烟瘴起，新客无不死；九月十月烟瘴恶，老客魂也落"。这是我国云南地区过去流行的一首民谣，它反映的正是在岭南、川贵一带流行的一种严重疾病——疟疾，又称"瘴气"；其典型症状是突然寒战、高烧、乏力、大量出汗、体温骤升骤降。巧合的是，西方人也把疟疾归因于不好的空气。疟疾的英文为"malaria"，源于拉丁语，意为"坏空气"；当时西方人认为，是沼泽附近漂浮的臭气导致了疟疾。不同国度都把疟疾的病因归结为空气差，反映了当时人类对这种重大疾病的无助和无奈。数千年来，疟疾一直伴随并感染人类至今。因其重大危害性，疟疾甚至在很大程度上改变了人类历史的演进方向。据史料记载，殷商时期的甲骨文中就出现了"疟"字；东汉时期的《说文解字》中对"疟"字的说明是："疟，热寒休作"，意指疟疾是一种一会儿高热、一会儿打冷战的病症。在古罗马作家的作品中，也描述过这种让人忽冷忽热、定期发作的疾病。苏美尔人认为疟疾是瘟疫之神涅伽尔带来的。古印度人则将疟疾称作"疾病之王"。疟疾给全人类带来的危害和惊恐由此可窥一斑。另有学者认为疟疾还是古罗马帝国走向灭亡的重要因素之一，这是因为疟疾的长时间广泛传播，百姓无法正常劳作，军队不能克敌制胜，致使国力日渐衰落，抵挡不住日耳曼人的进攻，最终走向灭亡。最富戏剧色彩的是，日耳曼人攻陷罗马城后，尚未举行任何欢庆活动，就因无法控制的疟疾立即弃城而走。类似事件在中华民族的发展史上也发生过。例如，汉武帝征伐闽越时，"瘴疠多作，兵未血刃而病死者十二三"；再如东汉马援率八千汉军，南征交趾，"军吏经瘴疫死者十四五"；又如清朝乾隆年间，数度进击缅甸，皆因疟疾而受挫，有时竟会"及至未战，士卒死者十已七八"。

在与疟疾的抗争中，人类先后发现了疟疾的病原体（疟原虫）和传播疟疾的蚊子（主要包括按蚊、伊蚊和库蚊），为疟疾的防控和药物研发提供了关键的切入点。先于屠呦呦，已有 4 次诺奖颁给了疟疾相关的发现者。早在诺奖 1901 年设立之前，多国科学家利用十分简陋的设备条件，开展相关研究。1880 年，法国军医夏尔·路易·阿方斯·拉韦朗（Charles Louis Alphonse Laveran）借助显微镜发现了寄生在疟疾患者血红细胞中的一种单细胞原生动物，将其命名为疟原虫，这是人类第一次发现原生动物具有致病性。疟原虫的发现让人类意识到疟疾的病原生物学属性，不再把疟疾归罪于"坏空气"。1883 年，美国医生阿尔伯特·金（Albert King）通过大量观察发现，疟疾总是在蚊虫滋扰比较严重的地区暴发，于是提出了蚊子传播疟疾的假说。英国医生罗纳德·罗斯（Ronald Ross）于 1897 年证实了按蚊是疟疾的传播媒介，并且阐明了疟原虫在人体和按蚊中发育和传播过程，获得了 1902 年的诺贝尔生理学或医学奖。这是疟疾防治史上的第一个诺奖。随后人们注意到没有拉韦朗早期的实验观察，发现了疟原虫，就很难有罗斯的重大发现。于是，1907 年拉韦朗被授予诺贝尔生理学或医学奖，这是人类与疟疾斗争过程中产生的第二个诺奖。在古老的印第安部落中，人们发现当一些动物染上疟疾之后，总会痊愈，行为跟踪研究发现，这些动物会啃嚼金鸡纳树皮，受其启发，逐渐形成了用金鸡纳树皮研成粉末来治疗疟疾的方法。1820 年，法国化学家佩尔蒂埃（Pelletier）和卡文图（Caventou），从金鸡纳树皮中提纯出奎宁。奎宁是一种带有浓烈苦味的白色粉末，俗称"金鸡纳霜"。1854 年，法国化学家斯特雷克（Strecker）确定了奎宁的分子式，1907 年德国化学家拉贝（Rabe）解析了奎宁的平面结构（图 6-1）。后来证明，奎宁就是金鸡纳树皮中的抗疟成分。于是，欧洲人开始在东南亚地区大量种植金鸡纳树，用于疟疾治疗。奎宁虽然有效，但依靠金鸡纳树皮来提取，奎宁产量太低，根本满足不了人类的抗疟需求。既然"麻烦"难除，那就设法除掉"麻烦的制造者"——蚊子。1939 年，瑞士化学家保罗·赫尔曼·穆勒（Paul Hermann Müller）发现，滴滴涕（dichloro-diphenyl-trichloroethane，DDT）几乎对所有的昆虫都有超强的杀灭效果。二战正酣时，作战士兵饱受疟疾、登革热和黄热病的困扰。美军决定用 DDT 对付蚊子，取得了很好的效果。因 DDT 的发现及其杀虫效果，特别是杀蚊防疟方面的重要应用，穆勒于 1948 年获诺贝尔生理学或医学奖，这是人类抗疟战役中产生的第三个诺奖。DDT 杀蚊防疟，但不能除疟；况且 DDT 对环境污染过于严重（很多国家已禁用），在两害相权取其轻的情境下才被允许有限范围内使用。因此，人类丝毫不能放松对抗疟药的寻找；与此同时，疟原虫对奎宁产生了抗药性，寻求新抗疟药的任务更加迫切。1934 年，德国拜耳公司的汉斯·安德森（Hans Andersag）保留了奎宁的含氮喹啉环合成了氯喹（图 6-1），氯喹比奎宁更有效，曾广泛用于疟疾防治，后因其毒副作用逐渐减用，最后停用。随后美国科学家开发出另一种基于喹啉母核的抗疟药——米帕林

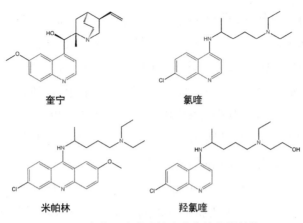

图 6-1　奎宁和喹啉类抗疟药物的化学结构

（图 6-1），曾被指定为西南太平洋士兵的疟疾预防药。1944 年，在氯喹的基础上研究出一种新型抗疟药——羟氯喹（图 6-1），抗逆效果与氯喹相近，但毒副作用显著减轻。在此期间，年仅 27 岁的美国化学家罗伯特·伯恩斯·伍德沃德（Robert Burns Woodward）首次实现了奎宁的人工合成，推动了基于奎宁的抗疟药研究开发。伍德沃德因成功合成出奎宁等复杂天然产物，被称为"现代有机合成之父"，并于 1965 年获诺奖。这是抗疟相关的第四个诺奖。

随着有机合成技术的进步，奎宁系列的抗疟药的合成研发出现了高潮，"疟疾凶兽"似乎可被"关进笼子"了。出人意料的是，20 世纪六七十年代，疟疾死亡率反而增加。病原学研究发现，疟原虫在逆境（抗疟药）驱使下不断演化，对喹啉类药物产生了抗药性。人类急需重新选择抗疟药的研发方向。那么，从哪寻找、如何寻找新型抗疟药呢？国外权威药理学家认为，奎宁类药物分子中的喹啉环和氮原子（图 6-1 中红色标记）可与疟原虫的 DNA 形成复合物，从而抑制其 DNA 复制和 RNA 转录。据此，国际权威们普遍认为"抗疟药分子必须含氮"。

第二节　挑战国际权威，发掘抗疟新药

前已述及，援外任务十分紧急！借鉴国际权威们的论断，从含氮分子中寻找新抗疟药，可能会少走弯路。然而，中国人没有盲从国际权威，"523 项目"领导小组断然采用"分头探索（找苗头）、（有了苗头）集中攻关"的攻坚策略。

项目开始时采用"兵分两路"的策略，即将参研科学家们分成两组，一组先合成新化合物，再从中筛选抗疟分子；另一组即中医中药组，先从中医书籍和民间验方中寻找抗疟药物。因上海第一医学院（后改为上海医科大学）张昌绍等早先发现了常山碱可抗疟，合成工作先从常山乙碱衍生物的半合成制备开始，从中筛选到两个抗疟效果不错的常山乙碱衍生物（代号"7002"和"56"）。但临床试验显示其对消化道副作用太大，只好中止。常山碱相关的合成工作虽未产出抗疟药，但为常咯啉（抗心律失常药）的创制奠定了基础。

经过几年的协作攻关，中医中药组的进展也不错，发现了鹰爪、陵水暗罗、仙鹤草、青蒿等10余种有显著抗疟效果的中草药。"523项目"领导小组决定集中力量分离鉴定它们的抗疟成分，且比较看好鹰爪的抗疟效果。1969年，由中国医学科学院药物研究所牵头（负责人：于德泉），联合中山医学院、中山大学、中国科学院华南植物所等单位，从鹰爪中发现了抗疟成分——鹰爪甲素。此成分在鹰爪中的含量很低，无法规模化提取制备；因结构复杂而特殊，药物化学研究工作也未能在较短时间内建立起鹰爪甲素的高效合成路线。此外，还合成了一系列鹰爪甲素的结构简化物，但其抗疟活性均未超过同期在研分子，故未再继续研究。不过，鹰爪甲素分子中意想不到的过氧桥结构让梁晓天、于德泉等老先生们苦思冥想了很长时间，对这一独特基团的认知也在一定程度上启发了青蒿素过氧桥结构单元的确立。

中华民族的抗疟历史悠久，积累了许多宝贵经验，并载入多部中医药典籍。据史料记载，早在先秦时期，疟疾就在我国南方地区流行，其他区域也有暴发。年复一年的疟疾（大）流行，人们大致摸清了发病规律。此疫秋天多发，见于《周礼》述及的"秋时有疟寒疾"。至于发病原因，《礼记》的表述是："秋行夏令"，即如果秋天气温偏高，就会暴发疟疾。这与蚊虫传疟的推断不谋而合，因为秋逢暖湿利于蚊虫繁殖。在诸多传染病中，疟疾大概是古人眼里最可怕、最凶猛的传染病。正因此病很可怕，东汉人刘熙在其《释名·释疾病》中有描述，"凡疾或寒或热耳，而此疾先寒后热两疾，似酷虐者也"，故称此病为"酷虐"。在历代官兵南征过程中，都有很多因疟疾而遭遇重挫的记载，从汉魏到明清再到民国，每次大规模军事行动都有"瘴气作祟"。史书记载，当年蜀国丞相诸葛亮就因畏惧瘴气，而推迟南征的军事计划。因为疟疾太厉害，严重影响部队的战斗力。古代征战时，军医都会让士兵随身携带"常用药"，其中"瘴药"是必备的。在宋朝，夏秋疾病流行季节，常由太医局定方，配置"夏药""瘴药"等。在疫情严重时，由太医局派遣医官治疗。史书记载：庆历六年（公元1046年），湖南瑶族起事，兵卒久留该地，夏秋之交常苦瘴雾之疾。

前人积累的许多宝贵经验为后人研发新抗疟药发挥了重要作用。常山碱的发现就是因张昌绍等人受到了中药复方"截疟七宝饮"抗疟功效的启发。因此，"523项目"开始之初，研究人员就认为从中医药中寻找有效抗疟药是个比较可靠的途径，于是投入了大量人力，查阅了大量古籍并深入疟疾疫区，收集了7万多个验方和秘方，从中筛查出5000多个，并精选了20多种中草药进行深入研究。特别值得一提的是，1969年中国中医研究院（现中国中医科学院）中药研究所的一位年轻实习研究员屠呦呦接受任务，加入了"523项目"，并担任研究组长；一开始安排给她的任务是寻找合适的止呕中药，以期通过巧妙的药物配伍克服常山碱的呕吐、肝毒性等副作用。但最好的中药组合只在鸽子呕吐模型显示一定的效果，换了猫呕吐模型基本无效。"出师不利"没使屠呦呦气馁，她继续翻阅中医药古籍、揣摩各家学说，走访名老中医，收集用于防治疟疾的方剂、中药、验方，直至整理出一册包含640多种草药的《抗疟单验方集》。

第三节　青蒿素等系列抗疟药的发现

编完《抗疟单验方集》，屠呦呦从中挑选中药，制备其提取物，然后在鼠疟模型上评价抗疟效果。可惜试过一批又一批，最终只发现胡椒对疟原虫的抑制率达84%，但对疟原虫的抑杀力不强。"曾对疟原虫有过68%抑制率"的青蒿（即黄花蒿 Artemisia annua），在复筛中效果并不好，只能先放弃，屡屡受挫，项目陷入困境。事后屠呦呦回忆，她也怀疑当时的路子是不是走对了，但她不想放弃。

屠呦呦坚信书山必有路！她重新埋头细看医书，从《神农本草经》到《圣济总录》，再到《温病条辨》等。因她初筛时曾看到"青蒿抑杀疟原虫"，脑中的"青蒿之弦"一直绷着；她注意到，殷墟甲骨文中就有了蒿与疟疾的记载；东晋医药学家葛洪著的《肘后备急方》还记述了青蒿治疟疾的用药方法——"青蒿一握，以水二升渍，绞取汁，尽服之"。这15个字为在"黑暗"中苦苦摸索的屠呦呦带来了一道曙光。她暗自推测青蒿的抗疟成分可能怕热；并自问道：换用低沸点的溶剂提取会不会再现青蒿抗疟效果呢？乙醚的沸点只有 34.6℃，比乙醇沸点（78.3℃）低得多。对！先用乙醚试试。不出所料，青蒿的乙醚提取物在鼠疟模型上显示了近乎 100% 的疟原虫抑制率。随后在 "523 项目" 办公室协调推动下，先后对青蒿乙醚提取物的中性部位进行安全性实验，经动物试验和少数健康志愿者试服，未见明显毒副作用。此外，该提取物在海南和北京两地临床试用，对疟疾的治疗效果都令人满意。青蒿乙醚提取物疗效和安全性的确立，标志着青蒿素正朝人们期盼的方向走来！

　　1972 年，根据 "523 项目" 办公室的安排，中国中医研究院中药研究所（简称中药研究所）对青蒿提取物进行分离，获得了一系列单体成分，其中 2 号化合物——青蒿素Ⅱ（后来发现它就是青蒿素）抗疟效果最好。获得的青蒿素Ⅱ同时送临床试用（观察抗疟疗效）和动物毒性实验（考察其安全性），结论是：青蒿素Ⅱ虽然有效，但对受试动物的心脏毒性明显。"523 项目" 办公室听取汇报后要求慎重对待，并组织专家讨论，会上出现了两种意见：一是青蒿素Ⅱ有毒，不要急于上临床；二是让科研人员试服，若无显著毒性，即可上临床试用。于是，1972 年 7 月北京东直门医院住进了一批特殊的 "病人"，包括屠呦呦在内的科研人员，要充当 "小白鼠" 去试药。在筛选参试人员时，屠呦呦说：她是组长，有带头试药的责任。令人欣慰的是，科研人员试服后，未见异常毒副反应。中药研究所同意青蒿素Ⅱ上临床。采用 "乙醚提取" 的策略，山东和云南的两个研究团队也获得抗疟有效成分，各自命名为黄花蒿素和黄蒿素（事后发现它们都是青蒿素）。由于不同区域的疟疾类型不同，各团队的评价方法也不尽相同，对青蒿素的敏感性存在一定差异，有人 "心起疑云" 也在情理之中。可喜的是，广州中医学院（现广州中医药大学）李国桥观察到：患者服用青蒿素可使恶性疟原虫的纤细环状体不能发育成粗大环状体；据此推测，青蒿素对恶性疟原虫的起效之快是奎宁和氯喹比不上的。此发现酷似强心针，驱散了参研人员的心头疑云！

　　青蒿素疗效和作用特点确认后，"523 项目" 领导小组于 1973 年 6 月在上海召开会议，对青蒿素的剂型改进、临床推广和结构测定做了安排部署。考虑到当时的分析测试技术和有机合成知识积累都很有限，测定并合成证明青蒿素的结构最具挑战性。经 "523 项目" 办公室协调安排，由中国科学院上海有机化学研究所（简称上海有机所）的周维善研究员主持，吴照华和吴毓林两位老师具体负责；山东和云南两地的植物化学工作者均为结构测定工作提供了高纯度的青蒿素结晶。结构测定不仅需要技术，更需要想象力，面对仪器测得的光谱数据，化学家要据此将各个结构单元拼凑成完整的分子，这需要丰富的经验和扎实的专业功底。上海有机所开展了元素分析、化学反应、圆二色谱与质谱测定等工作；与此同时，中国医学科学院药物研究所在梁晓天院士指导下也进行了一系列化学反应研究。在分析大量数据和反应产物特征的基础上，在250MHz的核磁共振仪上测得分辨度较好的氢谱和碳谱，确定了青蒿素的碳骨架；随后又在鹰爪甲素过氧桥（C—O—O—C）的启发下，推测出青蒿素的平面结构。最后，中国科学院生物物理研究所梁丽老师等又用X-单晶衍射技术测定了青蒿素的立体化学特征——绝对构型。至此，人们意识到青蒿素是不含氮，仅含碳、氢、氧三种元素的新倍半萜（图6-2），与已知抗疟药完全不同！彻底打破了国际权威"抗疟药分子必须含氮"的断言。

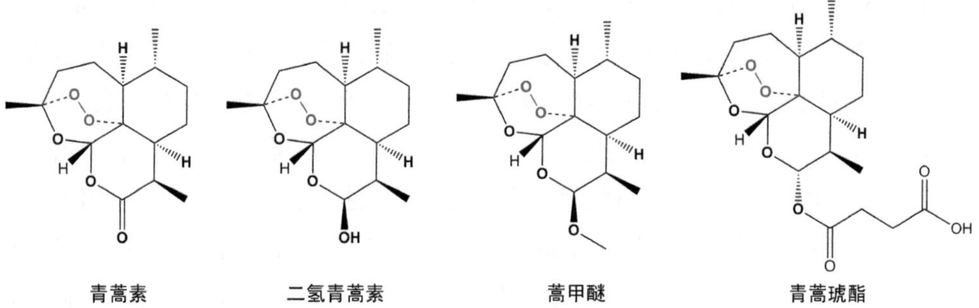

| 青蒿素 | 二氢青蒿素 | 蒿甲醚 | 青蒿琥酯 |

图6-2　青蒿素类抗疟药的化学结构

青蒿素是个结构全新的抗疟药，通过干扰疟原虫在红细胞内进行裂体增殖的发育过程发挥抗疟作用，也是起效最快的一种抗疟药。以青蒿素为母体，开展化学结构改造工作，有望发现更理想的抗疟药；另外，青蒿素还存在生物利用度低、水溶性差等不尽如人意的地方。1975年末，"523项目"办公室在北京开会决定：开展青蒿优质资源调查、青蒿素提取与制剂的工艺等研究，尽早实现青蒿素推广使用。与此同时，"523项目"办公室还计划部署力量深入研究青蒿素结构与抗疟活性的关系，为寻找"基于青蒿素、优于青蒿素"的新一代抗疟药打下基础。经过几周的协商准备，"523项目"办公室于1976年2月再次召集会议，中国科学院上海有机化学研究所、中国科学院上海药物研究所（简称上海药物所）分别派吴照华、朱大元参会。领导小组同意由上海药物所承担青蒿素的结构改造、合成新的青蒿素衍生物等研究工作。初步化学实验显示，绝大部分化学反应都可使青蒿素失去过氧桥，有些还破坏了青蒿素分子骨架，这些产物无抗疟活性。唯一例外是，在 5℃左右，可用硼氢化钠还原青蒿素的酯羰基，生成的二氢青蒿素兼具青蒿素的骨架与过氧桥。更重要的是，二氢青蒿素抗疟效果比青蒿素好。只是溶解性没有显著改进。为此，上海药物所李英老师等设计合成了二氢青蒿素的醚类、羧酸酯类和碳酸酯类衍生物，由顾浩明老师等进行的药理实验显示二氢青蒿素甲醚衍生物抗疟效果是青蒿素的 6 倍。这是上海药物所集体智慧和努力取得的成果，遂请时任副所长的嵇汝运院士将其命名为蒿甲醚（图 6-2）。令人欣慰的是，蒿甲醚的临床试验一举成功！但是，蒿甲醚的量产急需高效、低成本的制备工艺生产原料。1980 年夏，在上海药物所朱大元和殷梦龙的现场指导下，同所陈仲良、殷梦龙等研究建立的"青蒿素一步还原法"在昆明制药厂（现昆药集团股份有限公司）取得中试成功，为蒿甲醚的成功上市铺平了道路。为制备可注射的抗疟药，1977 年 6 月"523 项目"办公室召集会议研讨攻关方案，与会者听取了上海药物所的青蒿素衍生物研究报告和青蒿素水溶性衍生物的设计合成方案。考虑到广西的青蒿资源优势，会议决定由桂林制药厂开展青蒿素水溶性衍生物的制备，由广西医学院和广西壮族自治区寄生虫病防治研究所负责药效和安全性评价。他们通力合作，最终发现青蒿素琥珀酸酯（即青蒿琥酯）速效、低毒，尤其适合治疗脑型疟疾。随后在广州中医学院、上海医药工业研究院、中国人民解放军军事医学科学院、中国医学科学院药物研究所、中国中医研究院中药研究所等单位参研下，青蒿琥酯于 1987 年获准上市。需特别提及的是，二氢青蒿素稳定性较差、溶解度低、抗疟效果不及蒿甲醚等衍生物，虽有成药倾向但未能及时开发成药。在"523 项目"办公室和中国青蒿素及其衍生物开发指导委员会（简称青蒿素指导委员会）解散后，中药研究所组织邀请了有关单位，重新评价了二氢青蒿素的抗疟效果和安全性，证明其综合抗疟效果良好，遂与广州中医学院合作开发，于1992 年获新药证书，再添一种"青蒿素类抗疟药"，全球抗疟又多了一个用药选择！青蒿素类抗疟药的发现和全球普及，是人类抗疟史上继奎宁之后的重大突破，也是从中医药宝库中发掘的一串璀璨明珠。

第四节　青蒿素——中国援外的亮丽名片

时至今日，人类已经攻破了天花病毒、牛瘟病毒等重大传染病，但疟疾至今尚未根除。作为最古老的疾病之一，疟疾依然是当今全球广泛关注且亟待解决的重要公共卫生问题。全世界约一半人口仍然面临疟疾的威胁。非洲地区的疟疾负担最重！非洲疟疾病例数占全球疟疾病例数的 95%，死亡人数占全球疟疾死亡人数的 96%，5 岁以下儿童疟疾死亡人数占该地区疟疾总死亡人数的 80%。根据世界卫生组织发布的《世界疟疾报告 2021》报告，从 2000 年到 2020 年，抗疟工作挽救了全球 1060 万人的生命，预防了 17 亿起病例。然而，2020 年全球的疟疾病例仍有 2.41 亿，有 62.7 万人死于疟疾，比 2019 年修订预估数增加了 6.9 万人。不仅如此，受新冠疫情影响，疟疾的诊出率下降了 4.3%；在撒哈拉以南非洲，疟疾死亡人数增加了 13%。对此，世界卫生组织总干事谭德塞表示："目前的情况充满不确定性。如果不加快行动，我们将看到这种疾病（疟疾）很快会在包括非洲大陆在内的全球许多地方卷土重来"。他还指出，中国于 2021 年获得世界卫生组织的"无疟认证"，成为世界卫生组织西太平洋区域 30 多年来第一个获得无疟认证的国家。

中国在成功消除国内疟疾的同时，也向世界伸出援手，开展以青蒿素为主药的大规模国际抗疟援助，截至 2021 年底，中方累计提供青蒿素药品数十亿人份，为发展中国家培训了数万名抗疟技术人员，为 30 个国家援建疟疾防治中心，中国向 72 个发展中国家派遣的 2.8 万名援外医疗队员，广泛使用青蒿素药品和疗法防治疟疾。半个世纪以来，中国抗疟援助取得巨大成果，根据世界卫生组织统计，仅撒哈拉以南非洲地区就有约 2.4 亿人口受益于青蒿素疗法。从亚洲到非洲，从欧洲到美洲，无数的生命因为青蒿素类抗疟药而得到拯救，无数的家庭因为青蒿素而受到呵护，青蒿素俨然已成为中国援外项目的一个亮丽名片。

中国除向世界提供了青蒿素类抗疟药外，还向有关国家输送了中国抗疟方案，有力地推动了人类卫生健康共同体的构建。广东是青蒿抗疟的发源地之一，更是当今我国青蒿素抗疟援外的领头羊。20 世纪 70 年代，广州中医药大学是"523 项目"的主要参研单位，不仅坚持青蒿素抗疟研究近半个世纪，还在东南亚、非洲、南大洋洲等疟疾流行地区保持青蒿素抗疟临床研究的团队。2007 年以来，该校先后承担了援助圣多美和普林西比、科摩罗、多哥及南太平洋岛国巴布亚新几内亚等国家的抗疟工作，成绩显著，受到国际社会广泛关注。特别是在科摩罗实施的抗疟项目使科人民极大受益。至 2017 年，科摩罗疟疾发病率下降 98%，实现"疟疾零死亡"，莫埃利岛和昂儒昂岛基本消除疟疾。2018 年 11 月 27 日，广州中医药大学承办了为期半个月的"亚非疟疾流行国家清除疟疾技术培训班"。来自多哥、马拉维、科摩罗、肯尼亚以及巴布亚新几内亚共20名学员参加该培训班。通过这次培训班的交流学习，该校进一步推广了中国抗疟方案，各国学员深入探讨符合当地的清除疟疾策略，提升了疟疾诊断和防治能力，为更好地开展青蒿素复方清除疟疾项目奠定了坚实的基础。

长期奋战在非洲贫困地区的中国维和部队也经常参与巡诊送药，以青蒿素类抗疟药和中国抗疟方案题材，创造了许多佳话。2007年，一支中国维和部队来到利比里亚一个叫刚玻的村庄，这个小村庄只有100人左右，但一半以上的村民都有不明原因的发热头痛、出汗贫血，短短两个月就有好几人相继去世。中国维和部队的军医们在村子里刚放下物品，就有许多村民前来问诊。一位年轻的非洲妈妈看见军医之后，连忙抱着她的女儿跑了上来，嘴里还不断地喊着"help，help，help"，眼里满是渴盼与乞求。小女孩精神不振，看起来十分虚弱，不知道什么原因已经发烧两天。经过检测后发现小女孩感染的是疟疾。对他们来说，疟疾就是"绝症"。军医随即拿出中国生产的抗疟药，但药上写的是中文，村民们不认识，多持有怀疑态度，一颗药片就能治疗"绝症"？然而小女孩的情况不容乐观，加上对中国军人的信任，非洲妈妈还是决定试一试，服药观察半个小时后，小女孩就退了烧，这让非洲妈妈又惊又喜。临走前，她感激地对军医们说"Chinese good！"正是由于这样一支来自中国的仁义之师，竭尽所能地提供救助，帮助当地患者治好疟疾。他们对中国维和部队满怀感恩之心，村民和孩子们都跳起了欢快的舞蹈，把感恩的笑容，献给这群可敬可爱的中国维和军人们。

中国对抗疟疾等传染病最有效的经验总结起来就是"早发现早治疗"。我国的治疟工作主要采用了"1-3-7"策略，即1天之内报告当地的病例，3天之内对病例进行确诊，确定是否为疟疾、是哪种疟疾、是本地原发还是外地输入，确诊之后要在7天内进行处理，每一个病例都作为一个疫点，对病例周围的环境进行蚊虫消杀、对高危人群发放蚊帐。然而，由于非洲的传染病信息监测并不完善，要想推广中国的"1-3-7"策略，必须因地制宜地对策略进行"当地化"调整。在坦桑尼亚，比尔及梅琳达·盖茨基金会与中国和坦桑尼亚合作开展了试点项目，将中国的消除疟疾"1-3-7"工作规范与世界卫生组织的T3倡议（Test，Treat，Track）相结合，设计出了适用于当地防控现状的"以社区为基础的1,7疟疾检测响应模式（1,7-mRCT）"。即在发现病例1天内进行数据收集和分析，7天内进行社区疟疾快速检测和健康教育，并提供药物治疗。世界卫生组织非洲区主任马希迪索·莫埃蒂（Matshidiso Moeti）指出："由于采纳了中国的监控响应体系，坦桑尼亚最近几年的疟疾发病率降低了 80%，该体系目前也扩展到了塞内加尔和赞比亚"。通过向全球积极推广应用青蒿素药品和疗法，中国挽救了全球，特别是发展中国家数百万人的生命，为全球疟疾防治、维护人类健康作出了重要贡献。中非合作论坛第八届部长级会议通过了《中非合作论坛——达喀尔行动计划（2022 ～ 2024）》。这个行动计划宣布，中国将继续与非洲国家合作开展控制疟疾项目，分享消除疟疾的成功经验，与国际社会共同推动全球疟疾控制和清除目标，为实现无疟世界和守护人类健康美好未来贡献中国力量和中国智慧。

第五节　青蒿素发现与应用的启示

因在青蒿素发现方面的贡献，屠呦呦于 2011 年获拉斯克 - 狄贝基临床医学奖（图 6-3）、于 2015 年获诺贝尔生理学或医学奖。两项大奖都是中国医药学界迄今为止获得的最高奖项，也是中医药成果获得的最高奖项。这两项奖都说明了青蒿素的发现，对于人类社会的重要性——拯救数亿疟疾患者。回顾整个青蒿素的发现过程，可得到很多重要启示。本节仅从笔者的专业视角，分析四个启示。

图 6-3　2011 年屠呦呦获拉斯克 - 狄贝基临床医学奖（艾铁民供图）

一、国家需求和精巧组织，激发了科学家的原始创新能力

青蒿素的发现历程酷似一场接力赛，也是一场人类与疟原虫的拉锯战。从搜集古今中外的"瘴疫"治疗之术，到从中药中寻找治疗疟疾的有效成分，再到 1967 年"523 项目"正式立项，又至 1972 年屠呦呦等参研人员从青蒿中提取

获得具有抗疟活性的青蒿素单体化合物，随后又经过一系列研究，最终青蒿素系列抗疟药才相继问世。这是个"众人长期谋一事"的复杂过程，之所以成功，一是因为前后500多位参研人员都有崇高且统一的国家使命感——为国寻找抗疟新药，用于援助越南，用于国人防治疟疾，用于拯救友好国的兄弟姐妹；二是精巧的组织，"523项目"领导小组下设办公室和青蒿素指导委员会，办公室体现的国家意志，确保了项目时时刻刻都朝国家设定的目标迈进，实施期间的课题或方向的转向与中止也是为了向国家目标聚焦；青蒿素指导委员会实际上就是学术指导委员会，其职能是确保项目实施过程中，尊重科学规律，尊重人才的专长和智慧，以便快集众长、筑高技术壁垒。

二、 中医药宝库博大精深

疟疾自古威胁全人类，世界各国都以其可能和特有的方式不断寻找抗疟药。"523项目"启动时，欧美凭借资金、人才、技术和制造等方面的优势，明显走在抗疟战线前列，先后产生了四位诺奖得主，造就了一批抗疟药研究领域的权威，他们当时的共识是"抗疟药分子必须含氮"。中国当时几乎不具备通过系统的药物化学和药理学研究从含氮化合物中寻找新抗疟药的条件。但是，中医药是5000多年中华文明的瑰宝，是中华民族长期与疾病作斗争的主要手段，为中华民族的繁衍生息作出了巨大的贡献。毫无疑问，这一医药宝库中肯定凝结着我们祖先防疟、抗疟的智慧和经验总结，坚守这一条就基本找准了方向。若非如此，青蒿素系列抗疟药何时进入人类视野可能还是个未知数。

三、 科学家们的奉献与牺牲精神可歌可泣

屠呦呦等"523项目"参研人员不计名利与个人得失，辛勤探索，默默奉献。"只要国家需要，我就无条件做好"成了他们的共识。好几个重要发现，均是以中国抗疟药青蒿素及其衍生物研究协作组为唯一作者发表的。北京的屠呦呦坚持课题组长理应带头以身试药的理念；上海的朱大元带头试用青蒿素，旨在提取分离经肝脏代谢排出的青蒿素代谢产物，等等。他们为科学、为国家奉献与牺牲的精神值得后人传颂。

四、 青蒿素是推动大科学发展的特殊小分子

青蒿素是一个由 15 个碳原子、22 个氢原子和 5 个氧原子组成的小分子化合物。屠呦呦率领团队成功提取分离到青蒿素，不仅标志了"523 项目"向抗疟药发现方向快速迈进，而且为我国相关学科领域发展进步发挥了重要作用。周维善（中国科学院上海有机化学研究所）等人对青蒿素的结构研究，推动了我国植物化学和天然有机化学的学科发展；李英（中国科学院上海有机化学研究所）等人设计合成了二氢青蒿素的醚类、羧酸酯类和碳酸酯类衍生物，推动了我国药物化学的进步；李国桥（广州中医药大学）、顾浩明（中国科学院上海药物所）等人揭示了青蒿素及其衍生物药理药效，推动了我国抗疟药理学的发展；叶和春（中国科学院植物研究所）、唐克轩（上海交通大学）等人深入研究了青蒿素生物合成途径及其调控因子，从而推动了我国作物制药技术的进步。事实上，仍有许多青蒿素相关科学问题尚待研究。例如，为何菊科蒿属植物中仅黄花蒿合成青蒿素、青蒿素分子中的过氧桥结构单元是如何形成的、青蒿素对黄花蒿的生长发育和生态适应等植物学相关问题至今无解。据此推测，青蒿素还将为植物学等相关学科领域的发展进步继续发挥重要作用。

结　　语

青蒿素系列抗疟药的发现与应用彰显了中国特色社会主义具有集中力量办大事的显著优势，凸显了针对国家需求开展有组织科研的巨大创造力，体现了爱国敬业、勤奋拼搏、甘于奉献的中国科学家精神。"523 项目"发现的青蒿素类抗疟药救人无数，"523 项目"锤炼的不盲从权威、广泛协作、攻坚克难的科研创新范式更是无价之宝。"523 项目"收获的不仅是抗疟新药，还收获了抬升中国科技实力所需的创新精神、奉献精神、协作精神、人梯精神、民族自信心和国家责任感。

青蒿素类抗疟药的研发问世，靠的是 60 多家单位、500 余位科研人员的团结拼搏，本章无法细述每家单位、每位参研先辈的贡献，敬盼谅解。

参 考 文 献

梁晓天, 于德泉, 吴伟良, 等. 1979. 鹰爪甲素的化学结构. 化学学报, 37(3): 215-230.

刘静明, 倪慕云, 樊菊芬, 等. 1979. 青蒿素(arteannuin)的结构和反应. 化学学报, 37(2): 129-143.

张剑方. 2006. 迟到的报告: 五二三项目与青蒿素研发纪实. 广州: 羊城晚报出版社.

Kong L Y, Tan R X. 2015. Artemisinin, a miracle of traditional Chinese medicine. Natural Product Reports, 32(12): 1617-1621.

执笔人: 谭仁祥, 教授, 南京大学

孔令义, 教授, 中国药科大学

第七章

从植物多样性理论到猕猴桃产业

导　读

　　猕猴桃曾一度以新西兰"奇异果""基维果"等洋名称泛滥于国内外果品市场，20世纪前70余年新西兰利用原产于中国的美味猕猴桃实现了产业化栽培生产，但仅仅是引种和栽培利用，没有实现真正意义上的植物遗传驯化。这源于"植物猎人"盗取种质时的单一性，无法形成多样性的种质资源进行品种培育。我国从1978年开展系统地猕猴桃种质资源调查与新品种选育，经过几代植物学者的努力，我国自主选育的猕猴桃新品种在国内猕猴桃产业占比已经突破94%，并且在全球猕猴桃主要生产国采用国际特许授权种植、大规模推广应用，彻底改变了全球猕猴桃的育种研究和产业格局，推动了猕猴桃产业升级。我国现在已成为全球最大的猕猴桃生产国，栽培面积和产量都稳居世界第一。

第一节　猕猴桃栽培利用概要

我国对猕猴桃的认知可追溯到 2000 多年前，辛树帜认为《诗经》中的"苌楚"就是古人对猕猴桃的称呼，"隰（xí）有苌楚"是指在潮湿的地方可生长猕猴桃。唐代诗人岑参在诗中曾描述："中庭井阑上，一架猕猴桃"，可见早在 1200 年前，我国就有野生猕猴桃引入庭院栽种的范例。但这些记载都不是猕猴桃当作果品的记录，我国古代对猕猴桃似乎从未有过系统的人工驯化。

猕猴桃是 20 世纪初开始驯化栽培的水果，至今仅有 100 多年历史。在自然界中，植物并没有变得更符合人类口感的选择压力，是人类的需求干预了它的演化进程。尽管，人类的百年驯化史在猕猴桃漫长的演化过程中短暂得不值一提，但其过程却无比艰难，一波三折，迂回全球众多国家。

早在 17 世纪，中国丰富的植物多样性就令众多西方"植物猎人"向往，尤其是园艺植物和经济植物种类。已知最早的猕猴桃标本是法国传教士汤执中（皮埃尔·尼古拉斯·丹卡尔维耶，Pierre Nicolas d'Incarville）于 1740 年采集的，最早关注猕猴桃驯化和栽培价值的是爱尔兰人亨利（Augustine Henry），他于 1886 年采集猕猴桃果实浸制标本寄送英国邱园，说明了猕猴桃驯化的潜力。

1899 年，英国人威尔逊（Ernest Henry Wilson）将在中国采集到美味猕猴桃（*Actinidia chinensis* var. *deliciosa*）的种子，寄往英国栽培出猕猴桃树苗，几乎同时美国农业部也引种栽培猕猴桃；到 1913 年，已有超过 1300 株实生苗在美国各地试种，但英美引种栽培的这些植株都没有结出果实。后来调查发现，英国首批培育出来的猕猴桃都是雄性，美国最初引种也多数为雄株，因过于分散的试种，种植户同时具有雌雄植株的概率非常小，加上种植地气候不适应，导致引种驯化失败。

猕猴桃在新西兰的成功引种栽培颇具戏剧性和偶然性。1904 年，新西兰女教师伊莎贝尔（Isabel Fraser）从湖北宜昌带走一小袋美味猕猴桃种子，几经周折经新西兰苗圃商人亚历山大·艾利森（Alexander Allison）将其培育发芽，长出了三株猕猴桃树苗，恰好既有雄株又有雌株，大约于 1910 年开花结果。这是 19 世纪末至 20 世纪初，众多欧美植物采集者将中国猕猴桃引种到世界各国以来的首次结果，正是从这里开始成就了现代猕猴桃产业的发展。

后来占世界 90% 栽培面积的猕猴桃品种，如'海沃德'以及'布鲁诺''艾利森''蒙蒂''艾伯特''葛雷西'等新西兰早期选育的品种，都是这三株美味猕猴桃树的后代。新西兰逐步成为猕猴桃生产和贸易强国，主宰国际猕猴桃产业达 70 余年。20 世纪 80 年代中期，我国学者对全国猕猴桃资源开展综合调查，从中选育出一批综合性状优良的猕猴桃新品种和品系，才逐渐改变了世界猕猴桃栽培品种的格局。

现在果品市场上的猕猴桃通常有两类，一类是果实绒毛多、果肉绿色的美味猕猴桃；另一类是成熟时果皮较光滑、果肉黄色或果心红色的中华猕猴桃。二者在植物分类学上是中华猕猴桃一个种的两个变种，即：中华猕猴桃（黄色果肉）和美味猕猴桃（绿色果肉）。

20 世纪初以来，猕猴桃的产业发展仅停留在跨洲引种和栽培利用。尽管新西兰在 20 世纪前 70 余年有效利用了原产中国的美味猕猴桃，也只是引种、选育和栽培利用，并没有开展真正意义上的植物驯化和遗传改良。这源于"植物猎人"采集获取的美味猕猴桃种质资源的单一性，无法形成多样性的种质资源库，不利于品种的培育，造成世界猕猴桃产业基于单一品种的格局。

与新西兰偶然引种"驯化"美味猕猴桃不同，我国从 20 世纪 70 年代后期开始的驯化改良则是由国家科研计划主导的种质资源发掘和创新利用。40 多年来，我国植物学家立足我国丰富的猕猴桃资源，从种质资源的基础生物学性状研究入手，系统性解决了猕猴桃雌雄异株杂交育种的难题，育成了以'金艳'为代表的种间杂交猕猴桃新品种。同时，为拓展现有多年生果树育种的理论和实践，开辟了猕猴桃野生天然居群的基因渐渗和多倍体育种的新途径，使我国的优势资源成为不断培育猕猴桃新品种的有效保障，提高了我国猕猴桃新品种在全球猕猴桃产业的竞争力。

我国于 1978 年开始了猕猴桃产业的零起步，在 40 多年间实现了猕猴桃栽培面积从 100% 由新西兰'海沃德'品种主导到 94% 以上为自主选育品种，这无疑是我国植物资源发掘和利用取得的举世瞩目的成就。尤其是，我国选育的猕猴桃品种在全球猕猴桃主要生产国采用专利授权种植和大规模推广应用。例如，中国科学院武汉植物园（简称武汉植物园）培育的黄肉和红心猕猴桃新品种'金桃''金艳''东红'等红、黄、绿三色新品种已成为全球猕猴桃产业主流品种，彻底改变了当今全球猕猴桃的育种研究和产业格局，推动了猕猴桃产业升级。目前，我国已成为全球最大的猕猴桃生产国，栽培面积和产量都稳居世界第一。

第二节　野生猕猴桃的多样性

猕猴桃属共有 54 个种，自然分布在以中国为中心并延伸至亚洲东部广大地区。中国分布有 52 个种（图 7-1），中国不产的 2 种猕猴桃为分布于日本的白背叶猕猴桃和尼泊尔的尼泊尔猕猴桃。

图 7-1　猕猴桃属植物多样性

我国境内的广袤山区蕴藏着极其丰富的猕猴桃资源，可概括成五大分布区：东北和华北地区因气候冷凉仅有 4 种猕猴桃自然分布；长江流域及华中地区有 21 种；华东地区有 29 种；华南地区有 37 种；西南地区因山脉纵横，气候极其多样，孕育了适合猕猴桃众多物种生长繁衍的最佳生境，自然分布的猕猴桃高达 50 种。

我国现代对猕猴桃植物资源的研究，可以追溯到 20 世纪 50 年代。当时中国科学院所属的几个植物学研究单位对我国本土猕猴桃资源进行了开拓性的探索研究。

1955 年，中国科学院南京中山植物园对猕猴桃进行引种实验和生物学特征观察。1957 年和 1961 年，中国科学院植物研究所分别从陕西秦岭太白山和河南伏牛山地区，引种美味猕猴桃，并进行栽培试验和基本生物学研究，较为系统地研究了美味猕猴桃的形态、生长发育和繁殖生物学等特征，积累了一批重要科研基础数据。在栽培试验中还研究了种子育苗、嫩枝扦插、芽接及高接繁殖等猕猴桃栽培的应用技术，田间试验陆续进行了 30 多年，为我国早期人工栽培猕猴桃积累了宝贵经验。

同一时期，中国科学院武汉植物园、庐山植物园、杭州植物园和西北农学院等单位也开展过少量的引种栽培尝试，同时我国的一些农业学院和农业科技单位对猕猴桃资源进行过零星的收集整理工作。

我国对猕猴桃丰富的种质资源更广泛和全面的调查始于 20 世纪 70 年代后期。1975 年，中国农业科学院郑州果树研究所率先开展了猕猴桃资源的调查，随后与河南省西峡县林科所等单位合作，进一步对河南西峡县猕猴桃开展资源评价和大果型株系筛选，进而对河南省野生猕猴桃资源进行了全面普查，并评估了野生猕猴桃果实的蕴藏量。

与此同时，广西林业科学研究所和华中农学院宜昌分院分别于 1974 年和1978 年对广西、湖北山区的猕猴桃资源开展了调查及优异种质评估等前期工作，筛选了一批大果型植株。这些地方性的资源调查所积累的经验和基础数据为后来开展的全国猕猴桃资源普查奠定了坚实基础。随着我国学者对猕猴桃丰富资源和多样性认识的深入，中国科学院植物研究所科研人员于 1977 年开始在河南省西峡县指导相关科技人员进行苗木繁育和栽培试验，推动中国猕猴桃的栽培尝试和产业化的起步。

1978 年 8 月，由农业部和中国农业科学院召集的全国猕猴桃研讨会在河南省信阳市召开，共有 45 位代表出席了会议，参会代表来自猕猴桃主要分布区的16 个省份的科研院所、地方高校以及市场营销、加工、生产和管理部门，中国科学院和中华全国供销合作总社派代表参加了此次会议，会议制订了我国猕猴桃科研和产业发展规划。此次会议标志着国家层面的猕猴桃科研布局和产业发展的起步，会议初步形成了中国猕猴桃资源普查、资源系统评估和科研规划的蓝图，并直接催生了全国猕猴桃科研协作组的建立。

　　全国猕猴桃科研协作组在全国范围内进一步推动野生猕猴桃物种资源的调查和收集，尤其是对中华猕猴桃和美味猕猴桃资源的系统普查。会上提出了两个明确而长远的目标：一是开展全国性的猕猴桃种质资源普查及猕猴桃属植物的编目；二是选育出比新西兰'海沃德'更优良的新品种。这是一个重要的历史性会议，会上讨论总结了自 1955 年以来，我国猕猴桃资源调查及驯化栽培的成果和经验，在分析总结国外猕猴桃科研和产业发展现状的基础上，制订了中国 1978 ～ 1985 年猕猴桃科研计划，明确提出了赶超世界猕猴桃科研及产业发展的方向和目标。会议还梳理了猕猴桃资源整理编目、品种选育、育苗、果园栽培技术、贮藏运输、销售和加工等方面的现状，并强调了我国丰富的资源优势和猕猴桃的药用保健功能对后续产业发展的重要性。

　　全国猕猴桃科研协作组由著名果树资源学家崔致学为总协调人，协作组全面担负起了我国猕猴桃资源的普查任务。自 1978 年 8 月成立后，由政府提供启动资金，各级政府的农业研究机构和主要农业大学都参加了全国猕猴桃资源普查及选种。到 1992 年，除新疆、青海、宁夏外，先后有 27 个省份完成或部分完成了猕猴桃的省级资源调查，并获得了大量的猕猴桃资源基础数据。

　　与此同时，猕猴桃的品种选育和改良也全面展开，从野生的中华猕猴桃、美味猕猴桃和软枣猕猴桃中筛选出了 1450 余个优良的株系。这些从野生资源中筛选出来的优良单株，随后通过高接试验进行了深入系统的性状评价、比较试验、区域试验和栽培推广测试，先后选育出了 50 多个新品系，奠定了中国在猕猴桃品种多样性和种质创新方面的优势地位（图 7-2）。这些选育的品种（系）对后来 40 多年的中国和世界猕猴桃产业发展产生了深远的影响，这也是近代果树育种史上立足本土丰富野生种质资源选育改良品种的典型案例。

　　同时，作为我国野生植物资源的经典研究案例，崔致学 1993 年主编的《中国猕猴桃》，崔致学、黄宏文和肖兴国主编的 *Actinidia in China*，黄宏文著《猕猴桃属：分类 资源 驯化 栽培》及英文版 *The genus Actinidia, a world monograph* 等著作不仅记载了猕猴桃属的资源多样性、分类相关理论知识以及资源发掘利用方面的实践，还对猕猴桃驯化和遗传改良的原理及方法进行了系统的阐述，至今仍然是全球猕猴桃学者必备参考著作。

黄毛猕猴桃

中越猕猴桃

山梨猕猴桃   金花猕猴桃

狗枣猕猴桃   毛花猕猴桃

桂林猕猴桃   条叶猕猴桃

软枣猕猴桃   京梨猕猴桃

小叶猕猴桃   紫果猕猴桃

阔叶猕猴桃   葛枣猕猴桃   黑蕊猕猴桃

大籽猕猴桃

美味猕猴桃   中华猕猴桃   刺毛猕猴桃

绿色猕猴桃品种   黄色猕猴桃品种   红色猕猴桃品种

图 7-2　种质资源多样性奠定了猕猴桃新品种育种的基础

第三节　驯化与育种瓶颈的突破

丰富的种质资源奠定了中国猕猴桃新品种育种的基础，但国内外猕猴桃育种和新品种培育长期停滞不前，其根本原因是无法进行有效、定向的杂交育种。

杂交育种是多年生果树品种改良的最有效途径之一。好比奶牛的育种改良，公牛没有产奶的表型或功能性状，那么如何确定哪一个公牛作为配种的父亲能够得到更高产的奶牛后代新品种？显然，雌雄异株猕猴桃的育种比奶牛更困难和复杂，这是由于猕猴桃从种子出苗到开花结果需要 4～5 年，而进行杂交测试父系的遗传特征传给下一代的情况又通常需要 6～8 年，远比测试奶牛每年一代的杂交评估效率要低很多。

因此，猕猴桃这种雌雄异株多年生藤本植物，与雌雄同株其他果树相比，雌雄异株这个特性是杂交育种的瓶颈和障碍。以苹果为例，红色苹果（'红冠'）与黄色苹果（'金冠'）杂交后代预期得到红色苹果的概率为80%。猕猴桃雄株不结果，无法判断遗传后代的果实性状，使其选择父本配置杂交组合成为盲区。杂交组合盲目性大、后代选择预见性差、选择成功概率低，这使得杂交育种成为各国猕猴桃育种家不愿涉足的禁区。而构建雄性父本家系，通过姊妹系评判雄性父本对选育目标性状的影响耗费人力和财力，且至今成效甚微。

黄宏文从1979年开始参加我国猕猴桃资源普查，在前辈老师指导下涉足猕猴桃资源调查和收集等基础研究。1987年和1990年两次赴美留学，专修果树植物的遗传和传统育种，1994年留学回国就职于中国科学院武汉植物研究所，开展猕猴桃资源圃构建和驯化改良研究。在前期资源收集基础上，他根据猕猴桃各物种的遗传多样性的特征，开始更为系统地收集和改良种质资源，建立了世界上遗传资源最丰富的国家猕猴桃种质资源圃，为我国猕猴桃驯化和育种奠定了坚实基础。

正如他在《猕猴桃属：分类 资源 驯化 栽培》中所写：我曾于20世纪80年代末至90年代初在美国修研植物遗传育种学，对美国伯班克（Luther Burbank）和苏联米丘林（Иван Владимирович Мичурин，Ivan Vladimirovich Michurin）两位植物育种大师的经典著作，尤其是他们在资源发掘使用和品种选育的工作随记深感兴趣并广泛涉猎，感受尤为深刻的是比较他们对植物资源发掘和育种利用的不同思维及选育路径。显然，任何植物驯化和育种改良的起点是对其生物学特性及环境响应的深入研究和变异规律的认识。对物种分类、资源分布特征、种属繁育机制、遗传特性传代趋向及定向选择效率等规律的认知至关重要，且中国是全球植物多样性最丰富的国家之一，以史为鉴、举一反三则甚为必要。

黄宏文带领研究团队在猕猴桃资源圃建设的基础上，对猕猴桃属近50个分类单元的种质资源多样性进行了长达20年的系统评价和基础生物学数据的积累。从果实大小、果实形状、果皮毛被、果肉颜色、成熟指标、果实质地、果实风味和营养成分8个核心园艺性状入手，全面、系统地测定了猕猴桃各物种间的形态和遗传变异范围和特征，进而提出利用猕猴桃不同物种间特定的种性特征，绕开雌雄异株种内杂交的瓶颈和局限，实现了种间杂交育种（黄宏文等，2000）。

什么是种性？简单说就是生物种属的特性，即禀受于先天的本性，或者是每个物种固有的遗传性状特征，俗话"种瓜得瓜、种豆得豆"亦是这个道理。有了种质资源系统积累和果实特征性状的充分研究基础，黄宏文研究团队提出并实现了以"种性"特征为依据配置杂交组合的育种方向，持续 20 年进行中华猕猴桃、美味猕猴桃、毛花猕猴桃、软枣猕猴桃及山梨猕猴桃等 30 个物种间的杂交和百余组合的回交测试，利用物种"种性"特征解决种间杂交父本选择的难题，突破了雌雄异株植物杂交育种的盲区，选择若干优良父系用于杂交育种设计，开启了猕猴桃跨种选择父本的种间杂交途径和方法（图 7-3）。

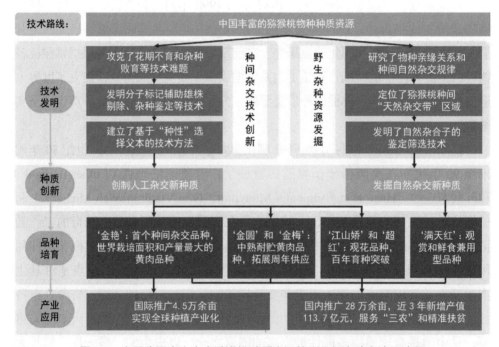

图 7-3　立足我国本土丰富猕猴桃种质资源的驯化和育种方法及途径

我国猕猴桃育种最有代表性的成果是黄宏文带领研究团队育成的全球首个猕猴桃种间杂交新品种'金艳'。这是猕猴桃种间杂交设计的一个成功案例，以毛花猕猴桃作为母本和中华猕猴桃作为父本，从杂种 F_1 代中选育出优良单株并经多代无性子代高接鉴定，培育出晚熟并极耐贮的黄肉猕猴桃新品种'金艳'。经过十余年广泛的区域试验，该品种获国家林木品种审定和国际植物新品种权保护，因其突出的果实商品性状和优异的经济性状深受国内外市场欢迎，已实现国内外大规模商业栽培，打破了外国品牌长期对高端猕猴桃市场的垄断。同时，他们选育的猕猴桃新品种'金桃'在申请国外植物新品种权的同时，以品种繁殖权和经营权开展国际特许授权种植栽培，成功实现将'金桃'全球的商业化推广。这是首次让国际市场看到来自猕猴桃"故乡"的研究实力。

基于黄宏文研究团队的理论研究和育种实践还建立了猕猴桃人工种间杂交组合大数据库，创制了 77 个优良杂交株系和 127 份杂交新种质。利用上述技术发明和种性特征，进一步凝练育种目标，以高维生素 C 含量、优质耐贮及丰产抗逆等特性为育种目标，选择毛花猕猴桃、山梨猕猴桃及软枣猕猴桃等野生物种作为亲本与栽培种中华猕猴桃和美味猕猴桃杂交，进行了 111 个种间正反交组合和 31 个回交组合的杂交测试，筛选出高维生素 C（超过 450mg/100g 鲜果重）新品系 45 个、绿肉耐贮优系 22 个、黄肉耐贮优系 8 个、无籽优系 1 个、特早熟优系（8 月中旬成熟）1 个及 127 份杂交新种质，为猕猴桃杂交新品种培育奠定了坚实基础，彻底改变了国际猕猴桃育种长期停滞不前的被动局面。

猕猴桃杂交育种一旦突破，持续改良则成为必然，'金艳'即可作回交母本，拓展猕猴桃种间杂交育种研究。采用'金艳'与中华猕猴桃优系父本回交，选育出中熟耐贮优质黄肉新品种'金圆'和'金梅'。与'金艳'相比，'金圆'和'金梅'的成熟期均提早 3～4 周，弥补了猕猴桃生产中缺乏中熟耐贮品种的短板，拓展了猕猴桃的周年供应。这两个品种综合商品性状优异，果肉橙黄色，细嫩多汁，风味浓郁，可溶性固形物含量 15%～17%。我国具有自主知识产权的种间杂交新品种育种成功并实现规模化产业应用，推动了我国及世界猕猴桃品种的升级换代。

同时，猕猴桃雌雄异株杂交育种的突破，还推动了种质创新和遗传改良创新，首次育成了猕猴桃观赏品种'江山娇'和'超红'。猕猴桃作为藤本观赏植物驯化改良开始于 19 世纪 90 年代的欧美等国，但进展甚微。中国科学院武汉植物园采用中华猕猴桃与毛花猕猴桃多次正反杂交取得育种进展，这两个品种的花均为玫瑰红色，一年开花 3～4 次。'江山娇'后期出现花果共存的观赏特征；'超红'花大且芳香，也是很好的蜜源植物。这两个新品种选育成功是 100 多年来猕猴桃观赏品种育种的突破，拓展了猕猴桃作为观赏园艺作物的开发利用价值。

从现代遗传学意义上看植物驯化和遗传改良，杂交育种和对自然资源的基因型进行深度改变通常被认为是植物驯化的起点。纵观猕猴桃百年驯化史，如果说最初的跨大陆引种与新西兰特殊的气候条件加上人工选择成就了新西兰的'海沃德'等少数几个美味猕猴桃品种和世界产业发展，是偶然性引种并叠加气候和人为选择的结果。那么中国以 1978 年全国猕猴桃资源普查为起点至今 40 余年间，实现了本质上猕猴桃属植物的驯化与遗传改良，改变了世界猕猴桃产业单一品种格局，形成了红、黄、绿三色猕猴桃新品种的全球产业化栽培，推动了猕猴桃市场产品多样化和消费多元化。

第四节　遗传渐渗与多倍体育种

我国的猕猴桃驯化和品种遗传改良还充分利用了我国独一无二的自然条件，就是猕猴桃自然分布区的天然杂交现象。

自然界的杂交现象造就了丰富多彩的大千世界，千姿百态的花卉和多种多样的水果等。如我们熟知的柑橘家族，几乎所有的鲜食或榨汁品种都是宽皮橘、柚和香橼这三个物种的杂交后代。柚与宽皮橘杂交产生了橙、宽皮橘与橙杂交产生柑、香橼与酸橙或柑杂交产生各种柠檬、柚和甜橙杂交又产生葡萄柚。也就是说这三个原种通过杂交产生了我们日常消费的一系列不同柑橘类型。

自然界的植物天然杂交既是一个学术理论问题，也是一个可以利用天然种质资源的研究实践。猕猴桃属植物在我国有 52 个种，通过长期研究发现，这些猕猴桃物种大多重叠分布，并存在广泛的物种之间和物种内部的天然杂交。而且，猕猴桃自然分布区存在许多杂交或回交的过渡类型，或者称之为遗传渐渗类型。这种由不同物种在重叠分布区天然杂交形成的一群植株，称为自然杂交带。与驯化久远且其野生群体消失或现存非常少的苹果、梨、桃等果树的情况不同，猕猴桃驯化仅百余年，野外存在数量庞大和多样性极其丰富的野生群体。猕猴桃自然杂交带的发现为杂交物种的起源、适应性进化研究以及野生居群中新基因发掘提供了天然的实验室。

中国科学院武汉植物园猕猴桃研究团队立足我国丰富的猕猴桃资源，深入研究了猕猴桃属植物野生群体杂交带中基因渗渗的遗传规律，开拓了从猕猴桃属植物天然杂交带中发现天然杂交新类型，发掘新基因，探索选育新品种的新理论和新方法，开辟了我国猕猴桃品种选育新路径。

在全国猕猴桃资源普查数据深入梳理基础上，他们发现在猕猴桃自然居群中存在着丰富的自然杂交和网状基因流的遗传现象，同时，解析了蕴藏在生态环境梯度中的形态及遗传多样性的连续变异规律。在理论研究取得重要进展的同时，他们开始部署更聚焦的研究项目，系统全面地对我国猕猴桃多个物种重叠分布区的天然杂交带和其中蕴涵的丰富基因渗渗优异基因型进行发掘和育种利用。采用基因组分子标记技术和表型分析方法，进行了系统深入的居群遗传学分析和形态学评价，确定了雪峰山脉、秦岭、大巴山脉和幕阜山脉 4 个主要猕猴桃天然杂交带的分布区域，精确定位了多个中华猕猴桃与美味猕猴桃的天然杂交带以及多个物种和不同染色体倍性类型的重叠分布区。

通过居群遗传学研究，黄宏文提出了"天然育种场"野生植物优异种质发掘和猕猴桃新品种选育的思路，将猕猴桃杂交育种与自然杂交带理论研究结合起来。这虽然听起来有些奇怪，但经过长期而深入的研究表明这是可行的。

要想将天然杂交带作为猕猴桃"育种场"，需有两个前提：一是确定物种的重叠分布区内杂交带的存在，二是如何将猕猴桃育种目标设定的杂种优异植株从杂交带中选出来。

首先，杂交带的确定，这方面的研究和自然杂交理论研究相对比较清楚，就是在自然群体中发现足够的杂种个体，理论上讲这个群体中 F_1 代个体既能够产生也能够持续生存，否则这个群体不可能是一个杂交渗渗的群体，回交个体比例通常会高于 F_1 或 F_2 个体数量。其次，通过精准定位杂交带和其中分布的渗渗杂交个体在居群中的分布，并逐一进行基因型与表型关联分析，确定异种间杂交基因型个体。

猕猴桃新品种'满天红'选育成功证实了这一育种思路的可行性。黄宏文研究团队通过对一批猕猴桃天然种间杂交株系筛选和育种园多年观察实验，成功选育出了"观赏鲜食兼用型"新品种'满天红'。这个新品种更特殊，花冠呈艳丽的玫瑰红色，果肉金黄，综合性状均衡，既可观花也可鲜食，已广泛应用于观光采摘生态农业。

雌雄异株是猕猴桃育种的瓶颈,而复杂的多倍体特性既是育种的问题和挑战,也是机遇。在自然状态下，猕猴桃属植物存在着二倍体、四倍体、六倍体和八倍体，以及少量的三倍体、五倍体和非整倍体等多种倍性，而且在种间和种内呈网状分布格局。尽管在不同种间存在染色体倍性差异，但是猕猴桃属植物种间的基因流非常广泛。

武汉植物园猕猴桃研究团队由此进行长达几十年的猕猴桃自然居群多倍体分布格局和遗传结构的深入研究，通过广泛的野外调查和居群遗传学研究，深入研究了跨倍性种间和种内杂交后代遗传物质交流和表型变异，将猕猴桃群体遗传学研究和育种改良有机地结合起来。

他们通过猕猴桃属种间及多倍体亲缘关系解析寻求育种创新途径，率先发现了种间和种内均存在多倍体现象，进而解析了异源多倍体杂交起源及同倍性杂交物种的形成机制，确立了猕猴桃属物种性状特征的遗传稳定性与进化关系，并首次提出了自然杂交驱动猕猴桃物种网状进化多样性的模型，为猕猴桃野生资源鉴定、渐渗基因型发掘和育种利用奠定了重要的理论基础。

黄宏文早年曾与导师张力田先生通过野生种质选优和实生单系育种的方法，育成了'金魁'等我国早期猕猴桃主栽品种。在长期的育种实践中，他体会到猕猴桃倍性与品种抗逆性的显著差异，特别是在比较了不同倍性的猕猴桃品种在湖北武汉夏热冬冷与新西兰四季如春气候的栽培表现差异后，深刻感到我国的猕猴桃育种不应盲目跟随新西兰的育种思维和路径。

因此，20世纪90年代以来，黄宏文独自聚焦四倍体中华猕猴桃育种，选育出多个四倍体新品种，其中'金桃'新品种实现了全球大规模商业化栽培，成为引领国际猕猴桃第二代新品种（黄肉猕猴桃）的代表。'金桃'也开创了我国农业领域自主研发新品种走出国门、采用国际特许授权种植的推广栽培先例。他带领研究团队，历时40年的不懈努力，育成了猕猴桃新品种20个，使我国猕猴桃育种从零起步到逐步主导国内外猕猴桃产业的快速发展，对我国猕猴桃育种事业作出了关键贡献，被誉为现代"猕猴桃之父"。

中国猕猴桃育种家对猕猴桃育种改良的两个重要贡献在于：①通过物种间杂交对种间育种性状的多年测试，克服了雄性父本选择的盲目性；②发现并解析不同种间的倍性变异规律并成功指导育种，尤其是对二倍体、四倍体不同抗逆性的认识。近些年对天然居群遗传渐渗基因的发掘与利用进一步推动了猕猴桃品种的育种改良。

追溯猕猴桃的驯化栽培的历史，新西兰自 1904 年从中国引种野生美味猕猴桃到 20 世纪中期形成以品种'海沃德'为主导的全球猕猴桃产业；而近 40 多年时间里，我国立足本土猕猴桃丰富的种质资源及其新品种选育，使中华猕猴桃在全球范围广泛栽培，实现了中华猕猴桃由野生到大规模商业栽培的驯化。我国植物学家和猕猴桃育种专家通过对本土种质资源的发掘利用，从生物多样性和基础生物学研究入手成功突破了猕猴桃育种难题，彻底改变了全球猕猴桃产业格局。

第五节　猕猴桃产业助力精准扶贫和乡村振兴

科技是第一生产力，科技创新绝不仅仅是实验室里的研究，将长期的科研成果转化为生产力，才能形成推动经济社会发展的现实动力。

科技成果转化是一个复杂的系统工程，从实验室到产业化、从想法到市场，就像接力赛一样，一棒接一棒。原湖南省农业科学院园艺研究所副研究员钟彩虹，从事猕猴桃研究和推广多年，2008 年执意进入中国科学院武汉植物园攻读博士学位，师从黄宏文，专攻猕猴桃遗传育种。她来到武汉植物园接到的第一份任务，就是到四川蒲江县点燃猕猴桃产业化的星星之火。

位于 30°N 的四川蒲江县，是世界公认的猕猴桃最佳种植区。2010 年，"蒲江猕猴桃"正式获得国家地理标志保护产品认定，成为蒲江的标志。但在 2007 年，这座因猕猴桃而兴的县城仅有零星种植，毫无猕猴桃产业可言。因招商遇到骗局，引种的猕猴桃品种受到国外专利保护，未经授权不能种植，留下的猕猴桃产业化烂摊子令新成立的四川中新农业科技有限公司进退两难，负责人特地到武汉植物园求援，时任武汉植物园主任的黄宏文决定投放猕猴桃新品种'金艳'，派钟彩虹前往蒲江进行示范推广。

'金艳'是国际上首个具有商业价值的种间杂交新品种，由中国科学院武汉植物园从 1984 年开始培育，于 2006 年通过品种审定，并申请了国家植物新品种权，果大味浓产量高，耐储存货期长，可谓是科学家 20 余年的"倾情奉献"。

当钟彩虹兴冲冲地带着'金艳'抵达浦江后，却遭到"冷遇"，当地农民根本不相信种猕猴桃能致富，当地政府也对这位年轻女同志的能力和她带来的新品种缺乏信心。钟彩虹深知，能打消当地农民疑虑的只有"成果"，只有用实际行动才能消除当地政府的顾虑，建立起对猕猴桃产业发展的信心。

为了打好第一仗，钟彩虹和团队成员在示范田中倾注大量心血，在中国科学院武汉植物园猕猴桃团队成员技术指导下，第二年示范园的初果期亩产就达到800 斤，按当时每斤出园价 13 元计算，利润丰厚，按果园结果的进程估算，第四年盛果期即可稳定亩产 4000 斤左右，每亩收入可达 4 万元。在优质高效的经济效益面前，蒲江县猕猴桃新品种示范基地犹如星星之火，迅速发展成燎原之势。截至 2020 年，全国种植猕猴桃'金艳'的面积达到约 20 万亩。

打好了第一仗的钟彩虹并不满足，坚持在蒲江进行技术服务和指导，培训专业技术人才，为蒲江县的猕猴桃产业发展提供持续的技术保障。对于中国科学院武汉植物园猕猴桃团队的付出，蒲江县政府在感谢信中表示，"中国科学院武汉植物园猕猴桃团队使全县猕猴桃产业从无到有、从零星种植到万亩规模化种植……他们的辛勤付出将被全县人民铭记在心……"

四川蒲江县猕猴桃模式的成功，让广大的贫困山区知晓了科技精准扶贫推动乡村特色产业化的潜力，也让山区农民看到了脱贫致富的希望。

如果说四川"蒲江一战"，钟彩虹是临危受命的话，那么后来的"湘西战役"，她和团队则是主动请缨。2013 年 11 月 3 日，习近平总书记调研湖南省花垣县十八洞村扶贫工作，提出了"实事求是、因地制宜、分类指导、精准扶贫"的重要指示。

这一次，钟彩虹没有丝毫犹豫，在接到导师黄宏文的电话通知后，再次顶着各种压力全力以赴。她和团队成员多次带着花垣县的相关部门和农民企业家前往蒲江等地实地考察，协助花垣县制定了'金梅''金艳''金桃''东红'等猕猴桃新品种推广乡村规划，并提供适用有效的科技支撑。在她和团队成员的推动下，通过 3000 亩核心基地的建设和示范，在全县带动发展猕猴桃产业1.5 万亩，形成花垣县一个新兴农业特色产业，为精准扶贫提供可落地、可复制的有效路径。

钟彩虹带领团队成员在我国猕猴桃各大主要产区，建立了多个示范基地，遍及多个国家级贫困县和贫困村，累计为农户授课几百次，编写的农民培训教材深受山区农民喜爱。数千名生产一线中层技术人员和几万余名基层一线猕猴桃园种植者受益于她和团队成员的技术传授，实现了猕猴桃的高产优质栽培（图 7-4）。

图 7-4 硕果累累的高产优质猕猴桃果园

钟彩虹的猕猴桃产业技术推广赢得农户、企业及政府的广泛赞誉,她荣获了中国科学院"优秀共产党员"和"全国脱贫攻坚先进个人"等荣誉称号。

现年 55 岁的钟彩虹已经是国家猕猴桃种质资源圃主任,依旧还像十几年前一样,奔波在贫困山区的田间地头与果农打得火热。科技成果转化的最重要标准是形成产业链,回顾科研成果转移转化的经验,钟彩虹认为,就是科学家帮助农民和企业的过程。科研院所和科学家要发挥好科技支撑作用,企业家应做好组织规划和上下游对接,农民按照企业要求、科技原则做好果树种植。三者交心合作,各司其职,形成合力,才能培育出产业链。

凭借坚忍的拼劲,她像一道靓丽的虹桥衔接科技创新和市场推广,带领团队拿到了漂亮的成绩单。近 20 年来,中国科学院武汉植物园各类猕猴桃新品种累计推广种植面积达 20 多万亩,配套高效生产技术的辐射产业带约 80 万亩,累计产值高达百亿元以上。

中国科学院武汉植物园猕猴桃研究团队以生物多样性和基础生物学问题的解析为依据,在猕猴桃新品种培育方面不断突破,推动了全球猕猴桃产业升级。该团队提出的植物资源发掘利用和产业化的 3R 模式(Resource, Research, Resolution)提高了我国猕猴桃驯化和育种改良的目标性,同时推进了产业化高质量发展的进程,在我国精准扶贫和乡村振兴中发挥重要作用。

我国几代植物学家和育种家精神的薪火相传,让中国猕猴桃走出国门,走向世界。

参 考 文 献

崔致学. 1993. 中国猕猴桃. 济南: 山东科技出版社.

黄宏文. 2013. 猕猴桃属: 分类 资源 驯化 栽培. 北京: 科学出版社.

黄宏文, 龚俊杰, 王圣梅, 等. 2000. 猕猴桃属(Actinidia)植物的遗传多样性. 生物多样性, 8(1): 1-12.

李青松. 2019. 猕猴桃传奇. 杭州: 浙江教育出版社.

辛树帜. 1983. 中国果树史研究. 北京: 农业出版社.

张田, 李作洲, 刘亚令, 等. 2007. 猕猴桃属植物的CpSSR遗传多样性及其同域分布物种的杂交渐渗与同塑. 生物多样性, 15(1): 1-22.

钟彩虹, 李大卫, 张琼, 等. 2018. 中国猕猴桃科研与产业四十年发展回顾与展望//钟彩虹, 黄宏文. 中国猕猴桃科研与产业四十年. 合肥: 中国科学技术大学出版社: 1-11.

Cui Z X, Huang H W, Xiao X G. 2002. *Actinidia* in China. Beijing: China Agriculture Science and Technology Press.

Huang H W. 2014. The Genus *Actinidia*, a World Monograph. Beijing: Science Press.

Huang H W. 2022. Discovery and domestication of new fruit trees in the 21st century. Plants, 11(16): 2107.

Huang H W, Liu Y F. 2014. Natural hybridization, introgression breeding and cultivar improvement in the genus *Actinidia*. Tree Genetics & Genomics, 10: 1113-1122.

Li D W, Liu Y F, Zhong C H, et al. 2010. Morphological and cytotype variation of wild kiwifruit (*Actinidia chinensis* complex) along an altitudinal and longitudinal gradient in Central-West China. Botanical Journal of the Linnean Society, 164(1): 72-83.

Liu Y F, Li D W, Zhang Q, et al. 2017. Rapid radiations of both kiwifruit hybrid lineages and their parents shed light on a two-layer mode of species diversification. New Phytologist, 215(2): 877-890.

Liu Y F, Liu Y L, Huang H W. 2010. Genetic variation and natural hybridization among sympatric *Actinidia* species and the implications for introgression breeding of kiwifruit. Tree Genetics & Genomes, 6(5): 801-813.

Zhong C H, Wang S M, Jiang Z W, et al. 2012. 'Jinyan', an interspecific hybrid kiwifruit with brilliant yellow flesh and good storage quality. HortScience, 47(8): 1187-1190.

执笔人: 张小砚, 作家

资料来源: 黄宏文, 研究员, 中国科学院庐山植物园

第八章

组织培养与转基因
现代生物技术推动
新兴产业

导　读

　　1997 年，英国 *Nature* 杂志报道了一项突破性研究成果，一只名为"多莉"的绵羊诞生。此消息一出，轰动全球，公众震惊，并引发热议。这是人类历史上第一只克隆羊，它没有传统意义上的"羊妈"和"羊爸"，而是科学家运用克隆技术从一只供体绵羊已经分化成熟的乳腺细胞发育转变而来的。因此，"多莉"羊具有与供体绵羊完全相同的遗传物质。实际上，植物界的克隆研究历史更悠久，现象更普遍，只不过没有被大众所熟知而已。20 世纪开始，以植物组织培养技术为基础、转基因技术为核心的植物生物技术飞速发展，并从技术背后的基础理论研究，逐步走向应用和产业化，极大地推动了现代农业和生物医药的发展。本章将深入浅出地介绍植物组织培养技术和转基因技术的发展及应用实例，使大家了解植物生物技术的魅力和我国科研人员作出的贡献。此外，本章也畅想了植物工厂这个新兴产业在未来农业中的作用和发展方向。

第一节 植物组织培养——体细胞变身为植株的奥秘

农民在春天播种，到秋天收获。水稻、玉米等作物都是从种子到种子，周而复始，代代相传，生生不息，这种繁殖方式称为有性繁殖。然而，并不是所有植物都能通过种子来繁殖后代，如三倍体香蕉，以及不少无性繁殖的作物及园艺植物，通常不结种子，那怎么办呢？别急，人类自有办法。其实，早在 2000 多年前，我们的先辈就开始掌握有关技术，他们利用扦插、嫁接、压条、分株等方法来扩大植物的数量，这些方法统称无性繁殖。但是，传统无性繁殖方式存在繁殖系数低、生产周期长、气候影响大、物种局限性强、耗时费力等缺陷，无法满足现代工厂化、规模化农业生产的需求。科学家很早就开始利用一小块植物组织，在实验室里培养出可以供一片森林使用的幼苗,这种技术就是植物组织培养（图 8-1），为农业高效生产提供了一条新途径。

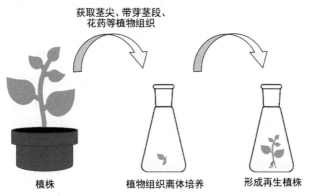

获取茎尖、带芽茎段、花药等植物组织

植株　　　植物组织离体培养　　　形成再生植株

图 8-1　植物组织培养——器官、组织或细胞形成完整植株

一、植物组织培养技术的诞生与发展

植物组织培养（简称组培）又叫离体培养或试管培养，是指从植物体分离出的器官、组织、细胞或原生质体等，在无菌条件下在含有各种营养物质及植物激素的培养基上再生成为完整植株的技术。植物组织培养技术萌芽于 20 世纪初，

已有 120 多年的历史。早在 1902 年，德国著名植物生理学家戈特利布·哈伯兰德（Gottlieb Haberlandt）在细胞学说的基础上提出了植物细胞全能性的概念，并首次尝试将分离的植物细胞（如凤眼莲等表皮细胞、叶肉细胞和腺毛细胞）在人工培养基上进行培养，虽然他的试验未能成功，但他提出的植物细胞全能性的设想成为日后植物组织培养技术的奠基理论。细胞全能性即一个活的植物细胞在特定的条件下发育成一个完整植株的潜在能力。如果你喜欢养花和多肉植物，或许知道一种叫落地生根的植物，它的叶子掉到地上便能变成一株完整植株，这是植物细胞全能性的一个典型例子。

生长素与细胞分裂素两种植物激素的发现和应用使植物组织培养如虎添翼，极大地推动了该技术的发展并日趋成熟。1934 年，美国植物生理学家菲利普·R. 怀特（Philip R. White）以番茄根尖为材料，建立了活跃生长的根的无性系并将生长素应用到培养基中，配制成人工合成的综合培养基，确立了植物组织培养的基本方法。1952 年，法国的 G. 莫雷尔（G. Morel）等将感染病毒的大丽花茎尖分离培养，获得了无病毒植株，这也为后来的茎尖脱毒培养奠定了技术基础。1957 年，美国科学家 F. 斯库格（F. Skoog）和 C. O. 米勒（C. O. Miller）等提出了根芽形成的激素调控理论，即细胞分裂素与生长素的比例和绝对含量，调控植物组织的形态发生及细胞分化，从而揭开了激素调控植物器官再生的神秘面纱，奠定了植物组织培养中再生和细胞工程的基础。1958 年，美国的 F. C. 斯图尔德（F. C. Steward）和德国的 J. 赖纳特（J. Reinert）分别发现由胡萝卜愈伤组织制备的单细胞，经悬浮培养产生大量胚状体，进而形成完整的再生植株，证实了哈伯兰德于 50 多年前提出的细胞全能性的设想是完全正确的。同年，美国科学家 M. 威克森（M. Wickson）和 K. V. 蒂曼（K. V. Thimann）发现外源添加细胞分裂素，可促使休眠的腋芽启动生长，形成一个微型的多枝多芽的小灌木丛状的结构，这一利用外源细胞分裂素打破腋芽休眠的方法很快发展成为在生产中广泛应用的"离体快速繁殖技术"（简称快繁）。

20 世纪 60 年代起，植物组织培养技术开始应用于生产，其基础研究工作逐渐深化。1960 年，法国科学家莫雷尔采用兰花茎尖培养实现了去病毒和快繁两个目的，一年内可从一个茎尖繁殖出 400 万株具相同遗传性状的健康植株，这一技术很快助推欧洲、美洲和东南亚许多国家兰花产业的发展。同年，英国科学家 E. C. 科金（E. C. Cocking）采用酶制剂分离番茄幼根，获得大量有活力的原生质体，为利用原生质体进行研究开辟了一条新途径。1962 年，美国科学家 T. 穆拉希格（T. Murashige）和斯库格为烟草细胞培养设计了一款培养基，其特点是养分数量和比例合适，离子溶液平衡稳定，能满足植物细胞的营养和生理需要，该培养基成为绝大多数植物组织培养的基本培养基，并被命名为 MS 培养基，至今仍被广泛使用。1964 年，印度的 S. 古哈（S. Guha）和 C. 马赫什瓦里（C. Maheshwari）将毛叶曼陀罗的花药成功诱导形成单倍体植株，为单倍体育种技术的应用奠定了基础。1972 年，美国科学家 P. S. 卡尔森（P. S. Carlson）等完成了粉蓝烟草和长花烟草的原生质体融合，实现了体细胞杂交。20 世纪 70 年代，国际上植物组织培养的研究工作出现了四大主流：花药培养和单倍体育种，体细胞杂交和突变体筛选，细胞分化和无性繁殖系的快速繁殖，以及植物性药物及其他生物制品的生产。20 世纪 80 年代以来，植物组织培养技术又与分子生物学相结合产生了植物基因工程技术，从而开始了有目的地创造满足人类需要的植物新品种的过程。

二、 我国科学家早期取得的开创性成果

在植物组织培养这项伟大技术的发展中，我国植物学家当然没有缺席，特别是在细胞分裂素的发现和应用等方面作出了历史性贡献。1934 年，李继侗和沈同发表了《银杏胚在体外的发生》《泛酸对酵母生长及银杏胚根在人工培养基中生长的效应》等文章，首次报道了银杏胚乳中存在能促进胚胎在培养基上生长发育的未知物质，这是我国植物组织和器官培养的开端。受此启发，美国科学家 J. 范·奥弗贝克（J. Van Overbeek）等人在 1941 年发现椰奶（液态的胚乳）可以促进幼嫩曼陀罗胚胎的生长和发育，并为细胞激动素的最终发现奠定了基础。1943 年，罗士韦和王伏雄在世界上首次实现了裸子植物的胚胎体外培养。此后，罗士韦又建立了植物茎尖离体培养技术，并利用该技术使菟丝子在试管中长成植株并开花。1948 年，植物生理学家崔澂和他的导师斯库格教授一起在烟草茎切段和髓培养以及器官形成研究中，首次发现腺嘌呤类化合物可以解除生长素对芽的抑制作用并诱导成芽，从而确定嘌呤与生长素的比例是控制根和芽形成的条件。这一重要成果，为此后细胞分裂素的发现以及生长素与细胞分裂素比例调控器官分化理论的形成奠定了基础，被美国植物生理学家奥尔多·利奥波德（Aldo Leopold）誉为植物激素和器官形成方面的里程碑，促进了当代生物技术的发展

而被载入植物生理学史的史册。进入 20 世纪 50 ~ 60 年代，我国科研人员将基础性研究与实际应用相结合。例如，罗士韦等开展了植物激素与愈伤组织生长以及人参等药用植物组织培养的工作，王伏雄系统性地开展了植物幼胚培养工作，曹宗巽等通过建立黄瓜体外茎尖培养的方法研究乙烯等激素对雌雄花性别决定的作用，李正理等利用胚培养来研究根的形态发生等。

　　从 20 世纪 30 年代至今，我国几代科学家在植物组织培养领域不断耕耘，科研成果也从生根发芽到开花结果。接下来，我们用几个方面的实例来介绍植物组织培养技术在农业和林业生产中的实践和应用。

三、组织培养技术的应用案例

1. ABT 生根粉彰显巨大威力

　　根基牢，枝叶茂。植物组织培养中，生根是再生植株能否成活的一个关键环节。然而，对很多林木植物来说，苗子生根实属不易，这就大大制约了组织培养技术在这些植物中的应用。为了破解木本植物生根难这个难题，中国林业科学研究院王涛院士大胆设想：能否研制出一种既能代替外源生长素促进植物生根，又能促进内源生长素合成的复合型生根促进剂来促进植物生根。为了实现这个目标，她在图书馆中潜心研读，查阅大量相关资料，并到当时国内植物激素研究水平最高的上海植物生理研究所学习，与工人一起借助简易老旧的仪器设备夜以继日地进行科学配比试验，经过一年多的反复比较和综合分析，最终于 1981 年在世界上率先研制出复合型生根促进剂——ABT 生根粉。在植物组织培养中，单独使用 ABT 生根粉不仅可以促进生根，还可以诱导愈伤组织，并使芽枝抽高壮实。然而，ABT 生根粉的作用并非局限于组织培养，它的神奇之处是突破了国内外单纯从外界提供植物生长发育所需外源激素的传统方式，诱导植物不定根或不定芽形成，调节植物代谢强度，达到提高育苗、造林成活率，以及提高作物产量、品质与抗性的多重功效。因此，ABT 生根粉广泛应用于扦插育苗、实生育苗、切根处理等苗木生产中。为了让更多的人、更多的地方受益，王涛团队在全国举办相关培训班 5.5 万期，培训人员近 2000 万，构建了由 9 个国家级推广部门、1400 多个县级以上单位、2300 多个县级单位组成的推广体系，应用于

3000 多种植物，几乎遍布了全国所有省份（图 8-2 左），组织实施试验项目 1000 多项，育苗 100 多亿株，推广面积 1800 多万 hm²，获得经济效益达 120 亿元。同时，他们也让 ABT 生根粉走向世界，与五大洲近 50 个国家建立了科技合作关系，探索出了一条崭新的具有中国特色的农林科技研究、开发与成果转化的良性循环道路。正因如此，1996 年，王涛领导的"ABT 生根粉系列的推广"项目获得了国家科技进步奖特等奖的殊荣（图 8-2 右）。

图 8-2　王涛院士 20 世纪 80 年代在河南小麦现场查看 ABT 推广应用效果（左）及获得的国家科技进步奖特等奖奖杯（右）

2. 组培快繁技术助推花卉等新兴产业快速发展

爱美之心，人皆有之。随着生活水平的提高，大众对花卉的需求与消费日益增加。云南由于其得天独厚的气候条件成为我国最大的花卉生产地。在安谧而洁净的厂房里，一个兰花的小小的茎尖，循着一道道周密设计的工艺流程，经过一个个操作者的精雕细琢，在试管里摇身成为数以万计的健壮小苗，再移到大田，变成亭亭玉立的兰花，这是"兰花工厂"的真实写照和缩影。由于兰花难以种子繁殖，分株繁殖系数低，所以采用组织培养的离体快繁技术，在适宜的培养基上，一年内可生产几万、几十万……几千万，甚至上亿株性状相同的兰花植株。这样的"兰花工厂"在我国许多地方都已建立，工厂里生产的不仅是兰花，还有康乃馨、红掌等其他花卉。如今，科研人员已经为不同的花卉植物量身定制出最优的植物激素配方和组培方案，确保每种植物都能高效繁殖和快速生长。

随着植物组织培养技术的成熟，小小的组织细胞在研究人员手上，变成了千姿百态的鲜花，其在花卉生产中得到了迅猛发展，应用范围遍及花卉产业的各个领域，给人们的生活带来诱人的前景。花卉组培快繁已成为一个国际化的新兴产业，2021年仅云南的花卉总产值就达到1034亿元，突破了千亿。除了花卉产业外，离体快繁技术还推动了桉树、红杉、甘蔗、大豆、咖啡、烟草等经济作物的发展。

此外，我国的中医药历史源远流长，自古以来，中药材都是采自自然环境下生长的野生道地药材。然而，一方面市场对中药材的需求不断增加，另一方面野生药材资源不断减少，且生物多样性和环境保护又十分重要。因此，这种需求增加与资源不足的矛盾日益凸显。植物组织培养技术便为解决这对矛盾带来了良方，极大地提升了药用植物的繁殖和生产能力。经过大批研究人员的共同努力，我国已成功建立起人参、罗汉果、三七、天麻、石斛、栝楼等400多种药用植物的组织培养体系，包括试管苗、毛状根、不定根和悬浮细胞培养等多种方式，其中石斛（铁皮石斛和霍山石斛）、白及、金线兰（金线莲）等中药材已实现工厂化育苗，铁皮石斛组培苗出苗量在2017年已达20亿株（图8-3），年产值近10亿元。因此，组织培养技术为我国的中药现代化插上了腾飞的翅膀。

图8-3　铁皮石斛组培苗规模化生产

3. 茎尖脱毒技术使病毒无藏身之地

病毒虽小，肉眼不可见，可直到今天，各种病毒仍在危害人类的生命健康。对于植物来说，病毒的危害同样不可小觑，它会造成叶片发黄、皱缩、停止生长，严重时甚至会导致植物枯死。因此，病毒病有植物"癌症"之称，农作物一旦发生病毒病，轻则减产，重则绝收，如马铃薯Y病毒、马铃薯卷叶病毒、黄瓜花叶病毒、烟草花叶病毒等，都严重危害农业生产。细菌或者真菌引起的病害一般可以通过农药来防治，然而，国内外至今还没有找到防治植物病毒病的特效药。

那么，我们是不是对植物病毒病就束手无策了呢？其实不然，植物组织培养技术又派上了大用场。研究人员利用植物组织培养中的茎尖脱毒技术从源头上可以脱除存在于母体植物内的病毒，完全不给病毒进入下一代植株体的机会。茎尖脱毒技术的原理就是利用病毒在植株体内分布不均匀，尤其在茎尖分布较少或者不存在的特点，切下茎尖分生组织进行培养就可以获得无病毒的健康种苗。茎尖脱毒技术是迄今唯一有效的脱除植物病毒的生物技术。为什么茎尖分生组织拥有"病毒不侵"的神奇本领呢？中国科学技术大学赵忠教授的最新成果解开了这个长久困扰我们的谜团。正所谓"魔高一尺，道高一丈"，研究人员发现，病毒必须利用植物细胞内的蛋白质合成系统来合成自身的蛋白质并入侵植物，而植物自身也发展了秘密武器，它们运用茎尖组织的干细胞直接抑制体内的蛋白质合成速率，从而限制病毒的复制和传播，达到阻断病毒入侵的目的。茎尖脱毒技术还可以除去真菌、细菌和线虫等，可避免植物因感染病虫害而造成大幅度减产、生长缓慢、商品性状劣化的损失。

茎尖脱毒技术已应用于药用植物，河南师范大学生命科学学院李明军教授带领"四大怀药"等豫产道地药材生物技术创新研究团队，应用茎尖培养结合热处理等手段脱去怀山药、怀地黄、怀菊花、怀牛膝等道地药材感染的病毒，建立了脱毒苗快繁技术，经中试转化后与企业结合开展脱毒种苗的工厂化生产，建立了脱毒种苗原原种、原种和生产种三级繁育技术体系及繁育基地，并开展示范和推广应用，有效解决了怀药生产中长期存在的病毒感染严重、产量下降、品质退化等问题，如怀地黄脱毒苗大田应用后增产 30% 以上，取得了显著的经济和社会效益。

基于植物组织培养的茎尖脱毒技术已广泛应用于林木（杨树、桉树等）、果树（香蕉、苹果等）、花卉（香石竹、百合等）及药材（地黄、菊花等）中，并取得良好的经济效益。随着该技术的进一步发展，提高脱毒和繁殖效率，降低生产成本，将会有更多种类作物的脱毒种苗实现工厂化生产和商品化应用，可促进我国种业的升级和农业的高质量发展。

4. 花药（花粉）培养加速培育作物新品种

河南永城市苗桥镇苗南村的基地里，一株株胖墩墩的白菜井然有序，长势喜人，菜农们正忙着采收，准备销往周边城市。这里的大白菜种类丰富，应有尽有，包括不同成熟期、不同包球类型、不同球心颜色。你可能想不到的是，这些白菜都是河南省农业科学院园艺研究所的专家们通过花粉培养育成的新品种。

　　花粉培养有何优势和特殊之处呢？我们知道，异花传粉作物，如玉米、大白菜等的传统育种方法，是通过多年系统选育获得稳定的自交系及自交不亲和系作为亲本，通过杂交培育出多种类型的新品种，但亲本纯化时间长、育种成本高、受环境影响因素也较大。自花授粉作物，如小麦、水稻等的传统育种方法，是通过对杂交后代进行多年自交（4～6年），得到遗传稳定的品系，同样存在育种周期长等弊端。因此，科研人员不断探索，寻找加快作物育种的新方法和新途径。其中，单倍体育种便是提高育种效率的一条有效途径，包括花药培养、花粉培养、未授粉子房和胚珠培养等，这些方法都是建立在植物组织培养理论和技术的基础上，依赖于培养基与植物激素的合理调控。花药培养和花粉培养是人工诱导单倍体的主要途径，其核心是将未成熟的花粉（又称小孢子）从花药中提取出来，使其发育成胚状体，成长为具有根茎叶的幼苗，再经过人工或自然加倍后获得双单倍体种子用于育种亲本（图8-4）。该技术已在禾本科、茄科、十字花科等作物的育种中广泛应用，是常规杂交育种的"加速版"，得到的双单倍体系可以直接作为亲本用于育种试验，能缩短育种进程，提高育种效率。

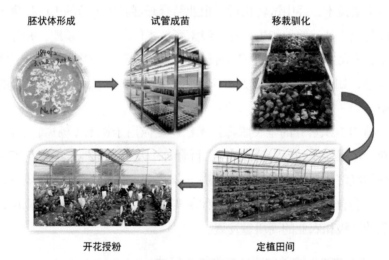

图 8-4　大白菜小孢子培养获得双单倍体（DH）系流程图

　　实际上，我国是国际上首先应用单倍体育种改良作物品种的国家，时间可以追溯到20世纪70年代。那时我国的经济还相当落后，解决吃饭问题是摆在农业科技工作者面前的首要任务，国内数百家单位为了国家重大需求，纷纷投身其中，开展花药培养研究工作，当时形成了单倍体育种的研究热潮。科研人员对水稻、小麦、玉米等禾谷类作物，以及油菜和多种蔬菜的花药培养做了系统性的工作，培育出一系列新品种和新品系。尤其是，中国科学院植物研究所朱至清等科学家发现，低浓度的铵离子对水稻花粉的愈伤组织形成和体细胞胚发生具有促进作用，他们在此基础上成功研制了 N6 培养基，该培养基至今仍广泛用于禾谷类作物的花药培养、细胞培养和原生质体培养。单倍体育种还可以与杂交育种、诱变育种、远缘杂交等相结合应用，在作物品种改良上发挥更大的作用。

5. 原生质体培养展现广阔应用前景

原生质体是去除细胞壁但仍具有活力和全能性的细胞，它易于摄取外来物质（包括 DNA），是植物遗传操作的理想材料，因此，在植物组织培养中备受青睐。人们意识到从原生质体培养获得植株是第一步，也是关键的一步。20 世纪 70 年代中后期，以许智宏和卫志明为代表的我国科学工作者便开始进入植物原生质体培养的行列。然而，原生质体培养绝非易事，国内外研究人员尝试了各种方法，虽然可以通过悬浮细胞、未成熟荚果组织、幼苗根、叶肉组织、未成熟或成熟子叶等各种组织可持续分裂获得愈伤组织，但均未能成功分化出再生植株。许智宏从英国深造回国后，带领团队经过近十年的研究与探索（图 8-5），于 1988 年在国际上首次实现了从未成熟子叶的游离原生质体培养再生成完整大豆植株，为如今大豆的细胞培养和基因工程育种奠定了坚实的技术基础。除大豆外，一批重要农作物，包括水稻、小麦、玉米、高粱、谷子等禾谷类作物，花生和蚕豆等重要豆科植物，以及多种果树和林木，都通过原生质体培养获得了再生植株。目前，原生质体作为一种优良的接收外源基因的受体，已被广泛应用于植物细胞的遗传操作和外源基因的瞬时表达系统，展现出良好的应用前景。

图 8-5　许智宏院士和团队成员在观察植物
组织培养材料

第二节　转基因技术——
让梦想照进现实的生物技术

一、植物转基因技术

植物组织培养技术与分子生物学等技术相结合产生了植物基因工程技术，也称为植物转基因技术。21 世纪以来，以转基因技术为核心的现代生物技术被广泛应用于农业领域，成为国际上研究应用的焦点。植物基因工程技术是指将目标优良基因导入并整合到植物基因组中，或者通过对植物本身基因的敲除和修饰等方法改变遗传特性，创造出人们希望得到的目标性状。该技术集合了现代分子生物学、生物化学和细胞生物学等多项先进技术，是农作物改良史上的一场空前革命。1983 年，全球首次在烟草中使用转基因技术并成功获得转基因植株后，至今已有 35 科 120 多种植物转基因获得成功。转基因是现代生物育种的重要技术手段之一，1996 年，转基因作物首次进行商业化种植。在培育抗病、抗虫、抗逆等转基因新品种方面发挥了重要的作用。如今全球转基因作物年种植面积已超过 1.9 亿 hm^2，主要包括大豆、玉米和棉花等。1988 年，美国孟山都公司（Monsanto Company）在全球率先培育出高效表达的转 Bt 基因抗虫棉植株。目前，全球种植转基因棉花的国家有 18 个，转基因棉花约占全球棉花种植面积的 80%。我国于 1997 年开始种植转基因抗虫棉，转基因抗虫棉是我国在转基因技术领域应用最为成功的一个典型例子。

二、转基因抗虫棉使棉铃虫销声匿迹

1. 棉铃虫暴发，上演"人虫大战"

棉铃虫属鳞翅目夜蛾科，是世界性重大致灾害虫之一，是一种典型的杂食性害虫，除主要蛀食棉花外，还危害玉米、花生、豆类、瓜果、蔬菜等多种作物。棉铃虫在我国各地均有分布，具有寄主范围广、繁殖潜能大和对环境适应能力强等特点。例如，棉铃虫在黄河流域棉区，一年会繁殖 4 代；在长江流域棉区，一年繁殖 5 代；在西北内陆棉区一年繁殖 3.5 ~ 4.0 代，世代重叠较严重。棉铃虫危害严重时，一株棉花上能够同时附着十几头甚至更多棉铃虫，不仅能将整株棉花的棉铃蚕食殆尽，棉花叶片也难以幸免（图 8-6），最后仅剩下光秃秃的棉秆。1992 年，中国历史上发生了最为严重的虫灾——棉铃虫大暴发，对棉花生产来说是一场罕见的灾难，"除了电线杆子不吃，其他什么都吃"，这句棉农形容棉铃虫的话，道出了棉农对棉铃虫危害的万般无奈。农民谈虫色变，欲哭无泪。在缺乏有效防治措施的情况下，很多地方采取"群防群治"战术，家家户户都去棉田里捉棉铃虫，即使国家级科研单位——中国农业科学院棉花研究所为了保住试验田里宝贵的棉花种质材料，也曾发动员工放下手头一切工作，一律进入棉花试验田，正反两面翻着棉花叶子捕捉棉铃虫，上演"人虫大战，虫口夺棉"。之后，我国黄河流域、长江流域两大棉区连年暴发棉铃虫灾害，持续时间之长、殃及范围之广，前所未有。当时，棉铃虫危害造成主产区棉花减产 50% 以上，每年直接经济损失超 100 亿元。

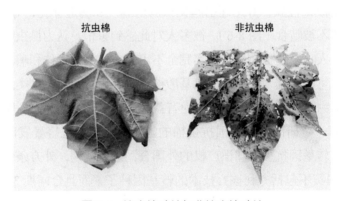

图 8-6　抗虫棉叶片与非抗虫棉叶片

2. 化学农药对抗棉铃虫无济于事

化学农药防治农业害虫具有见效快、易操作、受地域和季节影响较小等特点，是农业治虫的主要措施，尤其在农业重大害虫暴发的应急防控方面具有明显优势。化学农药防治棉铃虫虽取得了一定成效，但也存在明显缺陷。20 世纪 90 年代，棉铃虫危害严重时，棉农几乎"三天两头"往棉田里喷洒农药。过量喷施农药使得棉铃虫产生了抗药性，具有抗药性的棉铃虫大量繁殖，而且随着繁殖代数增加，其抗药能力持续增强，造成农药越用越多，形成恶性循环。甚至出现将棉铃虫泡到农药原液中都无法将其杀死的怪事，而且出现家鸡食用"经农药洗礼过"的棉铃虫后中毒死亡的现象。另外，过量使用化学农药，棉铃虫的天敌也被同时"消灭"，致使害虫猖獗和次要害虫暴发，不但造成了严重环境污染，人畜中毒死亡事故也时常发生。1992 ～ 1996 年，全国因防治棉铃虫而中毒的棉农就超过 24 万人次，全国一年治虫的农药花费 70 亿元，亩产 65kg 左右的棉花减少到 11.5kg。导致大量棉农放弃种植棉花，给依赖于棉花的纺织行业带来巨大损失。那么，人类是否没办法对付棉铃虫了呢？上述问题促使人们开始重视棉铃虫的生物防治策略。

3. 转基因抗虫成为精准防治棉铃虫的杀手锏

转基因抗虫棉之所以抗虫，是因为通过生物技术手段将外源 *Bt*（苏云金杆菌）基因整合到棉花染色体后，可以在棉花体内合成一种叫 δ- 内毒素的伴孢晶体，而该晶体是一种蛋白质，被鳞翅目、鞘翅目等昆虫吞食后，在碱性环境下的昆虫肠道内被水解成毒性肽，并迅速引起昆虫肠道麻痹和肠道穿孔，导致昆虫死亡，从而保护棉花不被啃食（图 8-6）。很多人对此感到害怕，认为昆虫吃了会肠道穿孔，那么要是人吃了是否亦然？其实完全不用担心，因为人体和哺乳动物的肠道环境呈酸性，可以将其"消化"成氨基酸被吸收利用，因此，这类蛋白质晶体对人体和哺乳动物不仅无毒，还能转化为有益养分被吸收而无任何副作用。

美国是第一个研制出转基因抗虫棉的国家。棉铃虫危害暴发时，我国相关部门曾与拥有转基因抗虫棉知识产权的外国公司进行谈判，外方条件是中国出资 9000 万美元购买不包括专利核心技术的转基因种子，而且合同期 30 年内中国不能进行转基因抗虫棉育种！这一苛刻条件意味着我们将永远受制于人。在这场没有硝烟的转基因棉花技术大战中，中国谈判人员斩钉截铁地回应道："不管前面的道路多么坎坷，一定要研制出具有自主知识产权的抗虫基因和国产转基因抗虫棉"。因此，发展自主知识产权的转基因抗虫棉刻不容缓。1991 年，863 计划就将国产转基因抗虫棉研发作为重大攻关项目。从 1998 年到 2005 年短短 7 年间，我国具有自主知识产权的抗虫棉市场份额由最初的 5% 发展到 70%。2015 年后，美国抗虫棉彻底退出了中国市场。在这场没有硝烟的科技战争中，我国科研人员打了个漂亮的翻身仗！

国产转基因抗虫棉研发可大致分为4个层次。第一层次负责抗虫基因的研制，以中国农业科学院生物技术研究所郭三堆研究员、中国科学院微生物所田颖川研究员、中国科学院遗传与发育生物学研究所朱祯研究员等为代表，研发了具有自主知识产权的双价抗虫基因，打破了美国抗虫基因的垄断；第二层次负责将抗虫基因导入棉花，获得抗虫的转基因棉花种质新材料（图8-7），以中国农业科学院棉花研究所李付广研究员、江苏省农业科学院经济作物研究所倪万潮研究员等为代表，建立了以中国主栽品种为受体的棉花转化体系，打破了美国对棉花转化体系的垄断地位，实现了棉花抗虫优异种质资源的创制，为培育国产抗虫棉提供了大量的优异亲本；第三层次是全国各地育种单位，用抗虫种质材料和生产品种进行系统选育或/和杂交选育；种业企业作为第四层次，对国产抗虫棉新品种进行产业化推广。我国棉花科技人员充分发挥举国体制优势，通过上中下游紧密配合，将抗虫基因授权给第二、第三层次单位使用，大大加快了转基因抗虫棉新材料创制和品种培育进程，如以sGK9708、sGK中27和sGK中394等骨干转基因抗虫棉材料为亲本，培育国产抗虫棉新品种3个，之后又衍生抗虫棉新品种60多个。在全国棉花科研上中下游协同攻关下，我国成为继美国之后世界第二个成功研制转基因抗虫棉的国家。

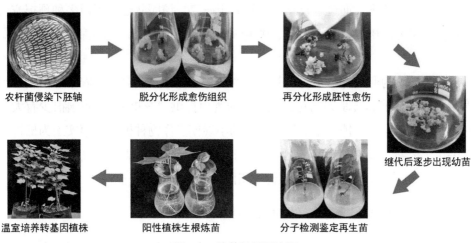

农杆菌侵染下胚轴　　脱分化形成愈伤组织　　再分化形成胚性愈伤　　继代后逐步出现幼苗

温室培养转基因植株　　阳性植株生根炼苗　　分子检测鉴定再生苗

图8-7　棉花转基因流程

1999年，国产转基因抗虫棉品种通过审定，并迅速在河北、河南、山西、山东等地推广应用。2001年，上述地区的转基因抗虫棉播种面积首次超过非转基因棉花，但以国外抗虫棉占主导地位。2003年，国产转基因抗虫棉品种市场占有率超过国外抗虫棉，2015年占据了我国抗虫棉市场份额的99%以上。截至2020年，共有230多个抗虫棉品种通过了国家品种审定，累计推广应用5.3亿亩以上，实现了转基因抗虫棉的全面国产化，有效控制了棉铃虫危害，减少农药使用65万吨，新增产值累计650亿元，取得巨大经济、社会和生态效益。

4. 建立棉铃虫的预警和抗药性监测体系

国产抗虫棉广泛种植，但对棉铃虫的预警和检测也不能忽视。棉铃虫是夜蛾科昆虫的一种，整个发育过程包括卵、幼虫、蛹和成虫。以往的研究认为棉铃虫是一种能够越冬的昆虫，冬天以滞育蛹的形式在寄主根际附近的土中冬眠，进而来年导致虫灾，但对于棉铃虫是否可以远距离迁飞尚不清楚。中国农业科学院植物保护研究所吴孔明院士团队研究发现，20世纪90年代初某些地方没有棉铃虫，但会突然间大批涌现，据此推测棉铃虫不是当地发生的，可能是迁飞而来。但当时对棉铃虫迁飞还没有任何的科学记录。此后，他带领团队成员对棉铃虫迁飞机制进行了系统研究，发现棉铃虫在进化过程中准确地掌握了东亚的气候变化和季风循环的关系，不但具有越冬能力，而且具有迁飞特性。像大多数靠跨越空间越冬的昆虫一样，当栖息地的环境温度不适宜或食物不充足时，棉铃虫就会起飞，随着季风进行迁飞。通过十几年的数据分析研究，该团队建成了以多种预报方法和预报模型为内核，以长期预报、中期预报和短期预报相结合的棉铃虫监测预警体系。

国际上，为避免棉铃虫对转基因作物产生抗性，一般会要求农户种植转基因棉花的同时种植非转基因棉花，也就是为害虫提供"庇护所"。我国很少有大型农场，大规模连片种植也不多见，农户的小规模多作物种植模式事实上为棉铃虫提供了"天然"庇护所，有效延缓了其抗性产生。转 *Bt* 基因抗虫棉在我国已商业化种植20余年，至今未发现棉铃虫田间种群产生高水平抗性。

5. 新一代转基因棉花高产优质又抗虫

转 *Bt* 基因抗虫棉的成功应用表明"一个基因可以带动一个产业"，也充分显示出基因资源的巨大潜在效益和作为技术制高点的战略意义。我国棉花研究团队立足于棉花产业发展需求，开展针对纤维品质、产量、株型、抗逆等重要农艺性状形成的分子机理研究，挖掘了包括新型抗虫（棉铃虫、盲蝽蟓、棉蚜、斜纹夜蛾、甜菜夜蛾等）、抗黄萎病、抗除草剂、耐旱、耐盐碱、纤维品质改良、高产等一大批功能基因。其中，通过转基因技术获得的高产、优质和抗除草剂等新材料进入转基因安全评价程序。由中国农业科学院棉花研究所与复旦大学合作完成的优质大铃转 *RRM2* 基因棉花新材料，棉铃增大，品质提高，结铃性比受体品种提高 20%，在高产、优质品种培育方面具有应用潜力。西南大学将 *iaaM* 基因导入棉花创制的转基因材料，实现了棉花纤维产量和品质的同步提高，马克隆值 A 级，衣分提高 25%，产量增加 20%，显著提升了我国转基因棉花研发的国际地位。中国农业科学院生物技术研究所创制了具有自主知识产权的耐除草剂转基因棉花新材料 GGK2，可耐受 4 倍以上生产用剂量的草甘膦除草剂，且喷施除草剂 5 天后，草甘膦残留量降低 81% ～ 89%，除草剂耐受性和残留量表现上均显著优于国际同类产品。在利用基因编辑技术提高棉花的黄萎病抗性、油分含量和抗盐碱性等领域也取得一系列原创性成果，为培育具有相应自主知识产权的优良品种，保障我国棉花种子安全打下了坚实基础，对全面提升我国棉花产业链的国际竞争力具有重要意义。

三、水稻里种出人血清白蛋白

血清白蛋白是人血浆中的蛋白质，对人体的作用不言而喻，在临床上可用于治疗休克、烧伤，用于补充因大出血所致的血液流失，还广泛用于疫苗赋形剂、蛋白药物保护剂等。我国每年人血清白蛋白的需求量达 400 多吨，而一半以上依赖进口。由于血浆短缺，寻找非人血来源的重组人血清白蛋白势在必行。20 世纪 80 年代开始，研究人员尝试在细菌、酵母、动物细胞和植物等宿主中采用生物技术生产重组人血清白蛋白，然而，细菌、酵母、动物细胞都不适于表达重组人血清白蛋白。曾有研究人利用马铃薯叶绿体表达体系，但当重组蛋白表达水平高时，蛋白质容易聚集往往失去了活性，效果都不尽如人意。

武汉大学杨代常教授从事水稻转基因的研究，他将目光放到水稻种子上。种子表达体系具有表达水平高、生产成本低、加工便利等显著优势，是规模化生产中较成熟的表达体系。更重要的是，种子作为植物天然的储存器，可以在常温下储藏 4 ～ 5 年而不丧失生物活性，同时，种子占用空间小，运输方便，便于加工。水稻胚乳细胞具有完整的真核细胞蛋白质加工体系，重组蛋白的翻译、折叠和修饰都与哺乳动物细胞十分相近。此外,水稻是我国的主粮,已有几千年的食用历史,其生物学背景清楚,没有出现有关动物病原菌和病毒侵入植物细胞或植物病毒与人共患的报道,具有更高的安全性。于是,杨代常决定用水稻种子作为生物反应器来表达人血清白蛋白。为了让人血清白蛋白更适合在水稻种子中合成,杨代常带领研究团队对人血清白蛋白基因进行改造和优化,将人工合成水稻偏爱密码子的人血清白蛋白基因转化到水稻中,以水稻胚乳作为"蛋白质生产车间"来表达和生产重组蛋白。整个生产过程包含了基因克隆、蛋白特异性高效表达,原料种植、收获、运输、储藏,蛋白质提取、纯化、制剂等技术。经过多年技术改进,蛋白表达水平提高和纯化加工技术配套,他们的水稻胚乳细胞生物反应器提取人血清白蛋白只需三步层析就可达到医药级企业质量标准。如今,可以实现 1kg 稻米产出约 10g 血清白蛋白的世界最高产量水平,单批次生产周期能控制在 36h。更有利于成本控制的是,水稻胚乳细胞生物反应器将通过发酵合成蛋白质改为通过植物利用光合作用完成。以水稻种子作为生物反应器的技术平台将孵化出更多产品,成为我国生物制药又一新途径,一度被视为天方夜谭的梦想终将实现。

第三节　智能植物工厂——
农业的工业化未来可期

通过植物组织培养可以使脱毒种苗、优良品种或珍稀濒危的植物试管苗实现工厂化生产,但这种植物工厂化生产需要在无菌条件下、在人工配制的培养基上才能完成。能否既不依赖于土壤,也不需要上述条件就能实现植物的工厂化生产?答案是肯定的。下面介绍的将是未来农业发展的新方向——智能植物工厂及其应用。

一、离开阳光和土壤,植物照常能生长

在福建安溪县的一个光电产业园区,有几座外观看似平平无奇的厂房,但每天厂里的产品都由冷链车源源不断运送出去。人们不禁好奇,这里面到底是在生产什么东西?走进去一看,这里竟然种满了各种蔬菜、食用花卉和中药材(图 8-8)。

图 8-8　蔬菜植物工厂（左）与食用花卉植物工厂（右）内景

在一排排整齐罗列的设备上，灯光绚丽璀璨，一层层生菜长得绿意盎然，偌大的厂房里竟然看不到几个工人，只听得到哗哗的流水声，却看不见水的踪影。了解玻璃温室的朋友一定见过无土栽培，不需要土壤就可以在水里种菜。但是在没有阳光的工厂里怎么能种出新鲜美味的蔬菜呢？这一切的奥秘就源于一个全新的产业——智能植物工厂。

智能植物工厂是在全封闭环境中对光照、温度、二氧化碳、养分等植物生长条件进行智能化控制的植物高效生产系统。它不依赖阳光和土壤，摆脱自然生态环境的束缚，使传统农业生产走上了工业化的变革道路。

植物工厂的发展有近 70 年的历史。1949 年，美国建立了一座人工气候室，成为植物工厂的雏形。1957 年，丹麦诞生了第一座人工光和太阳光并用的植物工厂。1960 年，美国通用电气公司建立了第一个全人工光植物工厂。1963 年，奥地利建造了高 30m 的垂直植物工厂。1983 年，日本静冈三浦农场研发了平面式和三角板式植物工厂，第一次实现生产。2008 年，日本将 LED 光源取代荧光灯应用于植物工厂，大幅节能并提高空间利用率，使植物工厂进入商业化推广阶段。

我国植物工厂产业虽起步晚，但研发水平和产业发展迅速。2006 年，中国农业科学院建成一座 20m^2 的小型植物工厂，开展营养液水培蔬菜试验。中国科学院植物研究所与企业合作，开展智能植物工厂关键技术研发，2016 年在福建泉州建成单体栽培面积最大的植物工厂，日产蔬菜 1.8 吨；研发了首套模块化栽培系统和首套自动化植物工厂生产线，产品出口 30 多个国家和地区。国家有关部门对植物工厂研发高度重视。2013 年，"智能化植物工厂生产技术研究"项目列入 863 计划，中国科学院将其列为"十三五"重点培育方向；2019 年，中国科学技术协会将"全智能化植物工厂关键技术难题"列入 20 个重大科学问题和工程技术难题之一；2020 年，"全智能植物工厂产业化关键技术"入选"科创中国"先导技术榜单。近年来，一些龙头企业纷纷布局和进军植物工厂产业。

二、生长条件智能化模拟为植物生长保驾护航

智能植物工厂能摆脱自然环境的约束，实现作物周年持续生产，具有产量高、周期短的特点。同时，生产过程不使用农药，产品具有食用品质好、附加值高、安全无污染等明显优势。我们都知道，万物生长靠太阳，植物种植需土壤。那么植物工厂内的蔬菜是如何摆脱对阳光和土壤的依赖呢？这主要得益于光谱配方和营养液配方的核心技术。

植物光合作用需要光源，但并不是需要等比例的红橙黄绿青蓝紫七色光，而是对红光和蓝光的需求最高，其他的光，如紫外、红外等起调节作用。研究人员发现，不同的植物、同一植物的不同生长发育阶段对光质和光量的需求也是不一样的。因此，根据每种植物光合作用与生长发育对光需求的特性量身定制光谱配方，既能保障植物最高效的生长生产，又能减少无效光造成的能源浪费，节约生产成本。LED 光源技术的出现及其生产工艺的升级使植物个性化的光谱配方成为可能，LED 光源克服了荧光灯光源的盲目性，给植物工厂带来了变革，大大提升了效率，降低了成本。同时，植物根系需要吸收无机盐，包括大量元素和微量元素。根据植物对营养元素的需求，科研人员找出每种植物不同生长阶段最适合的营养液配方，植物根系浸泡在循环流动的薄层营养液系统中就可高效吸收养分。通过营养液浓度和酸碱度检测，提示系统及时打开补液和酸碱调节剂补充，实现自动化营养液调节与补给。因此，通过光谱配方和营养液配方技术，模拟并优于植物自然生长的环境条件，分别实现叶片吸收光能和根系吸收养分的目标。此外，温度、湿度、二氧化碳浓度的控制对植物工厂也必不可少。

智能植物工厂产业是植物生物学、材料科学、计算机科学、生物技术、栽培技术、工程技术、系统管理等多学科高度集成于一体的产业。随着自动化和人工智能技术的进步与蓬勃发展，智能化植物工厂将进一步提升生产力，是农业产业化进程中最具活力和潜力的领域之一，是一个国家现代农业高技术的重要标志。这也吸引了越来越多的科研单位和企业的关注与投入。例如，无人化垂直农业生

产系统，已实现播种、分栽、清洗、转运等重要工序无人化，一套占地5000m²、20层栽培层架的自动化植物工厂，仅需少量工作人员作业，日产蔬菜达4.2吨（图8-9）。植物工厂为百姓提供优质安全、种类丰富的农产品，尤其是不含农药和重金属这一优势，满足了人们对日益增长的高品质食品的需求。植物工厂产品不仅入选2017年金砖国家领导人会晤餐宴，而且已经进入超市，端上百姓的餐桌，让消费者买得安心，吃得放心。

图8-9　自动化植物工厂

三、植物工厂的畅想

世界人口急剧增加，截至2022年11月15日，全球人口已达80亿，预计2050年可能接近百亿。人口膨胀与耕地短缺、环境污染、食品安全等全球问题将会日益凸显。党的十八大以来，党中央多次提出，加快推进农业关键核心技术攻关，全面推进乡村振兴，加快农业农村现代化。党的二十大报告提出了，到2035年基本实现农业现代化，到本世纪中叶建成农业强国。设施农业大有可为，要发展日光温室、植物工厂和集约化畜禽养殖，推进陆基和深远海养殖渔场建设，拓宽农业生产空间领域。可以预见，智能植物工厂在我国农业现代化中将扮演重要的角色。首先，智能植物工厂不占用耕地，可以建在边际土地甚至荒漠，单位面积生产效能比传统农业提高近百倍；可实现水资源循环利用，比滴灌农业节水几十乃至上百倍；有利于促进农业产业结构调整，有效缓解人口增长与劳动力短缺和耕地不足之间的矛盾，保障国家食品安全。其次，智能植物工厂对夏冬型作物均能加速育种周期，缩短植物生长发育所需的时间，实现一年连续 4～8 代的种植与种子采收，成为育种加速器，受到育种行业的青睐，将助推我国生物种业的发展。再次，利用植物自身的生化反应过程，规模化生产具有重要功能的药物蛋白或小分子化合物，为生物制药提供一种高效、绿色、安全的生产途径，植物工厂反应器具有极高的经济价值、社会效益和广阔的应用前景。最后，智能植物工厂生产不受气候环境影响，具有特殊条件下农业产生不可取代的作用，能为远洋舰艇、边防海岛、极地高寒等特殊地理条件工作生活的人群提供新鲜食品，将为我国的国防及科考提供重要的后勤保障。

一部科幻电影《火星救援》让我们看到在外星球如何运用高科技生产土豆。早在 20 世纪 90 年代，人类开始研究并试图在太空种菜，这也被称为航天员的生命保障系统。2022 年 9 月 9 日，由中国科学院科学传播局和教育部基础教育司共同主办了"天地共播一粒种"——青少年与航天员一起种植物科普活动，来自北京、上海等 13 个省份的中小学生，共同观摩了神舟十四号航天员陈冬在中国空间站进行植物培养的实验。如今，在太空种植和生产植物已不再是科幻与梦想。未来人类如果面临星球移民、流浪地球这种情况，智能植物工厂必将发挥更重要的作用。

参 考 文 献

蒋武生, 张晓伟, 原玉香, 等. 2009. 大白菜游离小孢子培养技术研究进展及应用. 河南农业科学, 38(9): 151-154.

李付广. 2017. 棉花体细胞胚胎发生. 北京: 科学出版社.

李付广, 魏晓文, 崔金杰. 2006. 转基因抗虫棉技术的应用进展. 中国科技成果, (17): 26-29.

李付广, 袁有禄. 2013. 棉花分子育种学. 北京: 中国农业大学出版社.

李明军. 2004. 怀山药组织培养及其应用. 北京: 科学出版社.

倪万潮, 张震林, 郭三堆. 1998. 转基因抗虫棉的培育. 中国农业科学, 31(2): 8-13.

王建兰, 秦兆宝. 2018-10-15. 王涛: ABT生根粉之母. 中国绿色时报, 3版.

许智宏, 张宪省, 苏英华, 等. 2019. 植物细胞全能性和再生. 中国科学, 49(10): 1282-1300.

喻树迅, 李付广, 刘金海. 2003. 我国抗虫棉发展战略. 棉花学报, 15(4): 238-242.

张晓丽, 李萍, 周彩云, 等. 2017. 怀地黄脱毒种苗大田生长性状及产量品质. 植物学报, 52(4): 474-479.

朱至清, 王敬驹, 孙敬三, 等. 1975. 通过氮源比较试验建立一种较好的水稻花药培养基. 中国科学, 5(5): 484-490.

Skoog F, Tsui C. 1948. Chemical control of growth and bud formation in tobacco stem segments and callus cultured *in vitro*. American Journal of Botany, 35(10): 782-787.

执笔人: 张江利，讲师，河南师范大学

李明军，教授，河南师范大学

杨作仁，研究员，中国农业科学院棉花研究所

李付广，研究员，中国农业科学院棉花研究所

查萍，助理研究员，中国科学院植物研究所

林荣呈，研究员，中国科学院植物研究所

第九章

天然橡胶支撑国家工业化发展

导　读

如果说煤炭是现代工业的粮食，石油是现代工业的血液，钢铁是现代工业的骨骼，那么天然橡胶就是现代工业的肌肉。如果没有天然橡胶，缺失的就不只是乳胶床垫、汽车轮胎和橡胶鞋底，更重要的是，各种装甲车辆和潜艇舰船的制造受到限制，没有橡胶就无法建设现代国防力量。毫不夸张地说，橡胶是事关国家安全的重要材料。虽然人类已经掌握化学合成橡胶的方法，但是至今，无论是从产量上还是质量上，合成橡胶都无法与天然橡胶相提并论。天然橡胶是重要的国家战略资源之一，而发展本国的橡胶树生产基地，稳定天然橡胶供给，是每一个大国都需要解决的问题。在新中国成立之初，为打破以美国为首的帝国主义对我国实行经济封锁，解决天然橡胶被禁运，我国开始独立自主发展橡胶树种植基地。当时，科学界认为橡胶树是一种典型热带树种，无法在17°N以北的地方种植，言下之意就是，"中国想种植橡胶树是痴人说梦"。然而我们的科研人员迎难而上，从20世纪50年代开始，经过几十年的不懈努力，自力更生，打破了西方专家的论断，研发了一整套抗寒高产综合栽培技术应用于生产，成功地把橡胶树的种植北线扩展到热带北缘18°N～24°N，在海南、云南等地陆续建成了天然橡胶种植基地，使我国成为世界新兴的天然橡胶生产国，充分发挥了科技是第一生产力的作用。全国橡胶科研协作组完成的"橡胶树在北纬18～24度大面积种植技术"于1982年获国家发明奖一等奖。

第一节　天然橡胶的发现与来源

1493 年，哥伦布率队初次踏上南美大陆，这里新奇植物让人眼花缭乱，除了被哥伦布误认成胡椒的辣椒，有媲美小麦的谷物玉米，还有让人吞云吐雾的烟草，以及形似松果香气扑鼻的菠萝。欧洲殖民者在探索过程中，还发现了一种特别的植物材料——一种浓稠白色乳汁，当地的印第安人将其液体涂在衣服上，就得到了一件不透水的"雨衣"。不仅如此，欧洲殖民者还发现，印第安人会唱着歌互相抛掷一种小球，小球落地后能反弹得很高，捏在手里则会感到有黏性，并有一股烟熏味。殖民者将其带回欧洲，献给王室。制成这种小球的特别材料就是天然橡胶，但是当时殖民者并不知道天然橡胶出自何处。

1693 年，法国科学家德·拉康达明（de La Condamine）到南美洲，又遇到印第安人在玩这种球。细心的拉康达明多方求证，追根寻源，最终得知小球的材料来自一种被印第安人称为"cau-uchu"的树（意为流泪的树）。1735 年，法国科学院向美洲派遣科学探险队，深入考察其自然资源情况。科学家拉康达明在南美洲的亚马孙河谷发现野生橡胶树，在他的著作《南美洲内地旅行记略》（*A journey to the countryside of South America*）中，详细记录了橡胶树的产地、采集乳胶的方法和橡胶的利用情况。

在被发现之后的很长一段时间里，橡胶并没有成为人类生产、生活的重要材料，只是被抹在雨衣和雨鞋上防水而已。因为，天然橡胶的弹性有限，并且在高温下会变黏。转机出现在 1852 年，美国化学家查尔斯·固特异（Charles Goodyear）在做试验时，无意之中把盛橡胶和硫磺的罐子丢在炉火上，橡胶和硫磺受热后流淌在一起，形成了块状胶皮，从而发明了橡胶硫化法。查尔斯·固特异的这一偶然行为，是橡胶制造业的一项重大发现，为橡胶的应用开辟了新路径，使橡胶从此正式成为一种工业原料，从而也促使与橡胶树相关的许多行业蓬勃发展成为可能。查尔斯·固特异因此享有"现代橡胶之父"的美誉。

最初，世界上所有的天然橡胶产区都位于南美洲亚马孙流域，随着天然橡胶需求量骤增，野生橡胶林被砍伐殆尽，以及南美橡胶树叶疫病的暴发，天然橡胶的传统产区日渐没落。

在这种情况下，寻找更多适合橡胶树种植的区域，成为"植物猎人"的工作之一。位于东南亚的印度尼西亚和马来西亚是最初选定的种植区域，这里位于赤道附近，年平均温度26～30℃（内陆山区22～28℃），年降雨量2000～2500mm，与南美洲热带地区有着诸多的生态相似性，是橡胶树的适生自然环境。更重要的是，这里有很好的农业生产基础，可以为橡胶树种植生产提供大量的劳动力。1876年，英国人H.魏克汉（H. Wickham）从亚马孙热带丛林中采集了约7万粒橡胶种子，送到英国伦敦皇家植物园邱园培育，然后将橡胶苗运往新加坡、斯里兰卡、马来西亚、印度尼西亚等地种植并获得成功。

人类最初获取天然橡胶方法是，将橡胶树砍伐之后再提取其中的天然橡胶，这种方式的生产效率很低，根本无法满足现代工业的橡胶需求。1887年，新加坡植物园主任、英国科学家亨利·尼古拉斯·里德利（Henry Nicholas Ridley），发明橡胶连续割胶法，使得橡胶树的可利用周期从几年延长到几十年，彻底改变了砍伐橡胶树的原始采收方式，大幅提高橡胶园生产效率和投资回报率，堪称橡胶树产业发展史上的里程碑。

与连续割胶法齐名的另一项创新是橡胶芽接法。1915年，印度尼西亚西爪哇省茂物植物园荷兰人赫尔屯发明橡胶芽接法，使得优良橡胶树通过无性繁殖大规模推广种植。芽接法问世，优良无性系种苗取代实生苗，极大地提高了单位面积橡胶产量，成为橡胶树种植史上的又一座里程碑。

橡胶树在东南亚安家落户后，东南亚华侨纷纷引进橡胶树开辟种植园，促进东南亚社会经济发展，同时不少华侨想要把橡胶树引种到中国。1902年，秘鲁华侨垦殖业专家曾汪源先生带两个儿子曾金城、曾金培到海南进行环岛考察，确认儋县那大地区（现儋州市那大镇）橡胶种植条件优越，环境得天独厚，他们从马来西亚带回橡胶苗在儋县西岭村种植，但未获成功。1904年，云南干崖土司刀安仁从新加坡引进橡胶苗8000余株，在盈江县新城乡凤凰山种植成功，因此，刀安仁也被称为中国种植橡胶树成功的第一人。1948年，泰国华侨钱仿周等人从泰国引进橡胶2万余株，在西双版纳橄榄坝种植成功。爱国人士不畏艰辛，跋山涉水，把橡胶树种在祖国土地上，立下先驱功劳，给祖国母亲献上一颗热诚的赤子之心。

第二节　新中国发展天然橡胶工业的挑战与成就

一、　天然橡胶遭封锁，顶层决策争自立

天然橡胶已成为现代工业必需且不可替代的资源，引起世界各国高度关注。朝鲜战争爆发后，美国为首的帝国主义对我国实行经济封锁，包括禁运天然橡胶。国家要发展经济，少不了天然橡胶，人民生活需要胶鞋、需要雨衣，汽车、飞机不能没有橡胶制造的轮胎，制造精密仪器更需要橡胶作为绝缘材料。要想解决这些难题，当务之急是开辟自主的天然橡胶生产基地。但是大规模种植橡胶谈何容易，首先要解决的难题就是种苗问题。

在陈云的领导下，中国科学院竺可桢副院长以及吴征镒等一批植物学家积极响应号召，参与到橡胶草、橡胶树种植和野生橡胶植物资源调查计划的制定中。陈云征询了关于橡胶草、印度橡胶和巴西橡胶有关情况和引种可行性问题，商议和征求橡胶树宜林地考察和大面积种植橡胶树的有关问题。

1950 年，陈云赴海南岛调查，召开座谈会，听取各方人士意见，了解海南岛华侨橡胶园的情况，认为海南岛发展橡胶树种植大有前途。1951 年，党中央作出一定要建立天然橡胶基地的战略决策。1951 年 8 月 31 日，中央人民政府政务院第 100 次政务会议决定，为保证国防工业及工业建设的需要，必须争取橡胶自给，作出培育橡胶树种植业，开展大面积种植橡胶树的决定，在海南和西双版纳开辟橡胶树种植基地。

二、　临危受命勇当先，寻橡胶资源宝库

1951 年 10 月，中国科学院植物分类研究所昆明工作站（现中国科学院昆明植物研究所）接到关于橡胶资源植物调查和橡胶宜林地考察通知，完成任务的时间只有短短一年零一个月。当时，工作站有职工 21 人，其中研究人员仅 2 人，用单薄二字都不足以形容当时的工作基础。时任昆明工作站主任的蔡希陶先生毅然放弃了任职北京市动物园主任的机会，一马当先，立即与云南大学、云南省林

业局商议，会同时任云南省林业局副局长、云南大学教授秦仁昌，即刻落实两项考察任务。

1951 年 10 月 26 日，由秦仁昌、冯国楣、蔡希陶分别带领考察队开始工作，首要目标是采集和分析所见的所有产胶植物。

秦仁昌率领第一队赴保山专区调查，在德宏盈江发现 2 株橡胶树，采得种子 3 粒，并拍摄了照片。这 2 株橡胶树是傣族土司刀安仁 1904 年购买 8000 株橡胶树苗，在盈江新城凤凰山种植后遗留下来的。刀安仁的大胆试种，说明 21°N 以北的中国南部地区有可能种植橡胶树，突破了当年《大英百科全书》里说的"15°N 以北栽不活橡胶树"的结论。如今，盈江仍然存活有高 20m 的橡胶树，此树称为"中国橡胶第一树"。冯国楣率领第二队赴思普专区，在西双版纳澜沧江畔的橄榄坝发现暹华橡胶园，有橡胶树近百株，是在泰国经营橡胶园多年的华侨钱仿周等人所建造。蔡希陶率领第三队赴滇东南红河流域的蒙自、文山两专区，沿中越、中缅边境进行考察，这个区域是热带雨林和热带季雨林区，炎热多雨，蚊虫、毒虫多，瘴气四伏。考察队不畏艰险，最终在中越和中缅边界找到一些逸生状态的橡胶树，除了拍摄照片，还采集到一些橡胶种子与标本；在中越边境的金平勐拉、金水河发现野生橡胶资源植物——夹竹桃科杜仲藤属的木质藤本植物大赛格多。

最终，三支考察队都圆满完成考察任务，收获颇丰，为云南橡胶生产的可行性提供了科学论证基础。1952 年 2 月 21 日，中国科学院植物分类研究所昆明工作站在上报的 1951 年工作报告中建议，云南在 23°N 以南的广大山区，只要在海拔 1500m 以下，都是无霜多雨地区，可试验种植巴西橡胶树。这项建议成为云南发展橡胶产业的重要转折点。

同期，中国科学院植物分类研究所昆明工作站向云南省人民政府呈报"在云南成立橡胶研究机构的计划书"。首次报告云南的河谷地区，特别是滇西南的河谷地区，是种植橡胶的理想地区。不久之后，中国著名植物学家、时任昆明工作站主任蔡希陶与冯国楣等向云南省农林厅军代表魏瑛提供三叶橡胶照片。陈云同志看照片后明确指示要发展魏瑛同志从云南带来汇报的这种三叶橡胶。

1953～1955 年，吴征镒等每年都率领综合考察队到海南、广东西部、广西西部对热带雨林进行考察，特别是对次生林、灌草丛等植被的分布和演化规律，热带北缘地区的特点，如季风、台风、寒潮和干旱等，进行了解。

为什么科研人员要在海南和西双版纳进行多次考察，而不是直接进行试种呢？

考察的目的是证实和明确海南和西双版纳是不是具有热带性质的生态环境条件，同时深入了解热带北缘不同植物生态类型，为种植橡胶树提供根本的环境基础数据。

经过艰苦的调查，植物学家陆续在西双版纳和海南发现相关的热带森林成分——望天树、四数木、榕树独木成林和榕树绞杀现象。其中，望天树是热带雨林植被的标志性树种；四数木是东南亚热带雨林典型的上层落叶树种，有明显大板根；榕树独木成林和榕树绞杀现象，也是热带雨林特有现象。这些特征性植物种群和特有植物现象，充分证实海南和西双版纳森林的热带性质，为种植橡胶树奠定牢固的生态环境基石。

三、山野垦荒苗难活，胶树安家靠研发

从 20 世纪 50 年代开始，海南和云南等地陆续建立了多个三叶橡胶种植场。但是，在雨林中建设橡胶农场谈何容易。建设者们必须使用拖拉机挖出热带杂木林树根，清除草本植物，为橡胶树提供生活空间。困难还不止于此，如果遇到暴雨就会发生严重水土流失，橡胶幼树毁灭或生长不良严重。

1952 年 6 月，29 岁的何康调任林垦部特种林业司司长，受命于危难之中。到任没几天的他就匆匆南下广东、云南、广西、海南岛等地，进行了三个月的实地考察。后来，何康举家南迁，担任华南热带作物科学研究所、华南热带作物学院（俗称"热作两院"）校长、党委书记，在这里他为祖国的橡胶事业奋斗了 20 余年，率领团队克服了重重困难，可以说何康是新中国天然橡胶事业奠基人。1993 年，何康获世界粮食基金会颁发的第七届世界粮食奖，成为第一个获得此奖的中国人。

1952 年，彭光钦受命从重庆前往广州，筹办我国第一个热带作物研究所，并担任筹委会副主任。彭光钦全身心扑在天然橡胶事业上，多次参加中国科学院橡胶树宜林地调查，多次参与橡胶树栽培技术攻关，打的是橡胶树北移的攻坚战。

"寒、旱、风"是橡胶树北移的三大天敌，彭光钦从深入研究橡胶树的生理生化过程入手，掌握北移橡胶树生理生化变化的基本规律。最终，发现橡胶树抗

寒力与其生长强度成反相关，如果橡胶树植株在寒流到来前，不能结束生长，就容易受寒害的影响。与此同时，他还发现橡胶树植株内部生化过程及抗寒物质的累积，有着很大差异，这些因素都会极大地影响橡胶树的抗寒性。

掌握了橡胶树生活和生长规律，就把握了攻坚战的主动权。在充分研究的基础上，调整了片面追求生长量和过度抚育的做法，之后，再配合农艺措施，控制橡胶幼苗在不同生长期的代谢速度，即在生长期前半段充分发育生长，在生长期后半段及时结束生长，使枝条充分成熟和木质化。这些技术成为橡胶树在中国能安家落户的基础。

1952年，郑学勤从北京大学毕业，跟随王震将军到海南工作，一生定格在海南。为了获得橡胶树的原生地理种源，1981年，他参加国际橡胶研究与发展委员会（IRRDB，International Rubber Research and Development Board）组织的亚马孙科考队，考察橡胶树原生自然生态环境，了解巴西橡胶树种植情况，采集高产橡胶树枝条和种子。在考察的50天里，他与队友共采集优良母株材料294份，种子超过6万粒。这些材料为培育中国适生优良品种提供了种质资源。

要想获得足够的橡胶，光有优良的种质资源还远远不够，解决橡胶宜林地和管理技术也是关键技术。中国植胶区的自然条件，远不如那些位于赤道两侧的产胶国，我国的割胶天数比其他产胶区少1/3。正因如此，我国科研人员的担子更重。1953年，黄宗道从南京调往华南热带作物科学研究所，参加橡胶宜林地调查。在几年的工作中，他走遍海南、云南、广东、广西和福建的山岭，不仅要在热带山林中反复穿梭，还要提防山猪、毒蛇和蜈蚣的侵袭。黄宗道经过长期系统研究，明确表示解决了气温、物候、土壤营养对产胶的影响，就解决了橡胶树产胶潜力和排胶强度之间的矛盾。采取适合中国气候条件的特殊栽培措施，使中国橡胶树的产量能达到世界先进水平。

1953年秋，中国科学院委派吴征镒、马溶之、李庆逵、罗宗洛赴海南、广东、广西考察，许成文、郑学勤、李嘉人等人参加。他们先到海南西部考察老橡胶树的生态和土壤环境，随后到海南岛和雷州半岛新建的橡胶种植场考察。吴征镒和马溶之、李庆逵着重注意植被、土壤，考察种植区的植被类型及主要建群树种及现时植被保存状况与立地状况，仔细查看土壤质地、特性，做土壤剖析，测定土壤营养含量和土壤径流等。罗宗洛着重考察橡胶树营养生理条件，结合种植区气候性质和特点，了解橡胶树营养生长情况，同时仔细考察影响橡胶树生长的主要生态因子，如温度、降水、日照时数、风速等。许成文专注于橡胶树根系的研究，对橡胶树根系的形态特征、根系生命力、根系水平分布和垂直分布规律、根系生长习性、根系与地上部分的关系以及根系生长环境与农业技术措施的关系进行系统观察研究。经过大家相互讨论和研究后，提出三项建议：首先，建议放弃在海南、广东、广西东沿海以及海南西南干旱沙地、龙州一带石灰岩土上种植橡胶的计划；其次，建议放弃拖拉机农耕措施，改用马来西亚一带的"斩芭烧芭"（即刀耕火种，但不游耕）；最后，建议实施"大苗壮苗定植"，并以本地树种营造防护林，在选好林下覆盖植物之前，先尽量利用林下次生植被作为防护。三项建议得到上级领导和中国科学院的肯定并实施，从而稳定了华南的橡胶种植业。

四、　胶树北移创奇迹，科学贡献永留名

从 1950 年开始，国家决定在海南和云南南部发展橡胶树种植基地。1982 年，"橡胶树在北纬 18 ～ 24 度大面积种植技术"获国家发明奖一等奖（图 9-1）。在这不平凡的 32 年里，来自全国不同学科的科研人员组成全国橡胶科研协作组，上下一心，最终解决了橡胶树在中国安家落户的四大科技问题。

图 9-1　"橡胶树在北纬 18 ～ 24 度大面积种植技术"获国家发明奖一等奖证书

第一，确立橡胶宜林地的条件，解决了哪里适合种橡胶树和怎样确定宜林地的问题。科研人员先后多次组织考察队，对海南、雷州半岛、广东西部、广西东部、云南（德宏、保山、思茅、西双版纳、文山、红河）以及四川南部进行考察；对海南和云南西双版纳的宜林地反复考察和查证，深入了解海南和西双版纳原生植被状况，仔细收集其自然生态环境主要因子（气候包括温、雨、风、光等，土壤，地质地貌，植被）资料，综合分析橡胶树立地条件，划分不同环境类型的宜种区。

第二，选育了一批抗性高产品种。经过扎根于橡胶垦殖区的几代科技人员的

共同努力，选育了以'热研 7-33-97'和'大丰 95'为代表的综合性状优良的一批品种，大面积推广栽培，自主创新的中国橡胶品种与世界知名品种相比也毫不逊色。

第三，发展出特别的抗风和抗寒栽培技术。亚洲热带北缘的中国南部非热带腹地，面临多种对栽培不利的因素，如多台风且时常有低于 4℃ 的寒害出现等。如果不解决这些问题，橡胶生产就无法正常进行。研究出一整套抗风和抗寒栽培技术，是中国植胶战线科技工作者的创新技术。

第四，虽然东南亚有比较成熟的割胶技术，开始时我们也参照学习，但应用下来，觉得不完全实用。中国橡胶树栽培的科技人员和割胶工合作，研发出一整套适合北移种植橡胶树的采胶技术，即实行"管、养、割"结合和产胶动态分析技术，解决了由于纬度高，常年有风、寒、旱以及产胶期短的大问题。虽然每年我国橡胶种植园的采收期比东南亚植胶园少 2～4 个月，但是生产总量并不低。

橡胶树初来乍到中国，难免有些水土不服。中国的橡胶科技工作者研发了四大创新技术，呵护着橡胶树在中国土地上生长的全过程。四大自主创新技术实现了橡胶树在中国南部适种地区安家落户。2021 年，中国橡胶树种植面积已达 1700 多万亩，占全球天然橡胶种植面积的 8%，与马来西亚并列为世界第三大橡胶树种植国。农垦部和中国热带农业科学院的何康、李嘉人、彭光钦、黄宗道、张维之、郑学勤、许成文，以及中国科学院的罗宗洛（植物生理生态）、马溶之（土壤）、李庆逵（土壤）、吴征镒（植物分类、植被）、蔡希陶（植物资源）、刘崇乐（昆虫）、吕炯（气候）、郑作新（动物）、寿振黄（动物）等老一辈学者专家不畏艰辛，不怕困难，无私奉献，当先锋、探路径，功在千秋。历史记住了他们的名字，更要发扬他们的科学精神。

第三节　建议国家建立自然保护区，走可持续发展道路

橡胶树在中国安家落户的过程中，几代橡胶人经历太多的艰难险阻，这是一条不断发现问题，不断解决问题的创新之路。在开垦种植橡胶树初期，毁林开荒，

清除原生植被，是一种常见做法，甚至出现成片挖出原生树木和草地植物的情况。当雨季来临时，暴雨倾盆，土壤流失严重，不仅会冲毁橡胶苗，影响橡胶树苗生长，更造成了大量的水土流失，对生态环境造成很大破坏。考察队专家和队员感到需要注重或调整开垦计划和策略。在与橡胶农场领导和技术人员讨论和商量之后，考察队建议开垦植胶时，要注意适度保护垦区原生植被，避免连片开垦；在橡胶树种植地选择上要注意选择阳面坡向，避开阴坡，更有利于橡胶树成长；还有就是不追求连片、连续开垦，注意适当的间隔，同时关注生物多样性保护问题。逐渐在垦殖与保护之间取得共性认识，自然保护区也应运而生。

1956 年 6 月，秉志、钱崇澍、杨惟义、秦仁昌和陈焕镛 5 位在第一届全国人民代表大会第三次会议上，提出《请政府在全国各省（区）划定天然禁伐区，保存自然植被以供科学研究的需要》的议案，并获通过。后由国务院交林业部、中国科学院、森林工业部研究办理，并于当年在广东省肇庆市鼎湖区的鼎湖山建立了第一个自然保护区。

1956 年 10 月 25 日，中国科学院副院长竺可桢在北京主持中国科学院华南热带资源小组讨论会，总结 1956 年工作，拟定 1957 年计划，中国科学院科学家吴征镒、李庆逵、张肇骞、罗宗洛、刘崇乐、吕炯、郑作新，以及李嘉人（华南农垦局副局长）、彭光钦（华南热带作物科学研究所所长）和张维之（农垦部）等出席，吴征镒总结时提出"建议国家建立自然保护区"的意见，并且做了有关具体的安排部署。

1958 年，吴征镒、寿振黄向中共云南省委和云南省人民政府提出建立 24 个自然保护区的建议，建议旨在保护云南省经济价值高和富有研究价值的动物及植物，进一步合理利用动植物资源，进而把自然保护区建成天然大实验室和博物馆。建议得到中共云南省委、省人民政府及时批复和大力支持，进行筹建工作，并着手在西双版纳小勐养、大勐龙划定区域建立自然保护区。

2017 年，根据国务院印发《关于建立粮食生产功能区和重要农产品生产保护区的指导意见》，建立以海南、云南、广东为重点的天然橡胶生产保护区 1800 万亩，在国家层面上确立了建立天然橡胶生产保护区的目标，这对于稳定我国天然橡胶生产至关重要。如今，自然保护区发展受到越来越多的关注，"绿水青山就是金山银山"的理念深入人心，自然保护事业和生态文明建设步入可持续发展轨道。人与自然和谐相处，才是真正可持续的发展道路。

第四节　改变未来的橡胶草基因工程

理想的产胶植物，除了其胶品质能够满足工业要求，还应具有种植范围广、易于机械化生产、易于通过现代生物学手段进行改良等特性，使其能够不断提升天然橡胶的产量和品质，满足市场的需求。自然界中存在 2000 多种产胶植物，根据近几十年的研究，蒲公英橡胶草被认为是一种理想的新型产胶植物（图 9-2）。

图 9-2　蒲公英橡胶草植株与根系中的胶乳（徐霞供图）

橡胶草是一种多年生草本植物，与我们常见的蒲公英是"亲兄弟"，都属于菊科蒲公英属。1931 年，苏联植物学家 L. E. 若丁（L. E. Rodin）在天山山谷（哈萨克斯坦境内）发现了这种植物，并正式命名为 *Taraxacum kok-saghyz*。在随后研究中发现，橡胶草能够在根部合成和积累大量天然橡胶，且胶乳的性能与橡胶树极为相近，可直接用于生产工业橡胶制品。

1950 年，我国轻工业部西北橡胶草调查团在新疆伊犁也发现了大面积橡胶草野生种群，经验证与苏联发现的橡胶草是同一物种。橡胶草对环境的适应性很强，在干旱、盐碱等地区都能生长良好，可广泛种植在寒带、温带和热带地区。我国大部分地区处在温带或半温带，非常适合大面积种植橡胶草。

20 世纪 30 ～ 50 年代，全球曾有过橡胶草橡胶开发热潮。第二次世界大战之前，苏联为解决天然橡胶不足的困境，一经发现橡胶草即开始探索并大量种植，实现每公顷产胶 200kg，1943 年橡胶草橡胶总产量一度达到 3000 吨。二战期间，橡胶树橡胶的生产和贸易受到限制，美国、英国、德国等纷纷发展基于本土植物的天然橡胶资源，尤其是橡胶草资源。1942 年，美国启动"紧急橡胶项目（Emergency Rubber Project）"，加速橡胶草橡胶等橡胶替代作物的开发。我国也于 1953 年用橡胶草橡胶成功试制了汽车轮胎、自行车胎、胶鞋和机器轮带等，其中 5 个汽车轮胎试用效果良好。然而，由于橡胶草橡胶产量较低导致生产成本较高，大大地限制了这种橡胶的发展。二战结束后，橡胶树橡胶供应稳定、价格低廉，加上人工合成橡胶技术发展迅速，各国也随之放弃了橡胶草的研发和应用计划。

进入 21 世纪以来，随着基因工程技术的飞速进步，世界各国重启了橡胶草研究计划。与橡胶树相比，橡胶草具有诸多优势：第一，产胶周期短，仅一年或两年，繁育条件好的情况下 6 个月即可收获；第二，种植范围广，尤其适种于广大温带及寒带地区，与橡胶树优势互补；第三，适合机械化生产，降低人力成本；第四，橡胶草基因组比较简单，遗传转化与基因编辑比较容易，易于利用基因工程技术来对其进行改造。

为了保障本土天然橡胶供给，国外大型轮胎企业与科研机构竞相联合开展橡胶草等天然替代胶源的研发计划。美国和欧盟等国均投资数千万美元，以资助相关项目，如与天然橡胶替代有关的美国的"卓越计划（2007 ～ 2020）"、欧盟的"珍珠计划（2008 ～ 2012）"和"驱动计划（2014 ～ 2018）"、德国大陆轮胎公司 Taraxagum Lab Anklam 实验室（2018 ～）以及美国固特异轮胎公司橡胶草橡胶开发计划（2022 ～）等。

这些研发计划通过改良种质、种植方法和提取工艺等手段，致力于开发能在本土生长的替代产胶植物，用于车辆轮胎、飞机轮胎等关键产品的工业化生产。2016 年，德国大陆轮胎公司制成世界上首个橡胶草橡胶卡车轮胎；2017 年，荷兰培育出的橡胶草含胶量达 17% ～ 20%，并制成自行车轮胎。由于天然橡胶的战略资源属性及巨大的商业价值，我们无法获取国外橡胶草橡胶研发的技术资料和优良种质。鉴于此，我国必须走自主创新的优质高产广适性新橡胶作物的研发之路。

为了解决我国天然橡胶产量不足，长期大量依赖进口的重大问题，我国也重启橡胶草天然橡胶的研究。2015 年，由中国石油和化学工业联合会牵头，成立了由 15 家大学、研究所和企业组成中国"蒲公英橡胶产业技术创新战略联盟"，对橡胶草资源的收集、引进、种植与提胶等应用开展联合研究。中国科学院于 2018 年启动了"橡胶草天然橡胶合成途径中关键基因的克隆与鉴定"，这是全国首个橡胶草的基础研究项目，由中国科学院遗传与发育生物学研究所牵头实施，并取得了重要突破。

中国科学院遗传与发育生物学研究所李家洋院士团队此前在作物分子设计育种等领域取得了世界领先的研究成果，将该研究体系应用于橡胶草中，在国际上首次组装完成了高质量的橡胶草基因组草图，从基因层面对橡胶草中橡胶合成机制进行了解析。这标志着以橡胶草为模式植物进行天然橡胶合成研究，进入了后基因组时代。在此基础上，该团队通过挖掘控制产胶量与品质的关键基因，利用基因工程技术培育出了高产优质新种质，将含胶量从 3% 提升至 20% 以上，达到国际领先水平。这些成果标志着我国在橡胶草种质创制上，通过自主创新已实现与发达国家并跑，这将加速橡胶草的工业化进程，推动我国天然橡胶产业的发展。

未来，橡胶草橡胶的成功开发与工业化应用，有望提高我国天然橡胶产量，从而降低我国对进口天然橡胶的依赖；橡胶草的改良周期缩短，有望对其天然橡胶品质进行快速提升，制成高品质天然橡胶，打破国外对我国高品质橡胶，特别是航空轮胎级别的天然橡胶的技术封锁；同时，橡胶草的广适应性使其能够在我国北方荒漠化盐碱地种质，改良自然环境，不与主粮争地。通过现代生物技术，对橡胶草等新型功能植物进行开发利用，具有广阔的应用前景。

结　语

新中国成立之初，国家就迎来列强封锁天然橡胶的挑战。我们没有畏惧，而是独立自主、自力更生在海南和云南西双版纳建成大面积橡胶树种植基地（图 9-3）。2021 年，我国橡胶树种植规模达 1700 万亩，与马来西亚并列世界第三。

为了支撑国家工业化建设，几代植物学科研工作者以及农垦、林业部门的科技人员，以不畏艰辛、无私奉献的科学精神担当重任，面对热带雨林地区的艰苦

图 9-3 海南橡胶林（陈开魁和梁晓供图）

环境，不畏困难，勇于探索，写下可歌可泣的历史篇章。前事不忘，后事之师，我们要以他们为榜样，为中国式现代化建设贡献力量。

1983 年，中国热带农业科学院建立了国家橡胶树种质资源圃，利用芽接法保存了一批优良种质资源。在此基础上，运用分子生物学技术，对我国高产单株进行基因分析，揭示高产单株与正常植株之间的遗传差异，在分子水平上为培育超高产橡胶树在高产杂交育种中的运用提供分子生物学依据；组装了染色体级别橡胶树基因组精细图，揭示了橡胶树'魏克汉'品种和野生种质资源的群体结构和进化特征；构建了橡胶树超高密度遗传图谱，为橡胶树杂交育种提供支撑。中国科学家运用生物技术研究草本橡胶草基因工程，期望取得突破，开辟新的天然橡胶资源。中国天然橡胶产业前途光明，值得期待。

感谢中国科学院昆明植物研究所杨云珊、杜宁、曾英，中国热带农业科学院黄三文，中国科学院遗传与发育生物学研究所徐霞提供有关资料。

参 考 文 献

良振, 成志. 2000. 走向绿野: 蔡希陶传. 昆明: 云南教育出版社.
吕春朝. 2022. 一生情缘植物学: 吴征镒传. 北京: 中国科学技术出版社.
罗士苇, 冯午, 吴相钰. 1951. 新疆产橡胶草试验的初步报告. 科学通报, (2): 150-151.

吴征镒. 2008. 百兼杂感随忆. 北京: 科学出版社.

吴征镒述, 吕春朝记录整理. 2014. 吴征镒自传. 北京: 科学出版社.

中国科学院昆明植物研究所. 2018. 中国科学院昆明植物研究所所史(1938-2018). 昆明: 云南科技出版社.

中国热带农业科学院, 华南热带农业大学. 2009. 山野崛伟业: 热作两院天然橡胶科教事业史料. 海口: 海南出版社.

竺可桢. 1989. 竺可桢日记·Ⅲ·1950-1956. 北京: 科学出版社.

Lin T, Xu X, Ruan J, et al. 2018. Genome analysis of *Taraxacum kok-saghyz* Rodin provides new insights into rubber biosynthesis. National Science Review, 5(1): 78-87.

执笔人: 吕春朝，研究员，中国科学院昆明植物研究所

余泓，研究员，中国科学院遗传与发育生物学研究所

宋红艳，研究员，中国热带农业科学院橡胶研究所

第十章

植被科学与美丽中国

导　读

　　自 20 世纪 20 年代开始，我国就开展了零星植被调查工作。新中国成立后，植被科学研究从萌芽阶段进入快速成长的时期。1960 年，《中国的植被》出版，书中首次提出了中国植被分类的"植物群落学－生态学"原则和分类系统。1980 年，《中国植被》出版，汇聚了我国植被生态学研究的精华。1987 年，《中国植被》获国家自然科学奖二等奖，2011 年"《中华人民共和国植被图（1 ：100 万）》的编研及其数字化"获国家自然科学奖二等奖。植被科学守护祖国绿水青山，为大农业发展护航，为长期生态监测奠基，为碳中和战略服务，为我国应对气候变化谈判提供科技支撑，为美丽中国建设提供生态安全保障。

第一节 建植被"档案"，画植被"肖像"

一、植被科学守护绿水青山

植被是生活在一定范围内并相互作用的植物群落总和。它不仅可以提供食物、能源和材料等，还在生长过程中潜移默化地改造地球的环境。它像一张绿色的毛毯覆盖在地球上，不仅能保持水土、涵养水源、净化空气，还为维持生态平衡、稳定和改善人类生存环境发挥着重要作用。

不同植被类型就像毛毯上的各种图案，由不同植物组合形成，而这些植物类群的分布与它们所需的生态环境息息相关。在我国，从南到北跨越了热带、亚热带、温带和寒温带等多个气候带，植被类型随气候发生变化，从热带雨林、亚热带常绿阔叶林、暖温带落叶阔叶林、温带针阔叶混交林，逐渐过渡到寒温带针叶林（图10-1）。受海洋季风和湿润气流的影响，我国从东部沿海到西部内陆降水量

图 10-1 我国常见的植被类型

A. 热带雨林（刘长成供图）；B. 典型常绿阔叶林（米湘成供图）；
C. 寒温性常绿针叶林（胡君供图）；D. 温性落叶阔叶林（侯东杰供图）

逐渐降低，依次呈现湿润、半湿润、半干旱、干旱和极端干旱等多种气候条件，植被类型呈现森林、灌丛、草原、荒漠的逐渐过渡和替代。山脉对气候条件的影响很大，同时影响了植被的分布：山脉抬升通过影响季风和气流运动方向改变着植被类型的分布；海拔升高带来的温度变化也使不同山区的植被类型各异（图10-2）。在东部亚热带高山的植被类型从山麓到山顶常呈现常绿阔叶林、落叶阔叶林、亚高山针叶林、灌丛、高山草甸的过渡，而在西部干旱区则呈现荒漠、山地草原、亚高山常绿针叶林、灌丛、高寒草甸等植被类型的过渡。

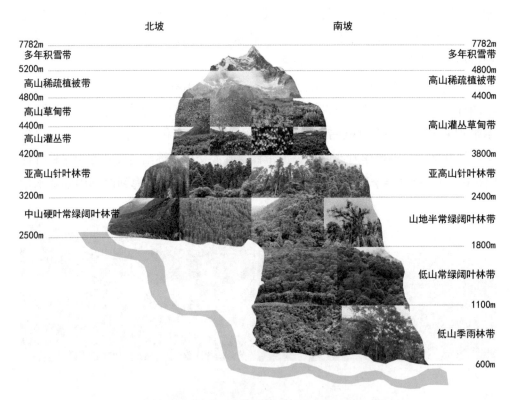

图 10-2　南迦巴瓦峰植被垂直带谱（武泼泼供图）

　　了解中国植被类型，对科学利用和保护植物资源及其生存环境至关重要。植被志是基于大量野外植被调查资料，描述植被长成什么样子、由什么植物组成、分布在哪儿、适合什么环境、具有什么功能，并按类型进行归纳和总结的志书；在此基础上，再用图形直观地在地图上展示它们的位置和边界，就是植被图。植被志和植被图是植被生态学与地理学研究及农林牧业发展与生态建设的重要基础，只有了解植被类型特性及其空间分布规律才能因地制宜开展植被资源的保护和可持续利用，守护好我国的绿水青山，实现"山水林田湖草"一体化保护和生态环境的系统治理。

二、植被图志为绿水青山登记造册

植被调查是植被志和植被图编制工作的基础。从 20 世纪 20 年代开始，我国已经开展了零星植被调查工作。1921 年，李继侗在山东半岛开展森林群落调查，发表《青岛森林调查记》一文，该文是我国最早的森林植被调查文献。从 20 世纪 30 年代开始，以刘慎谔为代表的学者发表了有关局部和少数地区植物群落特征的描述文章。1931 年，刘慎谔参加了由中法科学家组成的"中法西北学术考察团"，从北京到迪化（今新疆乌鲁木齐）考察植被的分布。1939 年，他又对秦岭主峰太白山北坡及其东面的南五台山、华山等地的森林植被进行了调查研究。在此期间，刘慎谔编写的《中国北部及西部植物地理概论》《河北渤海湾沿岸植物分布之研究》《中国南部及西南植物地理概要》《黄山植物分布概要》等一系列植被考察研究报告相继出版。除此之外，在 1949 年前，我国从事植被科学研究的科研人员很少。

新中国成立后，植被科学研究从萌芽阶段很快进入快速成长的时期。因我国社会主义生产建设和资源开发的需要，植被调查受到极大重视。20 世纪 50 ～ 90 年代，我国多次组织专业队伍开展了大规模自然资源综合考察和自然规划工作，如华南橡胶宜林地勘察、黄河中游水土保持考察以及黑龙江流域、西藏、新疆、甘肃和青海等综合考察。这个时期的中国植被研究非常活跃。1960 年，侯学煜主编的《中国的植被》一书出版。该书对中国植被的总体概貌进行了系统分析，并首次提出了中国植被分类的"植物群落学 - 生态学"原则和分类系统草案，确定了植被型、群系、群丛三级为中国植被分类的基本单位，并在群系和群丛之上分别加入群系组和群丛组两个辅助级。该书所附的"中国植被图（1 ∶ 8 000 000）"，包含 137 个图例，是当时最详细的中国植被图。1980 年，《中国植被》问世。该书由全国的植被生态学家共同编著，有 1382 面、插图 56 页，共计 200 余万字，全面系统地论述了我国主要植被类型及其特征，阐述了植被水平带和垂直带分布规律。书中把全国划分成八大植被区域，并从生态学的角度讨论了各主要植被类型的合理利用、改造和保护。该书是新中国成立以来植被生态学工作最完整精湛的总结，凝聚了我国植被生态学各方面研究的精华，在国内外影响很大。此外，一系列省市和地区范围的植被专著陆续出版，如《四川植被》《安徽植被》《广东植被》《新疆植被及其利用》等。这一系列书籍的出版阐述了 20 世纪末我国植被类型的分布和特征，为我国的农牧林业发展和经济建设提供了有效的科学支撑。此外，《植物生态学与地植物学资料丛刊》(《植物生态学报》前身) 的创办，为我国植被生态学的发展和交流提供了重要平台。进入 21 世纪，又有一些优秀的全国性的植被志书出版，如《中国森林》《中国植物区系与植被地理》《中国常绿阔叶林：分类、生态、保育》等。

在植被志书的出版过程中，植被图编制也在同步开展。与植被志书编制过程类似，中国植被制图的发展历史也经历了 3 个阶段。第一阶段是植被制图初级阶段 (1944 ~ 1957 年)：制图工作处于分散和自发性开展的阶段，以小比例尺植被概图和植被区划图为主。例如，李继侗 1930 年发表的《植物气候组合分论》，黄秉维于 1944 年发表的小比例尺《中国植物区域图》，侯学煜和马溶之在 1956 年编绘的《中国植被 - 土壤分区挂图 (1：400 000)》等。第二阶段是植被制图成熟阶段 (1958 ~ 1979 年)：全国各地通过开展多次植被考察，系统地总结了中国植被资料，并引入了苏联的植被制图理论和方法，绘制了《中国植被图 (1：8 000 000)》《中国植被区划图 (1：1 000 000)》《中华人民共和国植被图 (1：4 000 000)》等系列植被图。第三阶段是植被制图深入发展阶段 (1980 年后)：为了摸清我国植被资源的"家底"，20 世纪 80 年代初，在农业部、科技部和中国科学院等单位的共同支持下，中国科学院植物研究所侯学煜和张新时等带领来自全国 70 余家单位的 260 余位科学家开始了漫长的植被图绘制工作。1985 年，制订工作规范和全国的植被图例，在全国成立 6 个协作区，每省区均成立协作组。1980 ~ 1988 年，编研团队在以往植被研究的基础上，对大部分省区进行了进一步的植被考察，并结合地形图、1：50 万卫星假彩色照片等人工勾勒植被边界——"植被调绘"，确定植被分布状况。最终，经过三代科学家 30 余年的努力，2001 年出版了《1：1 000 000 中国植被图集》，2007 年又更新出版了《中华人民共和国植被图 (1：1 000 000)》。该成果包括《中华人民共和国植被图 (1：1 000 000)》64 幅、《中国植被区划图 (1：6 000 000)》1 幅、图件说明书《中国植被及其地理格局：中华人民共和国植被图 (1：1 000 000)

说明书（上、下卷）》两卷、中国植被类型图和植被区划图及其说明书电子版以及相关数据库（植被类型图、植被区划图、地理环境数据库）。其中，64 幅《中华人民共和国植被图（1 ∶ 1 000 000）》绘制了中国 11 个植被类型组、55 个植被型、960 个植被群系和亚群系，以及 2000 多个群落优势种和主要农作物的分布；《中国植被区划图（1 ∶ 6 000 000）》则将全国划分为 8 个植被区域、116 个植被区和 464 个植被小区。这一成果提供了世界上最大和最完备的国家水平的植被图件，不仅是生态学和地理学的基础性研究工作，也是农林牧业发展和生态建设的重要依据，还是全国农林牧业区划与规划，县、地以上行政单元和大、中流域经济建设规划，科研和公众教育必备的数据源、图件和重要参考资料。2011 年，"《中华人民共和国植被图（1 ∶ 100 万）》的编研及其数字化"获国家自然科学奖二等奖。

三、 新技术助力中国植被"建档"

近 30 年来，由于植被的自然演替、我国社会经济的快速发展、全球气候变化、外来物种入侵以及三北防护林体系建设工程、退耕还林还草等大型生态修复工程的开展等诸多要素的影响，我国植被分布已发生了显著变化。受限于当时的调查范围和技术方法，原有的志书和图件难以满足当前政府对植被信息的需求，亟待更新。2011 年以来，科技部启动了多个科技基础性工作专项用于植被资源的调查，如华北地区自然植物群落资源综合考察、中国森林植被调查和我国主要灌丛植物群落调查等。

2015 年，《中国植被志》编研由中国科学院植物研究所正式提出，并获得国家科技基础性工作专项的持续支持。《中国植被志》编研的核心任务是对中国植被分类系统的高级分类单位（包括植被型组、植被型和植被亚型）进行归纳和总结，对中级和低级分类单位（群系组、群系、亚群系，群丛组、群丛）进行详细描述。《中国植被志》编研的启动标志着我国植被志书编制进入了新时代，通过采用统一的调查方法和数据分析标准，并利用数据库技术实现了海量植被调查数据的存储。《中国植被志》计划出版 48 卷约 110 册及分册。

2018 年，中国科学院战略性先导科技专项（A 类）"地球大数据科学工程"（CASEarth）启动，新一代 1 ∶ 50 万中国植被图的编研是其中一个重要任务。

中国科学院植物研究所科研人员采用"公民科学"思想设计了"绿途"小程序，通过众源采集的方式实现植被类型样点数据的快速采集。公众和科研人员安装小程序后，可以在野外利用智能手机通过拍照或直接记录植被类型的坐标等方式采集植被类型样点数据。通过这种数据采集方法，"绿途"小程序在4年时间内获取了全国范围内30余万条数据，极大地提升了数据获取效率。在上述海量调查数据的支持下，科研人员结合卫星遥感影像、物候、气候、土壤和地形等数据，采用机器学习方法并结合全国各省、自治区和直辖市的植被生态专家的专业知识，对1∶100万中国植被图中发生变化的区域进行了更新。

2017年，第二次青藏高原综合科学考察研究启动，无人机、激光雷达等新型遥感技术被广泛用于植被调查中。无人机的应用极大地提升了调查效率，不仅提升了科研人员的调查范围，而且提供了生态系统的俯视角度；激光雷达能够获取植被的三维立体数据，可以提供更为丰富的植被结构信息。

第二节　从指示植物到大农业思想

植被与大农业思想有着密切的联系（图10-3），从指示植物的发现到"大粮食""大农业"观点的提出，一系列问题引导着思想的进步。指示植物是如何发现的？"大粮食""大农业"观点又是怎么形成的？"天上水、地面水、地下水"，生态平衡中如何发展大农业？植被图志又是如何为大农业的发展护航？追索老一辈科学家孜孜不倦的科学探索精神和科学思想的形成过程，可以了解大农业的历史脉络，理解科学理论，学习科学成果，展望我国在山水林田湖草生态文明建设思想下祖国绿化建设、粮食安全绿色发展的国际担当。

一、　指示植物的发现

指示植物是指一定区域范围内能指示其生长环境或某些环境条件的植物种、属或群落。这样的指示功能是如何被发现的呢？

抗战时期，我国著名的生态学家侯学煜（1912～1991）在西南山区步行3万余里（1里=500m），系统考察研究了我国复杂的地质、地形、气候、土壤

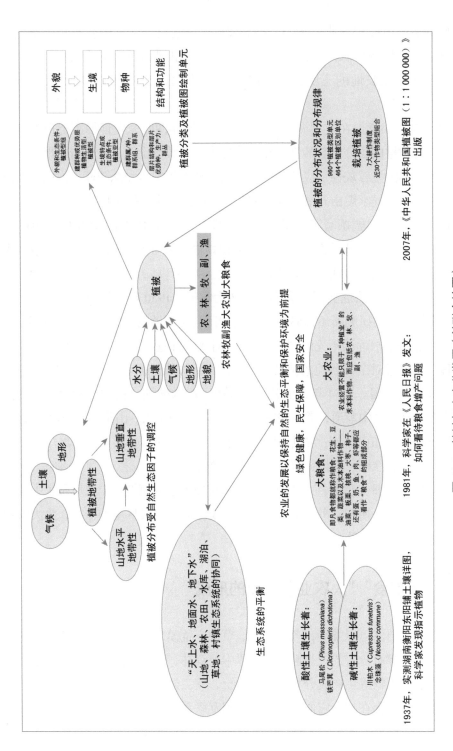

图 10-3　植被与大农业发展（姜联合绘图）

及其所联系的植被和农业分布的复杂规律性，发现有什么样的岩石和土壤就会生长什么样的植物和农作物，不同的海拔高度会出现不同类型的森林。一些天然植物指示着生长地的土壤特征，它们似乎都在发出自己的声音："我是谁？我来自哪里？"

1937 年，侯学煜在实测湖南衡阳东阳铺土壤详图时，发现相距咫尺的紫色丘陵上有规律地成层分布着酸性土和石灰性土，在酸性土壤上生长着马尾松和铁芒萁，而相邻的呈石灰性反应的紫色土上则生长着川柏木和念珠藻，说明植物能指示土壤环境。侯学煜由此最早发现和研究了中国的土壤指示植物。

1942 年，侯学煜撰写了《川黔境内酸性土及钙质土之指示植物》，1944 年撰写了专著《贵州南部酸性土和钙质土的植物群落》。1945 年，侯学煜考取了中华农学会的留美奖学金研究生，先后在印度、英国等地野外实习考察。1949 年，侯学煜在美国宾夕法尼亚州立大学获得博士学位，1950 年 1 月回到祖国，在中国科学院植物分类研究所（1953 年更名为中国科学院植物研究所）任研究员。

大自然是本永远读不完的"天书"，在对大自然这部"天书"孜孜不倦地探索过程中，通过对全国各地的植被、土壤的详细调查，侯学煜一直关注着植被、农业与环境的发展。1954 年，他完成了《中国境内酸性土钙质土和盐碱土的指示植物》一书。书中写道，常见酸性土指示植物有马尾松、山茶、铁芒萁、石松、映山红、盐肤木和白茅等；常见钙质土指示植物有念珠藻、蜈蚣草、凤尾蕨、川柏木、黄连木、杜松、枸杞、野花椒和南天竺等。

侯学煜对亚洲、北美、大洋洲、欧洲和非洲等地的植被、土壤也做了大量的考察研究。通过长期探索考察植被生长对土壤性质及生长环境的依存，为大农业思想的形成奠定了实践和理论基础。

二、 "大粮食""大农业"观点的形成

通过观察自然可以发现，各类森林、草原、荒漠、经济林木、果树和农业耕作制度的分布都有一定的规律性。自然界中，森林、草原、湖泊和海洋都是由动物、植物、微生物等生物成分和光、水、土、气、热等非生物成分组成。每一个成分都不是孤立存在的，它们相互制约、相互联系形成一个统一的不可分割的自然综合体系，这就是"生态系统"。

自 1958 年开始，我国的粮食进口量逐年升高，糖、油、棉花、羊毛、牛皮等都急需进口。要想认清制约粮食自给率的原因，除了涉及人口的因素外，更重要的是在自然界中寻找答案。

1963 年，党中央召开全国农业工作会议，侯学煜与人合作撰写了《以发展农林牧副渔为目的的中国自然区划概要》一文，并在各省区印发学习。1963 年 4 月 23 日，《人民日报》刊载了他与胡式之撰写的《合理利用各种自然条件的资源发展农业》。1979 年，侯学煜受中国科学院学部邀请做了《对我国农业发展的意见》报告。

1981 年 2 月，针对片面强调"以粮为纲"产生的问题，侯学煜向党中央的报告中提出大农业观点。1981 年 3 月 6 日，《人民日报》发表了侯学煜的《如何看待粮食增产问题》文章，其中又提出"大粮食"观点，即凡食物都应该称作粮食，要解决粮食增产问题，农业不能局限于"种植业"，而要全面发展农、林、牧、渔和多种经营。

1984 年，侯学煜编写的《生态学与大农业发展》专著出版，全面阐述了"大粮食""大农业"观点，更为系统地强调了农业不能局限于种植业，还要包括林牧副渔和多种经营，因此大农业发展是"农林牧副渔"的大粮食系统的统筹发展。农业的发展又必须以保持自然的生态平衡和保护环境为前提，因此大农业思想是农业发展的综合生态系统论，涉及生产、各类资源和环境要素间的关联，延伸到粮食安全和人类的健康生存，能有效预防农业和生态环境危机、促进粮食安全、土地自然修复、环境健康和民生改善等，从而为国家发展经济和农业的决策提供了参考意见。

三、"天上水、地面水、地下水"，在生态平衡中发展大农业

侯学煜的大农业观点内涵十分丰富，具体说来，包括以下三个层次。

首先，人类的任何农业活动，都是在天然的生态系统中开展的。森林、草原、荒漠等天然植被都是这样的天然生态系统。其次，人类的农业活动也创造了一个生态系统，这个生态系统中并非只有种植业造就的农田，还包括林、牧、副、渔等农业生产经营的其他部门，它们合起来构成农业生态系统。最后，在同一地域中，天然生态系统和农业生态系统又相互关联，山、水、林、田、路、村彼此通

连一体，由此构成了大农业生态系统。在这种大农业生态系统中，天然和人工的植被与环境要素——包括水文、土壤、气候、地质、地貌、动物、微生物及人类活动——密不可分，又相互制约、相互促进，共同推进了大农业生产。其中，水分、土壤、气候、地形和地貌等自然资源要素与植被间的平衡是发展大农业的基础。

任何生态系统都存在物质、能量和信息的流动，并在交换中保持着平衡。在不同的生态系统中，大农业发展受不同生境平衡的制约。森林生态系统中的"林、水"平衡、草原生态系统中的"食物链"平衡、农田生态系统中的"物质和能量循环"平衡、水域生态系统中的"生物和非生物环境因素"综合平衡、荒漠生态系统中的"水土和排灌"平衡，都是农林牧副渔大粮食、大农业发展中"生态平衡和环境保护"的关键要素。

设想有一片山区，其中有森林、草原、湖泊、农田、水库等不同的天然和人工生态系统，它们相互联系、相互影响，联合起来便形成一个统一的大农业生态系统。如果山地陡坡遭到开垦，森林、草原被破坏，地面涵养水分能力减弱，遇到暴雨发生水土流失，山上水库湖泊、农田、道路和建筑就会被冲毁。由此可见，在这片山区，山水林田湖草路村是一个统一的生态系统，森林等天然植被的破坏会造成一个地区各类生态系统的失衡。

就中国的森林植被而言，从北到南，有以兴安落叶松为主的寒温带针叶林，以红松、水曲柳、紫椴、蒙古栎等为主的温带针阔叶混交林，以辽东栎、槲栎、麻栎等为主的暖温带落叶阔叶林，以壳斗科和樟科植物为主的亚热带常绿阔叶林，以龙脑香科、桑科和无患子科植物为主的热带雨林和季雨林。不同种类不同功能的树种与其所在的环境一起，共同维护着区域的生态环境。

在以森林为天然依托的大农业生态系统中，水分是一个特别重要的环境要素。森林通过截留大气降水，在地面形成地表径流；林下枯枝落叶层和苔藓层调节、储藏着水分；一些水分还可以经过枯枝落叶渗入地下，形成地下径流。就这样，整个森林生态系统保持着天上水、地面水和地下水的平衡。据统计，丰茂的森林可截留夏季降水量的 20% ~ 30%，据测算，5 万亩森林的蓄水量约有 100 万 m^3。

森林生态系统的主宰者是最上面的乔木层，乔木层是森林生态系统的保护伞，如果上层的保护伞破坏了，整个的生态平衡就破坏了，动植物生活繁殖的生态环境没有了，水资源也受到影响。如果在森林生态系统中破坏森林、开垦山地，形成水旱灾害，就会影响粮食生产。

因此，单从水循环来看，"天上水、地面水、地下水"共同构成生态系统中的水资源，如果能保持森林生态系统中的"林、水"平衡，就能在生态平衡中发展大农业（图 10-4）。

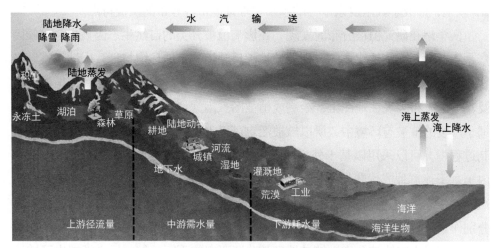

图 10-4　在生态平衡中发展大农业（姜联合绘图）
"天上水、地面水、地下水"，生态平衡中发展大农业
（即山地、森林、农田、水库、湖泊、草地、村镇生态系统的协同）示意图

了解了大农业生态系统的构成，在实践中，如何科学合理地配置自然要素，就成为大农业生产的关键。通过挖掘区域综合自然资源要素，优化配置水、土、气、生等资源，形成与当地自然条件相适应的综合平衡发展的大农业模式，实现绿色民生，才能实现餐桌上的大粮食供给。例如，可以采用山水林田湖草系统发展的思路，利用各要素之间的影响和反馈，形成以林、草、茶、果、药、农、渔、生态休闲综合发展，或以某一产业为主，其他产业和要素保障的大农业发展模式。

四、　植被研究和制图中发现的农业生长规律

天然植被既然在大农业生态系统中起着如此重要的作用，那么植被研究和制图自然就是开展大农业生产所需的重要基础工作。

植被分布受气候、土壤、地形地貌的综合影响，随着这些条件的变化，植被

类型及其分布会发生规律性变化。植被是气候和土壤等条件的综合反映，同时也是一个地区发展农业生产的基本依据和基础。

地球上的植被种类很多，特别是中国南北跨越了寒温带、温带、暖温带、亚热带和热带，东南临太平洋，西北深入欧亚大陆，山地和高原占我国国土面积的 2/3 以上，形成了我国复杂多样的水平和垂直地带性分布的植被特点。

侯学煜在研究植被分布时发现，在影响植被分类的自然生态因素中，气候因素是主要的，土壤是次要的，任何植被都反映出分布地环境特征，山地垂直地带性服从水平地带性规律。基于植被生长和分布的这一规律，便可将我国植被类型及其地理分布表现在地图上，绘制成植被图。因为"农林牧副渔"大粮食生产植根于广袤的植被与环境中，所以植被图志可以为大农业发展提供基础信息。在绘制过程中，可以采用以基于外貌和综合生态条件的植被型组、（在同一植被型组内）基于建群种或优势层植物生活型的植被型、（在同一植被型内）基于生境特点或者生态条件的植被亚型、（在同一植被亚型内）基于建群种的群系组和群系分别作为植被图绘制单元。

通过对中国植被分类、植被地理及分区研究的不断总结，侯学煜提出了植被分区的几项原则：①垂直地带性植被服从水平地带性；②各个植被分区高级单位是逐渐过渡的；③植被分区要结合农业生产；④植被分区要以植被本身特征为依据。水平地带性是指由赤道向两极，从沿海向内陆沿水平方向呈带状的地域分异，是纬度地带性与干湿度地带性共同作用的结果。垂直地带性是指随地势高度的变化，沿垂直方向呈水平环带状的地域分异，受水平地带性影响，又不同于水平地带性。也就是说，每一种植物都有其特定的生态位。

在我国植被图的发展过程中，侯学煜先后著有《中国的植被》（1960 年）、《中国植被地理及优势植物化学成分》（1982 年）及《中国植被地理》（1988 年），《中国植被图（1：4 000 000）》（1980 年）和《中国植被区划图（1：1 400 000）》（1980 年）。这些专著和图件包含了建群植物或优势植物及其生活型、植物群落结构（种群、层、层片）的组合情况、植物种类的成分、生态地段特点等要素，这些都是农业生产的基本依据。其中，《中国植被图（1：4 000 000）》反映了森林、草原、沙漠、农田、果园等地理分布的规律性，包含了农业植被的情况。通过主持编纂上述植被图志，作为最本底的科学资料，侯学煜便为他提出的大农业的绿色发展提供了基础的科学数据。

五、　粮食安全离不开植被建设

侯学煜提出的大农业发展模式，可以影响和推进生态农业的发展。20世纪70年代以来，越来越多的人注意到，现代农业给人们带来高效的劳动生产率和丰富的物质产品的同时，也造成了土壤侵蚀、化肥和农药用量上升、能源危机加剧、环境污染等问题，面对这些问题，生态农业应运而生。生态农业是一个农业生态经济复合系统，将农业生态系统同农业经济系统综合统一起来，以取得最大的生态经济整体效益，既是农、林、牧、副、渔各业综合起来的大农业，又是农业种植、养殖、加工、销售、旅游综合起来适应市场经济发展的现代农业。在一些地区，可以看到已经建成的生态农业观光、生态智慧农场等，这些实践都是以某一农业发展为主，结合当地生态环境特点，把生态农业与当地经济结合起来。在新时代，我国还在构建现代乡村产业体系，建设农业强国，将现代服务业与现代农业融合，这也是大农业思想的延伸和应用。

在生态文明建设思想下，山水林田湖草系统的协调及生态屏障建设，成为我国粮食安全、绿色健康民生和大农业发展的保障，在营建为大农业发展保驾护航的植被方面，我国取得了世界瞩目的成绩。

截至2022年，我国的森林覆盖率达到24.02%，森林面积34.60亿亩，居世界第五，森林蓄积量194.93亿 m³，居世界第六，人工林保存面积13.14亿亩，世界第一；草地面积39.68亿亩，居世界第二。党的十八大以来，新增和修复湿地1200多万亩，湿地总面积8.50亿亩，居世界第四；累计完成防沙治沙2.78亿亩，分别有74%和65%的重点保护野生动物物种和高等植物群落受到保护。

在大农业的发展过程中，20世纪80年代的农业科技"黄淮海战役"，通过对黄淮海平原中低产地区全面运用农业综合增产技术，实施了综合治理开发。进入20世纪以来，以提供优质畜产品供给和减少饲料粮消耗为目标的生态草牧业科技示范（图10-5）为大农业发展和粮食安全提供了支撑。在东北黑土粮仓的建设中，水土资源与生态环境的协调则为东北大农业可持续发展提供了保障。

中国粮食安全在全球粮食安全中也发挥着重要作用。2020年全国粮食播种面积增长0.6%，粮食总产量增长0.9%；2021年在2020年的基础上粮食产量再创新高，全国粮食播种面积和总产量分别增长0.7%和2.0%；2022年，我国夏粮增

图 10-5　采用退化草地快速恢复技术恢复的草地（创建生态草牧业科技体系专项办公室供图）

产 28.7 亿斤，早稻增产 2.1 亿斤，多个秋粮主产区玉米、大豆单产提高明显，全年粮食产量保持在 1.3 万亿斤以上。我国粮食安全得到了有力保障。

在国内口粮绝对安全的背景下，中国现阶段的粮食安全战略为国际粮食供需安全创造了空间。根据联合国粮食及农业组织的数据，2019 年中国稻谷、小麦和玉米的自给率（产量 / 国内需求量）分别达到了 101.1%、105.7% 和 93.5%；而 2019 年全球稻谷、小麦和玉米的产需缺口（需求量 − 产量）分别为 1 578.4 万吨、4 406.6 万吨和 258.4 万吨。

我国用全球 9% 的耕地和 6% 的淡水资源，养育了全球近 20% 的人口。守护 18 亿亩耕地红线，统筹绿色自然资源，推进植被绿化建设，保障粮食安全，这一系列的措施，既间接影响了世界，又是中国所践行的国际担当。

第三节　植被科学与生态监测

一、生态监测网络建设对植被格局的考量

植被图、植被志等研究成果揭示了我国植被的类型、结构及地理分布格局等信息，这些信息被广泛应用于我国自然地理区划、生态区划和生态功能区划中。

植被图志及相关的自然地理、生态区划等对我国生态监测网络体系的规划和建设起到了巨大的科学支撑作用。我国重要的生态监测网络，如中国生态系统研究网络（Chinese Ecosystem Research Network，CERN）、国家陆地生态系统定位观测研究站网和国家生态系统观测研究网络等，在监测网络设计及野外台站布局中都充分考虑了植被及生态系统类型的代表性和典型性。

以 CERN 为例，该网络建立于 1988 年，目的是监测中国生态环境变化，综合研究中国资源和生态环境方面的重大问题，发展资源科学、环境科学和生态学。在 CERN 建立之初，主要创始人之一孙鸿烈强调，CERN 台站要在中国的主要自然地理单元里都有布局，从南到北，自东向西，不同的生态系统，如森林、草原等也都要有野外站的布局。在该思想的指导下，CERN 形成了覆盖我国森林、草地、荒漠、沼泽、农田等主要生态系统/植被类型的大型生态观测研究网络。我国老一辈的植被生态学家，如中国科学院植物研究所的陈灵芝、陈伟烈和陈佐忠等，他们渊博的植被生态学知识在 CERN 野外台站规划、建设和发展过程中都发挥了巨大作用。经过持续近 30 年的艰苦努力，该网络在生态系统观测研究的技术、方法和理论等多个方面取得了创新性的重大突破，成为我国乃至世界长期生态网络建设、观测、研究和示范的引领者。2012 年，"中国生态系统研究网络的创建及其观测研究和试验示范"项目获国家科学技术进步奖一等奖。

CERN 引领了我国生态野外台站网络体系的建设和发展。后续建设的国家陆地生态系统定位观测研究站网和国家生态系统观测研究网络等在进行野外台站的规划时都特别重视台站的植被类型及生态系统类型的代表性，如科技部《国家野外科学观测研究站建设发展方案（2019～2025）》提出依据中国气候和自然植被区划，重点在尚未布局的重要地带性森林和生态功能恢复区，全国主要草原、沙漠/沙地、农牧交错区以及石漠化区等遴选新建国家野外站。国家林业和草原局《国家陆地生态系统定位观测研究站实施方案（2021～2025 年）》提出依据区域的气候和森林生态系统特点，选择具有代表性的区域、典型的森林类型和林业生态重点工程区以及"双重"生态修复区，特别是贯彻中央关于长江经济带和黄河大保护的战略布局，布设森林站；还要对森林、草原、湿地、荒漠、竹林和城市六大陆地生态系统类型进行分类布局，明确六大生态系统主要范围，以及主要区域各类生态站布局需要根据重要性原则统一协调、统筹安排。

二、 生态长期监测揭示植被变化的秘密

内蒙古锡林郭勒草原生态系统国家野外科学观测研究站（简称内蒙古草原站）是第一批进入 CERN 的台站。为什么要在内蒙古锡林郭勒建站呢？植被图志资料提供的植被类型和分布格局信息发挥了关键的作用。我国约有 4 亿 hm² 的草原，占国土陆地面积的 41%，其中最主要的是温带草原。其中，内蒙古草原是温带草原中面积最大、类型最丰富、代表性最好的地区。锡林郭勒草原的白音锡勒牧场基础设施条件较好，草原类型典型，最终被选为建设定位站的理想地区。建站以后，内蒙古草原站建立了典型草原长期监测样地，开展了长期监测工作，积累了大量的监测数据，为草原生态系统结构、功能及其动态研究提供坚实的数据基础。2004 年，内蒙古草原站白永飞针对植物多样性 - 稳定性的关系，以该站连续 25 年生物量监测资料为基础，从植物种、功能群和群落 3 个组织水平上研究了多样性与稳定性的关系及其机制，发现引起群落生物量波动主要气候因子是 1 ～ 7 月的总降水量；以每年生物量变异为主要测度的生态系统稳定性随草地生态系统等级结构尺度的提高（从物种、功能群到群落）而逐渐增加；群落尺度稳定性主要来自物种之间和功能群之间的补偿作用。这一发现和新观点不仅是对生态学理论的重要学术贡献，还有助于已日趋严重的退化草地生态系统恢复重建与科学管理的实践。

鼎湖山森林生态系统定位研究站（简称鼎湖山站）始建于 1978 年，也是第一批进入 CERN 的野外台站。鼎湖山站位于我国南亚热带，据相关植被志和植被图记载，鼎湖山站周边存在多种南亚热带常绿阔叶林，以及大量的马尾松林，植被类型丰富多样。周国逸是中国科学院华南植物园研究员，长期担任鼎湖山站站长。周国逸认为建立鼎湖山站的原因，从气候带上看，是因为中国亚热带地域宽阔，鼎湖山站地处南亚热带，其地带性植被即为南亚热带常绿阔叶林，但是从全球角度来看，同纬度的地区，要么是沙漠，要么是海洋，只有中国有这样一片绿地，水热条件丰富、植被类型多样。鼎湖山站建立之后，依托样地开展了生态系统结构和功能的长期监测研究，基于长期监测数据，在生态系统碳固存（一个系统所固结的碳量）这个研究方向上取得了突出进展。2006 年，周国逸分析了鼎湖山站25 年的连续森林生物要素和土壤要素观测数据，发现在过去 25 年间，成熟森林在地上部分净生产力几乎为零的情况下，土壤却能持续积累有机碳，表现出强大

的碳汇功能。这一发现可能从根本上颠覆经典生态学理论中"与非成熟森林相比，成熟森林作为碳汇的功能较弱，甚至接近于零"的理论，对全球碳循环研究可能产生深远影响。该发现被科技部、中国科学技术协会评为 2006 年度中国基础研究十大新闻，相关研究成果"华南热带亚热带森林生态系统恢复演替过程碳、氮、水演变机理"获国家自然科学奖二等奖。

三、大样地建设创新生物多样性维持理论

传统的森林生物多样性研究通常基于小型样地进行观测和理论分析，存在样地面积小、监测时间短等问题，无法涵盖群落中众多稀有物种，难以反映群落生物多样性在多个尺度上的长期变化趋势，不足以深入认识群落构建机制。针对这些问题，建立大型森林样地，长期监测中国主要森林类型的生物多样性变化，研究变化的驱动机制及群落构建机制十分必要。

2004 年，中国科学院生物多样性委员会决定启动中国森林生物多样性监测网络建设项目，按照 CTFS（Center of Tropical Forest Science，热带森林科学中心）样地建设的技术规范建设大型森林动态样地。2004 年，首先在长白山建成了 25hm² 温带森林样地；2005 年，在浙江古田山建立了 24hm² 中亚热带森林样地、在广东鼎湖山建立了 20hm² 南亚热带森林样地；2007 年，在云南西双版纳建立了 20hm² 热带季雨林样地。此后，又陆续建成了亚热带高海拔的八大公山 25hm² 样地、喀斯特季雨林的弄岗 15hm² 样地、暖温带中部的东灵山 20hm² 样地、暖温带南部的宝天曼 25hm² 样地等。另外，其他单位还建立了小兴安岭丰林和凉水的红松阔叶林样地、浙江天童的常绿阔叶林样地、大兴安岭的寒温带针叶林样地等。截至 2022 年底，该网络已经建成了 24 个大型森林动态样地，总面积 665.60hm²，标记的木本植物（胸径≥ 1 cm）1893 种 268.54 万株，比较好地代表了中国从寒温带到热带的地带性森林类型（51.82°N ～ 21.61°N）。

植物群落多样性维持机制是植被生态学和生物多样性研究的热点问题。大型森林动态样地建设为我们深入理解生物多样性维持机制提供了理想的研究平台。密度制约理论是物种共存机制研究的一个重要假说。该理论认为当病原菌、植食性昆虫这些具有寄主专一性的天敌在树木个体周围聚集时，很容易损害邻近同种个体的种子和幼苗，造成较高的死亡率。而且，同种损害行为会随着物种的种群

数量增加而变得更加剧烈。这就解释了为什么同种"邻居"太多,反而不利于生存。所以,密度制约越强,物种多样性就越高。这是物种共存机制研究的一个重要假说。但是,这一假说的提出以及与之相关的大量研究成果,都是基于热带森林大型监测样地。是否在其他地区都普遍适用?它在不同的植物群落中表现的强度有差异吗?

密度制约理论最关键的驱动因素是病原菌,它直接降低了群落优势种的存活率。围绕这个问题,中国科学院植物研究所马克平团队与合作者们在古田山 $24hm^2$ 大型森林动态样地内选取了 34 个物种、320 个植物个体,利用高通量测序技术测定了植物根际土壤真菌群落的组成,并结合林下幼苗的动态监测数据,计算了树木累积病原菌和外生菌根真菌的速度。结果表明,植物累积两种真菌的速度具有明显的种间差异,由此造成的同种植物幼苗负密度制约的强度也迥然不同。对于丛枝菌根植物,它的共生真菌在营养吸收方面具有保护作用,但是对有害病原菌积累的抵抗能力较弱,受同种邻居密度制约的影响就较大。外生菌根植物恰好相反,它们的根部具有防护层,可以抵抗外来病原菌的侵入,更容易与同种邻居和谐生活,甚至还能帮助周围的丛枝菌根植物降低同种邻居带来的负面损害的影响。因此,病原菌以及不同功能型土壤真菌的相互作用决定了植物之间的共存关系。这项研究丰富了经典的物种共存理论框架,进而解释了当今全球植物多样性在纬度梯度上的分布格局。

我国的亚热带常绿阔叶林在世界范围内分布面积最广,也最典型,但大部分常绿阔叶林已遭人为破坏,如何保育并对退化的森林进行生态修复,是一项持久挑战。该项研究不仅对我们深入理解亚热带常绿阔叶林群落的构建和维持机制具有重要意义,同时也为亚热带常绿阔叶林物种共存维护以及具体的森林生态系统修复工作提供实际指导,如对不同菌根类型植物进行设计组合,促进群落的物种和谐共存和生态系统功能的恢复。

第四节　植被对碳中和的贡献有多大?

一、为什么要实现碳中和

近年来,强台风、高温热浪、低温冰冻、特大暴雨、罕见暴雪、极端干旱等极端现象频发，极大影响着人类的生产生活和生命安全。科学研究发现，极端气候的出现主要与人类活动导致的全球温室效应有关。1850 ～ 2020 年，全球平均温度增加了 1.09℃，主要原因是人类生产生活排放了大量二氧化碳（CO_2）进入大气层中，使得入射进大气层的太阳辐射反射减弱，导致整个地球变成一个温室，温度逐渐上升，形成了温室效应。一个更加严重的事实是，第二次工业革命（19 世纪 60 年代）至 1958 年的约 100 年内，大气 CO_2 浓度上升了 35 ppm（从280 ppm 至 315 ppm；ppm 意为百万分之一，即每百万体积空气中 CO_2 的体积分数），而从 1958 年至 2020 年的约 60 年内，CO_2 浓度增加了将近 100 ppm（从 315 ppm至 414 ppm）。这些数字说明我们的地球正在加速变暖。

　　为了减缓这种由温室气体增加导致的全球温暖化，过去近 30 年国际社会为减排作出了巨大努力。特别是近年来，作为碳减排的全球性重大行动，国际社会和世界主要经济体先后公布了"碳达峰""碳中和"的自主减排目标。碳达峰是指化石燃料使用导致的 CO_2 排放量达到峰值；碳中和是指化石燃料使用及土地利用变化导致的碳排放量，与陆海生态系统吸收及其他技术方式固存的碳量之间达到平衡（图 10-6），即 CO_2 净排放为零。截至 2021 年底，全球已有136 个国家作出了碳中和承诺。我国正处在实现工业化和现代化的进程之中，尤其是近 20 年来，经历了快速的经济发展，同时也排放了大量的 CO_2，面临着巨大减排压力。在这种大背景下，中国政府在第七十五届联合国大会上提出：中国将提高国家自主贡献力度，采取更加有力的政策和措施，CO_2 排放力争于 2030年前达到峰值，努力争取 2060 年前实现碳中和。

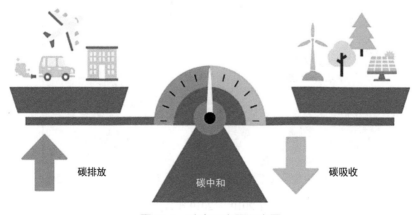

图 10-6　碳中和主题示意图

二、 植被固碳知多少

实现碳中和一方面是减少碳排放，另外一方面是增加碳固定。碳减排主要包括：减少人类生产、生活的能源消耗，大力提倡绿色环保的生产和生活方式；调整能源结构，降低煤炭、石油等的比例，提高太阳能、风能、水能、核能等低碳和清洁能源比例，加快能源清洁低碳转型；发展重大变革型技术，如水泥行业的节能窑炉、新型燃烧器等，提高能源利用效率，重构能源和工业体系。

增加碳固定主要靠自然生态系统中的绿色植物。绿色植物能够通过光合作用，利用光能将大气中的 CO_2 以有机质的形式固定到植物体内。植物固定的碳一部分会通过分泌物或凋落物的形式进入土壤，转化为有机质储存在土壤中，另外一部分经过微生物分解再次返回到大气中，这一过程称为碳循环。当生态系统从大气中固定的碳量大于向大气中排放的碳量时，该系统就称为碳汇。根据科学家们的研究，2010～2019 年化石燃料燃烧占人为碳排放的 86%，土地利用变化占人为碳排放的 14%；其中约 46% 的 CO_2 滞留在大气中（即大气 CO_2 浓度增加的部分），31% 被陆地生态系统吸收，23% 被海洋生态系统吸收。这些数字表明，陆地生态系统抵消了近 1/3 的人为碳排放，植被碳汇在实现碳中和目标中起到极其重要的作用（图 10-7）。

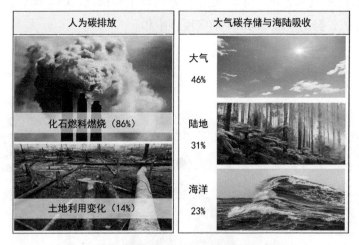

图 10-7　全球 2010～2019 年人为排放碳去向
根据 Friedlingstein et al.（2020）的研究结果绘制

三、　植被碳汇的时空规律

20 世纪 70 年代以前，科学家们认为陆地生态系统由于植被的光合作用过程而起着碳汇功能。然而，自 1970 年之后，陆地生态系统的碳汇功能受到不少学者的质疑，他们认为由于植被破坏等因素，陆地生态系统的碳汇功能有限，甚至可能是个碳源（即 CO_2 净释放）。早在 1977 年，瑞典生态学家伯特·博林（Bert Bolin）就在 *Science* 杂志上发文，指出全球森林特别是热带森林砍伐带来的碳释放是全球大气 CO_2 浓度升高的主要原因之一。但是，在 20 世纪 90 年代，美国科学家彼得·坦斯（Pieter Tans）等人发表在 *Science* 杂志上的另外一篇论文认为，北半球中高纬度陆地生态系统是一个巨大的碳汇。之后，多位科学家从不同角度证实了陆地生态系统，尤其是森林生态系统的碳汇作用。这种观点一直延续至今。当前，科学家们已对陆地生态系统碳源汇的大小、空间分布和时间动态展开了深入研究。

科研人员利用各种观测技术，如地面观测、卫星遥感、通量观测以及各类模型对陆地生态系统碳汇进行了系统的评估。在全球尺度上，陆地碳平衡从 20 世纪 60 年代的（-0.2 ± 0.9）pg C/ 年（ 1 pg=10^{15} g）（弱碳源）增加至 21 世纪初的（1.9 ± 1.1）pg C/ 年（碳汇）。全球陆地碳平衡呈现明显的区域分布特征。2010 ～ 2019 年，南半球温带和热带地区表现出微弱的碳源或者碳汇，变化范围为（-0.1 ± 0.7）pg C/ 年至（0.2 ± 0.7）pg C/ 年。北半球温带和寒带地区是全球陆地碳汇的主要分布区,碳汇大小处于（1.1 ± 0.6）pg C/ 年至（1.7 ± 0.8）pg C/ 年。总之，北半球温带和寒带陆地生态系统均表现为显著的碳汇特征，而热带地区土地利用变化导致的碳排放会抵消该地区部分或全部的碳汇。

我国的陆地碳汇研究在近 20 年取得了飞跃式发展，产生了一系列重大学术成果。例如，北京大学方精云 2001 年在 *Science* 杂志发文，指出 1949 ～ 1998 年，中国森林碳库和平均碳密度在 70 年代中期以前是减少的，之后呈增加趋势，前期减少的主要原因在于森林砍伐，而后期的增加主要来自于人工造林。之后，方精云等在 *PNAS* 期刊组织《中国的气候变化、政策和碳固存》（"Climate change，policy，and carbon sequestration in China"）专题，全面评估了中国陆地生态系统固碳能力及其原因；发现人类活动以及局部的气候变化显著提高了中国陆地生态系统的固碳能力，特别是我国的重大生态工程（如天然林保护工程、退耕还林工程、退耕还草工程、长江和珠江防护林工程）和秸秆还田等农田管理措施的实施，是形成我国陆地碳汇的重要机制。该系列成果的发表体现了我国科学家在碳循环及全球变化领域研究的国际地位，为我国应对气候变化谈判提供科技支撑，科学指导我国制定应对气候变化的政策，服务国家碳中和的战略目标。

四、怎样才能固定更多的碳

近几十年来，生态学家们一直致力于生态系统碳汇提升研究。生态系统增汇的途径主要包括自然生态系统增汇和农田生态系统增汇。在自然生态系统方面，尽管我国重大生态工程的实施显著增加了自然生态系统碳汇，然而，这些生态工程的建设大多采用粗放的管理模式，还无法实现碳汇最大化。因此，需采用"三优"生态建设和管理原则（增汇原则），即"最优的生态系统布局、最优的物种配置、最优的生态系统管理"，以实现"宜林（草）则林（草）、适地适树（草）、最优管理"的碳汇最大化目的。这就需要知道我国不同地区分布什么植被类型，不同植被类型的面积有多大，因此需要编制全国尺度的植被图。为实现我国优化生态系统碳汇布局、实现碳中和目标提供基础支撑。

除了自然生态系统，农田生态系统也具有巨大的碳汇潜力。由于农作物当年即被收获并进入人类生产和生活中，绝大部分碳在短时间内重新以 CO_2 形式返回大气。因此，农田生态系统碳源汇主要集中在土壤碳中。根据科学家的研究，1980 ~ 2011 年，我国农田生态系统表层土壤有机碳储量由 28.56 t C/hm^2 提升至 32.90 t C/hm^2，增加比例为 15.2%。这表明农田在减缓气候变暖，实现碳中和目标中也具有巨大潜力。农田增汇措施主要包括免耕、施用有机肥和生物碳、秸秆还田、优化养分管理、种植覆盖作物等。因此，将来还需要通过各种政策措施的实施，提升农田生态系统的固碳能力。

第五节　植被科学支撑美丽中国建设

植被不仅是地球表面最显著的特征，也是地球生命系统赖以生存的物质基础，它不仅蕴藏着丰富的生物资源，还具有环境保护和生物多样性保育的功能，能够指示环境的多样性与复杂性。我国幅员辽阔，是世界上植被类型最丰富的国家之一，也是全球生物多样性最丰富的国家之一，植被科学支撑着美丽中国的建设。

一、 植被科学，助力保护对象的确定

中国南北纵越纬度近 50°，东西横跨经度超 61°，不同纬度和经度带内都有高低不同的地貌类型，如山地、丘陵、盆地和平原等，再加上气候条件的多种多样，造就了极高的环境多样性，发育着丰富多样的植被类型，以及生存在其中的林林总总的物种。

我们常说的保护，核心是保护生物多样性，包括物种多样性、遗传多样性和生态系统多样性。这 3 个层次是地球上所有生命赖以生存和繁衍的基础，保护的最终目标是保护物种及其所在的生物群落和整个生态系统。那么，保护对象是怎么确定的呢? 这当中，植被科学发挥了巨大的作用。

1. 新中国成立前的自然保护历史

中国是最早使用文字记载植被知识的国家，中华民族热爱自然、保护生物多样性的优良传统可以追溯到公元前。《诗经》中就有许多关于植物的表述，如"山有枢，隰有榆"，描绘的就是长在山上的刺榆和平原的榆树两种极相近的树种。战国时成文的《禹贡》形象描述了黄河下游到长江三角洲植被水平地带性变化。战国时还有《管子·地员篇》，进一步分析了植物和土地相互关系的规律性，并记录了山地植物的垂直分布以及阴阳坡生长的差别。宋朝的沈括在《梦溪笔谈》中记录了生长在不同纬度和海拔的植被发育时间不同。明末徐霞客游遍大江南北，对全国的植被都有不少的记录。

不仅如此，古人很早就设立了不同生物资源的管理职位。如《周礼》记载"大司徒"掌管全国土地的合理利用，"山虞"掌山林之政令，"林衡"掌巡林麓之禁令，"迹人"掌邦田之地政，"囿人"掌囿游之兽禁等。历史上一些政治家也较早提出了资源合理开发利用的主张，如孟轲与梁惠王论证时说："数罟不入洿池，鱼鳖不可胜食也；斧斤以时入山林，林木不可胜用也"。

鸦片战争时期，中国备受西方列强的欺凌，国运衰微，遑论科学。当时，国

门大开，西方认为"中国的资源最丰富，中国的花朵最美丽"，肆意掠走大量的动植物标本，由他们国家的研究者分类命名。仅一个叫 G. 傅礼士（G. Forrest）的英国人，在云南等少数民族地区雇佣我们一无所知的同胞，就采走了 31 000 多号标本；普氏野马和麋鹿就是这样被掠走，也是导致它们在中国灭绝的原因之一，以至于后来，我国需要从国外重新引入被掠走的圈养个体的后代，才重新复壮了这两个物种。就这样，大量的中国动植物资源流入国外，变成了他人的宝贝，无不让国人痛心疾首。

在这样的背景下，不少有志青年奋发图强，以秉志、胡先骕、钱崇澍、陈焕镛、刘慎谔等为代表的第一代动植物学家留学归来，积极开展植物采集和物种鉴定，在大学开设动植物学等与植被生态相关的课程，并于 1928 年创建了静生生物调查所。在新中国成立之前，静生生物调查所与 1929 年成立的北平研究院动物学研究所和植物学研究所等单位一起，坚持不懈地在全国开展动植物调查，积累了大量标本，为日后开展动植物研究和保护奠定了重要的基础。

2. 科学确定保护对象之路

受战争等因素的影响，在新中国成立后我国才真正开始大规模的植被研究和科学保护工作。20 世纪 50 年代初，新组建的中国科学院将静生生物调查所、北平研究院植物学研究所和动物学研究所等机构合并，建立了中国科学院植物研究所和中国科学院动物研究所等单位。于是，这两家单位牵头组织其他多家单位，在全国各地广泛开展大规模的生物资源、区系、植被等的综合考察、研究和总结工作。参与考察的成员不仅有生物学和生态学家，还包括气象学、土壤学、地理学、地质学和社会科学等多学科的专家学者。他们的足迹踏遍了祖国的山山水水，采集和贮藏了成千上万的生物标本，积累了极其丰富的生物多样性调查资料。基于这些资料，我国先后出版了地区性和全国性的植被专著，以及植物志、动物志、孢子植物志和各种经济生物志等。

其中，1980 年出版的《中国植被》是一部系统介绍全国植被的专著。它总结了新中国成立 30 多年的植被研究，系统概括了中国植被的基本特点，将中国植被划分为 8 个区域：寒温带针叶林、温带针阔混交林、暖温带落叶阔叶林、亚热带常绿阔叶林、热带雨林季雨林、温带草原、温带荒漠和青藏高原高寒植被生态区域，揭示了中国植被的宏观地理格局，为生态系统多样性的保护奠定了基础。

目前，中国植被科学有两项工作值得特别关注，即《中国植被志》的编研和新一代中国植被图的编制。《中国植被志》将为分布在全国各地的各类植被登记造册，全面记述植被的群落外貌、物种组成、群落结构和功能以及环境条件和地理分布等群落特征，并对同类植被进行归纳和总结，将成为中国首部记述科学规范、内容准确翔实的植被全书。新一代中国植被图的编制在未来对生物多样性的保护意义会愈发突出，因为它能够直观展示植被的多样性，帮助科研人员更加精确地设计动物迁徙的生态廊道，帮助实施有效的管理自然资源，预测植被可能的演变方向，这些都将有助于更好地研究和保护物种及整个生态系统，并且推动研究如何解决气候变化对全球产生的影响。

二、国家公园，美丽中国的重要象征

科学确定保护对象，结合合理的保护措施，是有效保护的关键。2019 年 6 月，中共中央办公厅、国务院办公厅印发《关于建立以国家公园为主体的自然保护地体系的指导意见》，将建立以国家公园为主体的自然保护地体系称为"美丽中国的重要象征"。那么，国家公园在美丽中国建设当中能够发挥什么样的作用？植被科学又在国家公园建设中发挥什么作用呢？

1. 国家公园不只是"公园"

19 世纪中叶，美国一批有识之士，开始认识到西部大开发对西部原始自然环境和印第安文化的破坏，于是呼吁社会和公众力量，促使国会在 1872 年建立了世界上第一个国家公园——美国黄石国家公园，以保护这里浑然天成的自然景观，可以被后代永续享用。之后，国家公园成为美国的骄傲和名片，这一保护模式也如星星之火，点亮和引导了全球的自然保护事业。据不完全统计，全球已有100 多个国家和地区建立了国家公园，并取得了各具特色的卓越的保护成效。

不同国家对国家公园的定义表述可能不同，但都强调两个最重要的"生态"内涵：资源的生态基底和保护利用的生态要求。简单地说，即国家公园应具备完整的生态系统和不被外在因素侵害的生态保护机制。这些生态内涵决定了国家公园最基本的自然生态属性，也决定了其生态利用的程度和方式有别于自然保护区等其他类型保护地。

因此，"国家公园"并不是一个简单的"公园"，供人游憩休闲只是国家公园的一小部分功能。它的本质是自然保护地的一种类型，首要目标是自然保护和生态保护，尤其是对大尺度生态系统和生态过程的保护，同时也兼顾科学研究、自然教育、社区生计等其他目标。国家公园的建设应坚持生态保护第一、国家代表性、全民公益性三大理念。

2. 植被科学在中国国家公园体制的建设中的作用

新中国成立后的自然保护发展到今天，建设成效大致可以分为 3 个方面。一是自 1956 年我国第一个自然保护区——鼎湖山自然保护区的建立，经过几十年的发展，形成了相对完善的自然保护地体系，保护了我国重要自然生态系统和自然资源；二是自 2008 年我国先后提出划定重要生态功能区、生态脆弱区和重点生态功能区等生态空间保护关键区域，进一步划定生态保护红线，保护了国家重要生态空间；三是为有效地保护中国最具代表性和最重要的生态系统与生物多样性，我国积极推动建立国家公园体制，促进人与自然和谐共生。这 3 个方面的显著成效都离不开植被科学多年的研究积累和日新月异的发展，从而科学有效地确定保护对象、划定保护范围、制定保护方法。

2017 年 9 月，中共中央办公厅、国务院办公厅印发的《建立国家公园体制总体方案》中明确规定国家公园是我国自然保护地最重要类型之一，属于全国主体功能区规划中的禁止开发区域，纳入全国生态保护红线区域管控范围，实行最严格的保护。国家公园的首要功能是重要自然生态系统的原真性、完整性保护，同时兼具科研、教育、游憩等综合功能。

2021 年 10 月 12 日，在《生物多样性公约》第十五次缔约方大会上，我国正式宣布设立三江源、大熊猫、东北虎豹、海南热带雨林、武夷山等第一批国家公园（表 10-1）。2022 年 12 月 30 日，国家林草局、财政部、自然资源部、生态环境部联合印发《国家公园空间布局方案》，遴选出 49 个国家公园候选区（含已正式设立的 5 个国家公园），总面积约 110 万 km^2。

那么，这些国家公园具体是怎么确定的呢？植被科学在其中发挥了怎样的作用呢？

国家公园的遴选需要综合考虑以下几个因素：①具有国家代表性，如秦岭大熊猫、海南长臂猿所在的区域既有代表性的物种，也有代表性的生态系统和

表 10-1　中国第一批国家公园的特点

名称	特点	面积
三江源国家公园	地处青藏高原腹地，实现了长江、黄河、澜沧江源头整体保护。园内广泛分布冰川雪山、高海拔湿地、荒漠戈壁、高寒草原草甸，生态类型丰富，结构功能完整，是地球第三极青藏高原高寒生态系统大尺度保护的典范	19.07 万 km²
大熊猫国家公园	跨四川、陕西和甘肃三省，是野生大熊猫集中分布区和主要繁衍栖息地，保护了全国 70% 以上的野生大熊猫。园内生物多样性十分丰富，具有独特的自然文化景观，是生物多样性保护示范区、生态价值实现先行区和世界生态教育样板	2.2 万 km²
东北虎豹国家公园	跨吉林、黑龙江两省，与俄罗斯、朝鲜毗邻，分布着我国境内规模最大、唯一具有繁殖家族的野生东北虎、东北豹种群。园内植被类型多样，生态结构相对完整，是温带森林生态系统的典型代表，成为跨境合作保护的典范	1.41 万 km²
海南热带雨林国家公园	位于海南岛中部，保存了我国最完整、最多样的大陆性岛屿型热带雨林。这里是全球最濒危的灵长类动物——海南长臂猿唯一分布地，是热带生物多样性和遗传资源的宝库，成为岛屿型热带雨林珍贵自然资源传承和生物多样性保护典范	4269km²
武夷山国家公园	跨福建、江西两省，分布有全球同纬度最完整、面积最大的中亚热带原生性常绿阔叶林生态系统，是我国东南动植物宝库。武夷山有着无与伦比的生态人文资源，拥有世界文化和自然"双遗产"，是文化和自然世代传承、人与自然和谐共生的典范	1280km²

资料来源: 国家公园国家林业和草原局政府网 https://www.forestry.gov.cn/c/www/gjgy.jhtml。

自然景观；②对国家生态安全有重要意义，如三江源是亚洲重要的水源地；③具有较高的原真性和完整性，如第一批国家公园都保留了比较好的自然状态和完整的生态系统；④具有较好的自然保护管理基础，能够比较容易转为国家公园体制有效管理。此外，也应考虑时间尺度和生态系统的演变，即需要重视现在看来还不突出，但在未来可能十分重要的生态区域；同时也应考虑地域的平衡，让全国各地的人都能比较方便地接触到国家公园。因此，整个遴选的过程需要根据上述几个原则，基于植被科学的研究，对保护对象进行深入的调查和分析，结合植被图确定我国需要进行严格保护的自然生态空间。

　　遴选出的 49 个国家公园候选区包括陆域 44 个、陆海统筹 2 个、海域 3 个。到 2035 年，我国将全面建成以国家公园为主体的自然保护地体系，自然保护地将占陆域国土面积 18% 以上。其中，国家公园总面积约占陆域国土面积的 10%，

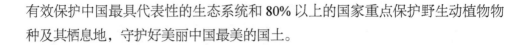

有效保护中国最具代表性的生态系统和 80% 以上的国家重点保护野生动植物物种及其栖息地，守护好美丽中国最美的国土。

三、 国家植物园，引领植物迁地保护的诺亚方舟

2022 年 4 月 18 日，在北京香山脚下，国家植物园正式揭牌，一时间这一新闻刷屏网络，游客纷纷前来打卡。人们不禁会问，国家植物园和普通的植物园有什么区别呢？

1. 国家植物园不只是美

公众对于植物园最直观的感受，或许还是美丽的园容景观和科普设施等。拿北京植物园来说，每年郁金香、桃花、丁香、牡丹和荷花盛开的时候，吸引大批游客前来观赏，此外，在展览温室里一年四季都可以看到的亚热带的植物也是一大亮点。其中，就包括 20 世纪 50 年代印度总理送给毛主席和周总理的国礼——菩提树，阿尔巴尼亚赠送我国的油橄榄，越南赠送我国的叶子花（九重葛）和凤梨等。人们觉得植物园包罗了天南地北的植物，简直就是植物的天堂，美极了。但事实上，植物园的功能可远不止美这一点。

世界各农业文明在古代几乎都有类似植物园的园圃。现代意义的植物园起源于欧洲文艺复兴时期意大利、西班牙、德国、荷兰等国依托于欧洲经典大学建立的植物园，之后随着社会的变革和发展，植物园的功能从单一地发掘药用植物，逐渐向迁地栽培、引种驯化多种类型植物，以及植物科学研究等方向转化。因此，植物园最开始就不是为了美而建立的。

世界上最早的国家植物园可以追溯到 18 世纪欧洲的殖民扩张时期，建立的目的也是引种驯化、植物种质资源传播、开拓现代农业或经济作物规模化生产，以及开展植物科学研究等。到 20 世纪后期，随着世界植物保护运动兴起，以英国邱园为代表的欧洲国家植物园，开始逐渐将植物园的经营目标转为全球生物多样性保护。

当前，全球约 40 多个国家和地区共建有 100 多个国家植物园。尽管由于各个国家的经济、社会和自然环境不同，国家植物园的隶属关系也各不相同，但目标均为致力于国家生物多样性、生态环境、特有植物资源的保护和可持续利用，

均体现了依据国家战略目标的任务部署，其中，科研、保护、教育与示范始终是国家植物园的四大功能。

国家植物园是由国家批准设立并主导管理，以迁地保护国家植物多样性为主要目的，实施国际植物园标准规范的生物多样性整合保护机构，能代表国家科学研究水准、物种保护基础、科普教育能力、资源利用技术和园林园艺水平。

2. 一北一南开启国家植物园体系建设

建设一个具有国际先进水平的国家植物园是我国几代植物学家和园林工作者的梦想。1954年，中国科学院植物研究所的一批热血青年王文中、董保华、胡叔良、孙可群、吴应祥、张应麟、阎振茏、黎盛臣等就植物园建设问题给毛主席写信，提出"首都今后一定要有一座像苏联莫斯科总植物园一样规模宏大、设备完善的北京植物园"。

1956年，国务院正式批准中国科学院植物研究所和北京市人民委员会园林局共同领导成立北京植物园，包括南园（试验区）和北园（游览区）。后来，由于历史原因，南园和北园成为两个独立的单位，南园以科研为优势，北园以展示为强项。2003年12月26日，侯仁之、陈俊愉、张广学、孟兆祯、匡廷云、冯宗炜、洪德元、王文采、金鉴明、张新时、肖培根11位院士联名给中共中央总书记胡锦涛写信，提出"关于恢复建设国家植物园的建议"。

国家对专家的建议非常重视，经过科学部署，2021年10月，中国在联合国《生物多样性公约》第十五次缔约方大会领导人峰会上宣布，启动北京、广州等国家植物园体系建设。2021年12月，国务院批复同意在北京设立国家植物园。于是，2022年4月18日，我国首个国家植物园正式揭牌，它是中国科学院植物研究所（南园）和北京市植物园（北园）在现有的基础上经扩容增效有机整合而成，主要任务是开展植物资源迁地保护、植物科学研究，兼具科学传播、园林园艺展示的功能。2022年7月11日，华南国家植物园在广州正式揭牌，这标志着我国正式开启了国家植物园体系"一南一北"新格局（表10-2）。

为什么建了国家公园还要建国家植物园呢？这是因为生物多样性的保护主要有就地保护和迁地保护两种方式。以国家公园为主体的自然保护地体系主要实施的是生物多样性的就地保护，植物园和种质资源库主要实施的是迁地保护。对于植物来说，二者有机互补，缺一不可。

表 10-2   中国第一批国家植物园的特点

名称	特点	面积
国家植物园	依托中国科学院植物研究所和北京市植物园设立，包括南园（中国科学院植物研究所）和北园（北京市植物园）两个园区，南北两园各具特色，功能互补。收集植物 1.7 万余种（含种及以下单元），迁地保护水杉、珙桐等珍稀濒危植物近千种；拥有亚洲最大的植物标本馆 发展定位：坚持以植物迁地保护为重点，兼具科学研究、科普教育、园林园艺、文化休闲等功能，体现国家代表性和社会公益性	总规划面积近 600hm²，现开放面积约 300hm²
华南国家植物园	依托中国科学院华南植物园设立，包括广州园区和肇庆鼎湖山园区。其中，广州园区展示区迁地保育植物 1.7 万余种（含种及以下单元），鼎湖山园区就地保护的野生高等植物 1778 种、引种栽培植物 513 种 发展定位：立足华南，致力于全球热带亚热带地区的植物保育、科学研究和知识传播，在植物学、生态学、农业科学、植物资源保护与利用关键技术等方面建成国际高水平研究机构，引领和带动国家植物园体系建设与世界植物园发展，为绿色发展提供科技支撑	广州园区 319.3hm²；肇庆鼎湖山园区约 1133hm²

资料来源：http://www.chnbg.cn/detail/53.html?_isa=1；https://www.forestry.gov.cn/main/5983/20220424/09160661 5119071.html；https://www.scbg.ac.cn/old/ykjs/yjj/。

目前，全球近 6 万种树木中约 30% 濒临灭绝，400 多种在野外不足 50 株，140 多种在野外灭绝，其中，约 2/3 在保护区内得到就地保护，1/3 在植物园或种子库内得到迁地保护；全球 7 万多种药用植物中约 21% 受到生存威胁，700 多种面临灭绝风险；全球 7000 多种可食用植物被驯化为作物的远不足 1/10，而其余可食用植物的遗传多样性也面临丧失的风险。

根据国际植物园保护联盟（Botanic Gardens Conservation International，BGCI）全球植物园数据库统计，截至 2022 年 4 月，全球有植物园（树木园）3755 个，其中 1193 个植物园迁地收集植株和种子 1 581 153 份，代表 642 719 个分类单元 11 万多种，约占全球已知高等植物种类的 1/3。此外，这些植物园还收集保存了全球约 41% 的濒危植物，其中有些物种已经野外灭绝。据科学统计，中国植物园迁地保育的植物总数占全球迁地保护物种的 25%。

植物园就像诺亚方舟，迁地保护了万千植物免受灭绝。未来，我们期待建立一个以国家植物园等为代表的"中国迁地保护体系"，逐步实现我国 85% 以上野生本土植物、全部重点保护野生植物种类得到迁地保护，与国家公园为主体的自然保护地就地保护体系一起，构成一个完整的"中国生物多样性保护体系"，有效实现中国植物多样性保护全覆盖和可持续利用。

参 考 文 献

陈灵芝. 1993. 中国的生物多样性: 现状及其保护对策. 北京: 科学出版社.

陈耀华, 陈远笛. 2016. 论国家公园生态观: 以美国国家公园为例. 中国园林, 32(3): 57-61.

方精云. 2021. 碳中和的生态学透视. 植物生态学报, 45(11): 1173-1176.

方精云, 郭柯, 王国宏, 等. 2020.《中国植被志》的植被分类系统、植被类型划分及编排体系. 植物生态学报, 44(2): 96-110.

方精云, 王国宏. 2020.《中国植被志》: 为中国植被登记造册. 植物生态学报, 44(2): 93-95.

高吉喜, 徐梦佳, 邹长新. 2019. 中国自然保护地70年发展历程与成效. 中国环境管理, 11(4): 25-29.

侯学煜. 1984. 生态学与大农业发展. 合肥: 安徽科学技术出版社.

黄宏文, 廖景平. 2022. 论我国国家植物园体系建设: 以任务带学科构建国家植物园迁地保护综合体系. 生物多样性, 30(6): 1-17.

景新明, 章丽君. 2006. 迈向国家植物园: 北京植物园建设的回顾与展望. 中国科学院院刊, 21(3): 255-257.

马克平, 郭庆华. 2021. 中国植被生态学研究的进展和趋势. 中国科学: 生命科学, 51(3): 215-218.

马克平, 米湘成, 朱丽, 等. 2019. 中国森林生物多样性监测网络: 生物多样性科学综合研究平台// 傅伯杰. 中国生态系统变化及效应. 北京: 高等教育出版社: 251-278.

米湘成, 郭静, 郝占庆, 等. 2016. 中国森林生物多样性监测: 科学基础与执行计划. 生物多样性, 24(11): 1203-1219.

任海, 文香英, 廖景平, 等. 2022. 试论植物园功能变迁与中国国家植物园体系建设. 生物多样性, 30(4): 197-207.

田瑞颖. 2022. 6位专家建言献策助力国家公园"科学"发展. https://news.sciencenet.cn/htmlnews/ 2022/9/486010.shtm[2022-11-20].

王乐, 董雷, 胡天宇, 等. 2021. 中国植被图编研历史与展望. 中国科学: 生命科学, 51(3): 219-228.

王雨宁. 1991. 绿之魂: 中国著名植物学家蔡希陶. 北京: 科学普及出版社.

吴征镒. 1980. 中国植被. 北京: 科学出版社.

杨翠红, 林康, 高翔. 2022. 重大突发事件对粮食安全风险的影响. 中国科学院院刊, 37(9): 1244.

杨锐. 2017. 生态保护第一、国家代表性、全民公益性: 中国国家公园体制建设的三大理念. 生物多样性, 25(10): 1040-1041.

杨元合, 石岳, 孙文娟, 等. 2022. 中国及全球陆地生态系统碳源汇特征及其对碳中和的贡献. 中国科学: 生命科学, 52(4): 534-574.

植被生态学研究编辑委员会. 1994. 植被生态学研究: 纪念著名生态学家侯学煜教授. 北京: 科学出版社.

《中国科学院植物研究所志》编纂委员会. 2008. 中国科学院植物研究所志. 北京: 高等教育出版社.

中国科学院中国植被图编辑委员会. 2007a. 中华人民共和国植被图(1∶1 000 000). 北京: 地质出版社.

中国科学院中国植被图编辑委员会. 2007b. 中国植被及其地理格局: 中华人民共和国植被图(1∶1 000 000)说明书(上下卷). 北京: 地质出版社.

Chapin F S, Matson P A, Vitousek P M. 2011. Principles of terrestrial ecosystem ecology. New York: Springer.

Chen L, Swenson N G, Ji N N, et al. 2019. Differential soil fungus accumulation and density dependence of trees in a subtropical forest. Science, 366(6461): 124-128.

Condit R. 1998. Tropical forest census plots: Methods and results from Barro Colorado Island, Panama and a comparison with other plots. Berlin: Springer.

Fang J Y, Chen A P, Peng C H, et al. 2001. Changes in forest biomass carbon storage in China between 1949 and 1998. Science, 292(5525): 2320-2322.

Fang J Y, Yu G R, Liu L L, et al. 2018. Climate change, human impacts, and carbon sequestration in China. Proceedings of the National Academy of Sciences of the United States of America, 115(16): 4015-4020.

Friedlingstein P, O'Sullivan M, Jones M W, et al. 2020. Global carbon budget 2020. Earth System Science Data, 12(4): 3269-3340.

Lu F, Hu H F, Sun W J, et al. 2018. Effects of national ecological restoration projects on carbon sequestration in China from 2001 to 2010. Proceedings of the National Academy of Sciences of the United States of America, 115(16): 4039-4044.

Piao S L, Fang J Y, Ciais P, et al. 2009. The carbon balance of terrestrial ecosystems in China. Nature, 458(7241): 1009-1013.

Su Y J, Guo Q H, Hu T Y, et al. 2020. An updated vegetation map of China (1∶1000000). Science Bulletin, 65(13): 1125-1136.

Zhao Y C, Wang M Y, Hu S J, et al. 2018. Economics- and policy-driven organic carbon input enhancement dominates soil organic carbon accumulation in Chinese croplands. Proceedings of the National Academy of Sciences of the United States of America, 115: 4045-4050.

执笔人: 宋创业, 高级工程师, 中国科学院植物研究所

姜联合, 高级工程师, 中国科学院植物研究所

彭云峰, 副研究员, 中国科学院植物研究所

葛兴芳, 工程师, 中国科学院植物研究所

胡天宇, 副研究员, 中国科学院植物研究所

马克平, 研究员, 中国科学院植物研究所

致 谢

本书在编写过程中得到了植物学领域多位专家的大力支持和协助。文军教授、方欣研究员、卢宝荣教授、白书农教授、孙敬三研究员、李立会研究员、李明章研究员、李德铢研究员、邱英雄教授、何祖华研究员、张志翔教授、陈之端研究员、陈庆红研究员、周浙昆研究员、赵忠教授、胡宗刚研究馆员、洪德元院士、夏光敏教授、顾铭洪教授、钱前院士、唐志尧教授、程祝宽研究员、储成才教授、路安民研究员和漆小泉研究员（排名不分先后，按照姓氏笔画排序）对书稿进行认真审核并提出许多宝贵意见，编委会对各位专家表示衷心的感谢。还要感谢王红研究员、王强研究员、王锦秀副研究员、米湘成副研究员、李敏高级工程师、吴冬秀研究员、夏念和研究员、徐霞助理研究员和高继民总编辑（排名不分先后，按照姓氏笔画排序）在书稿编写中给予的帮助。学会办公室姜晔在联络专家、组稿过程中付出了大量的心血和劳动，在此一并致谢。